Cyrus Achouri

Wenn Sie wollen, nennen Sie es Führung

Gewidmet allen Führungskräften

Cyrus Achouri

Wenn Sie wollen, nennen Sie es Führung

Systemisches Management im 21. Jahrhundert

GABAL

Bibliografische Information der Deutschen Nationalbibliothek

Die Deutsche Nationalbibliothek verzeichnet diese Publikation in der Deutschen Nationalbibliografie; detaillierte bibliografische Daten sind im Internet über http://dnb.d-nb.de abrufbar.

ISBN 978-3-86936-174-1

Lektorat: Anke Schild, Hamburg
Umschlaggestaltung: Martin Zech Design, Bremen | www.martinzech.de
Satz und Layout: Das Herstellungsbüro, Hamburg | www.buch-herstellungsbuero.de
Druck und Bindung: Salzland Druck, Staßfurt

2. Auflage 2013

www.gabal-verlag.de
www.twitter.com/gabalbuecher
www.facebook.com/Gabalbuecher

Inhalt

Vorwort

»Unser Zeitalter ist stolz auf Maschinen, die denken, und blickt misstrauisch auf Menschen, die zu denken versuchen.«
H. MUMFORD JONES

Um mich mit meiner eigenen Rolle als Führungskraft in der Industrie näher auseinanderzusetzen, habe ich öfter einige Kollegen zu ihrer Führungsphilosophie befragt. Die Antworten, die ich bekam, hatten interessanterweise selten mit Führungsstilen oder Führungstechniken zu tun. Vielmehr schien es bei Führung eher um das Menschenbild der Führungskraft als um rationale Methoden oder Werkzeuge zu gehen.

Was mich dabei am meisten erstaunte, war, dass dieses Menschenbild sehr häufig eine »Natur des Menschen« zugrunde legte, wie sie von Thomas Hobbes, den Neodarwinisten oder auch der neobehavioristischen Schule vertreten wird. Demnach ist der Mensch eigennützig, er steht in ständiger Konkurrenz mit anderen, und Leistung ist von ihm nur unter Druck zu bekommen. Allerdings hatte ich den Eindruck, den Befragten wäre selbst nicht wohl dabei, einem Menschenbild zu folgen, das zwar in der ökonomischen Praxis inzwischen durchaus verbreitet ist, aber nur sehr bedingt durch wissenschaftliche Argumente gestützt wird. Ich habe mich seither mit den aktuellen wissenschaftlichen Begründungen der – durchaus dem Common Sense entsprechenden – »Natur des Menschen« näher befasst und sie scheinen in eine andere Richtung zu weisen. Mein Ziel war dabei nicht, eine idealistische Führungsphilosophie abzuleiten, sondern zu verstehen, wie Leistung bei Mitarbeitern entsteht. Dass unternehmerische Leistungsfähigkeit zugleich mit der Motivation und Sinnerfüllung der Mitarbeiter einhergeht, habe ich mit Freude als Ergebnis der Arbeit zur Kenntnis genommen.

Zahlreiche Menschen haben daran mitgewirkt, dass ich dieses Buch schreiben konnte. Ich danke zunächst Dr. Fritjof Capra, Center for Ecoliteracy California, für seine Unterstützung und die Inspiration durch seine Arbeit. Dank gebührt auch Prof. Dr. Detlef Dürr vom Mathematischen Institut der Ludwig-Maximilians-Universität München für den Austausch zum quantenmechanischen Zufall.

Besonderen Dank schulde ich Ute Flockenhaus vom Gabal Verlag für ihre Neugier, ihre Kreativität und ihre Professionalität sowie Anke Schild für ihr professionelles Lektorat.

Für zahlreiche Anregungen, ihre Kritik und ihre inhaltliche Auseinandersetzung mit meinem Text danke ich außerdem ganz herzlich meiner Frau Jutta sowie Renate Achouri und Karl-Heinz Remy, ebenso den Mitgliedern des »Münchner Gesprächskreises für Philosophie«, Annette Großschmidt, Michael Zschaeck sowie Wolfgang Spitzauer.

Nicht zuletzt danke ich Elias und Charlotte für die viele Zeit, die nur geborgt war und deshalb auch zurückgegeben wird.

1. Einführung

»Der Sinn ist ewig ohne Handeln, und nichts bleibt ungewirkt.
Wenn Fürsten und Könige ihn zu wahren verstünden,
so würden alle Geschöpfe von selber sich gestalten.« LAOTSE

Systemtheorie gestern, heute und morgen

»Es gibt sie nicht: ›die systemische Wirtschaftstheorie‹. Bestenfalls kann von Ansätzen dazu gesprochen werden. Eine ernst zu nehmende, breite wissenschaftliche Auseinandersetzung über die Anwendung der neueren Systemtheorie auf die Wirtschaftswissenschaften ist nicht zu finden. Und die Fragen, die sich aus einem systemtheoretisch-konstruktivistischen Paradigma in den Wirtschaftswissenschaften ergeben, sind zahlreicher als die Antworten.« (Simon 2009, 11)

Weit verbreitet: systemische Begriffe

Für einen Großteil der »systemischen« Managementliteratur gilt, dass sie zwar systemische Begriffe aufgenommen hat, beispielsweise den der »Vernetzung«. Eine konsistente Ausarbeitung, insbesondere im Bereich Führung, scheint aber bis heute noch nicht erfolgt zu sein.

Betrachtet man den Status quo der Systemtheorie insgesamt, bietet sich ein sehr heterogenes Bild einzelner Ansätze. Während in einzelnen Teilgebieten wie der systemischen Therapie große Fortschritte und Erfolge erzielt wurden, hat die Zahl der in entsprechenden Verbänden organisierten Systemforscher und -praktiker seit den 1970er-Jahren kontinuierlich abgenommen. (de Zeeuw 2005) Charles François (1995) dagegen ist der Überzeugung, dass eine allgemeine Systemtheorie noch gar nicht formuliert wurde. Und für Oswald Neuberger (2002) steht die Umsetzung auf Teilgebiete wie die Wirtschaftswissenschaften noch aus – was ein völliges Umdenken im Rahmen einer systemischen Personalführung erfordere.

In der führenden amerikanischen Managementliteratur zeigt sich systemisches Denken als hochaktuell, wenn auch meist unter anderem Namen. Theoreme wie »Emergenz«, »Singularität« oder »Best Practices zu kollektiver Intelligenz in Hochleistungsteams« führen bekannte, systemische Paradigmen in neuem Gewand weiter.

Anfänge der Systemtheorie

Die Systemtheorie wurde vor allem ab den 1940er-Jahren populär. Hier spielten der Zweite Weltkrieg wie auch das Aufkommen der Neurophysiologie und die Entwicklung des Computers eine wichtige Rolle. Den entscheidenden Durchbruch für eine neue Sicht lebender Systeme im Sinne von Selbstorganisation leiteten der Physikochemiker Ilya Prigogine – mit seiner Arbeit zu dissipativen Strukturen – und Heinz von Foerster – Mitbegründer der kybernetischen Wissenschaft – ein. Die chilenischen Biologen Humberto Maturana und Francisco Varela führten das Paradigma der Selbstorganisation lebender Systeme dann in ihrer Konzeption der »Autopoiese« weiter.

Autopoiese / Selbstorganisation

Die Eigenschaft lebender Systeme, sich unter Beibehaltung ihrer inneren Integrität ständig selbst zu erneuern und Strukturen in Prozesse aufzulösen, führte zu einem völlig neuen Verständnis lebender Systeme. (Jantsch 1992) Die Grundprinzipien der Selbstorganisation wurden auf immer mehr Bereiche ausgeweitet: auf ökologische und soziobiologische Aussagen (Eigen / Winkler 1996) bis hin zu makroskopischen Aussagen über die Biosphäre (Margulis / Lovelock 1974). In diesem Sinne wurden Biosphäre und Atmosphäre als autopoietisches System gesehen, das sich selbst organisiert und regelt. Man spricht hier von der Gaia-Hypothese, die ihren Namen in Anlehnung an die Erdmutter der griechischen Mythologie erhalten hat.

Nach einer außerordentlich fruchtbaren Zeit bescheinigt Dirk Baecker (2005) der Systemtheorie, heute kaum noch eine wissenschaftliche Rolle zu spielen. In Deutschland und Österreich bzw. europaweit scheine noch am ehesten ein Interesse an diesen Fragestellungen vorhanden zu sein. Der Versuch, mit den einzelwissenschaftlichen Erkenntnissen Schritt zu halten und diese immer wieder aufs Neue systemtheoretisch zusammenzuführen, scheint aufgegeben worden zu sein. Gerade die Selbstverständlichkeit des Wechsels zwischen Naturwissenschaft und Sozialwissenschaft habe sich früher als sehr produktiv erwiesen, während heute die intellektuelle Neugier nachgelassen habe. (Stichweh 2005)

In Krisenzeiten populär?

Anders als Dirk Baecker zeichnet Peter Kruse ein durchaus positives Bild der Entwicklung der Systemwissenschaften im letzten Jahrzehnt. Gerade die Chaostheorie, die Theorie der Selbstorganisation sowie die Synergetik hätten sich zu einem intensiv diskutierten, interdisziplinären Forschungsbereich entwickelt. (Kruse 2009) Nehmen wir den Bereich der evolutionären Systemtheorie noch dazu, so könnten wir auch Disziplinen wie die Bionik anführen. Auch scheint die Systemtheorie populärer zu sein, wenn die Bewältigung globaler Krisen ansteht, wie sich anhand der Debatte um die Klimakrise oder die Finanzkrise zeigt.

Vielleicht treffen systemtheoretische Überlegungen auch gerade deshalb den gesellschaftlichen Nerv, weil in einer zunehmend komplexer werdenden Welt Vorhersagen immer schwieriger werden. Notwendig sind dann Konzepte, die dieser Komplexität versuchen gerecht zu werden und Innovationspotenzial besitzen, ohne die Gültigkeit bestehender Erkenntnisse und Forschungsstrategien zu widerlegen. So folgert Kruse: »Die Zeit der Vordenker ist ein für alle Mal vorbei. Ob in Kultur, Wirtschaft oder Politik – angesichts der Komplexität und Dynamik der von uns selbst erzeugten gesellschaftlichen Wirklichkeit gibt es keine Patentrezepte mehr. Wir sind angewiesen auf die Bereitschaft aller, sich bei vollem Bewusstsein der Risiken immer wieder neu auf die Faszination gemeinsamer Lernprozesse einzulassen.« (Kruse 2009, 212)

Wenn man sich mit dem möglichen Stellenwert systemischer (Personal-)Führung in der Zukunft beschäftigt, muss man

Der Arbeitnehmer der Zukunft

zunächst verstehen, wie sich die Arbeitnehmerwelt generell entwickelt. Dauerhafte, lebenslange Anstellungsverhältnisse werden immer weniger den Normalfall darstellen, Mitarbeiter müssen ihre Karrierewege selbst in die Hand nehmen. Um mit den schnellen Veränderungen mithalten zu können, müssen sie eine erhebliche permanente Lern- und Veränderungsfähigkeit mitbringen. Lernen endet nicht mit dem Hochschulabschluss oder der Ausbildung, sondern wird ein Leben lang anhalten. Die Verantwortung für die eigene »Employability« wird nicht mehr von den Unternehmen übernommen, jeder Arbeitnehmer hat selbst seine Personalentwicklung und Marktkompatibilität im Auge zu behalten. Globale, hochkomplexe Zusammenhänge können nicht mehr eindimensional, monokausal und lokal verstanden werden. Visionen und unternehmerische Leitbilder werden nicht mehr von nur wenigen Führungspersonen getragen. Systemisches Denken bietet hier einen hochaktuellen theoretischen und praktischen Ansatz, mit dieser Komplexität umzugehen.

Der Blick auf das Ganze

Systemisches Denken hat nichts mit der vielstrapazierten Vernetzung, einer Suche nach Weltharmonie, mit Esoterik oder dergleichen zu tun. Trends wie »Kooperatives Führungsverhalten«, »Hedonismusprinzip«, der Ruf nach »Selbstentfaltung« und »Selbstverwirklichung« (Malik 2009, 59) mögen eine gewisse Faszination ausüben, haben aber mit systemwissenschaftlicher Forschung wenig zu tun und bringen die Systemtheorie durch ihre mangelnde Fundierung eher in Misskredit.

Kein einheitliches Verständnis von »systemischer Führung«

Von einem einheitlichen Verständnis systemischer Führung kann kaum gesprochen werden, die verschiedenen Schulen haben bestenfalls das Denken in »vernetzten Systemen« gemeinsam und unterscheiden sich ansonsten doch erheblich in Inhalt, Praxis- oder auch Theorie- und Wissenschaftsbezug. (Steinkellner 2007) So ähneln beispielsweise die Inhalte der »Human-Relations«-Strömung – partizipative Führung, teilautonome Gruppen, Selbstverwirklichung der Arbeitnehmer oder die Schaffung einer Unternehmenskultur des Vertrauens – denen der systemischen Führung, ohne jedoch auf die von der Systemtheorie getroffene Argumentation zurückzugreifen. Ich werde in diesem Buch keine humanistisch orientierte Systemtheorie entwerfen, sondern vielmehr die Erkenntnisse aus der Systemtheorie nutzen, um systemische Führung als effizienten, der Natur lebender Systeme entsprechenden Ansatz zu präsentieren.

Systemtheorie und Betriebswirtschaftslehre

Gerade Ansätze der Selbstorganisation bieten ein Vorbild für die Bewältigung komplexer Managementaufgaben, einer Komplexität, die in dieser Form vor einigen Jahrzehnten noch nicht vorhanden war. Ein interdisziplinärer Ansatz wie die Systemtheorie hat es allerdings schwer, sich in der Betriebswirtschaftslehre durchzusetzen. Dabei ist gerade die Betriebswirtschaftslehre durch ihre generalistische Ausrichtung aufgefordert, aktuelle, einzelwissenschaftliche Ergebnisse aufzunehmen. Der Betriebswirt kann sich nicht auf Bilanzierungsfragen beschränken; sein angewandtes Wissen speist sich heute aus so unterschiedlichen Disziplinen wie Mathematik, Psychologie oder Rechtswissenschaften.

Empirische Daten und Theorie

Oft wird vergessen, was die Ursprünge systemischen Denkens ausgemacht hat, nämlich eine übergreifende interdisziplinäre Suche nach Zusammenhängen. Systemtheorie kann sich demnach nicht in der empirischen Suche nach passenden Daten erschöpfen. Selbst wenn sich heute in vielen Studien und praktischen Beispielen zeigt, dass kollektive Intelligenz, Kooperation und Selbstorganisation für die Team- und Einzelleistung in Unternehmen eine große Rolle spielen, müssen wir doch auch verstehen, wieso das so ist, welche theoretische Annahme hier zugrunde liegt.

Notwendig ist dies, um sich von den vorliegenden empirischen Daten zu »emanzipieren«; vergleichbar mit der Vermeidung des naturalistischen Fehlschlusses in der Ethik – bei dem alles gut wäre, was praktiziert wird. Zum anderen würde eine Begrenzung auf die empirischen Daten unseren Spielraum auf das beschränken, was bereits gemacht wird. Das würde sowohl unser derzeitiges Handeln als auch unsere Kreativität und Überlebensfähigkeit für die Zukunft erheblich begrenzen.

Empirische Forschung ist einerseits unverzichtbar. Andererseits sollten wir nicht vergessen, dass empirischer Erfolg nicht notwendigerweise die zugrunde liegenden Konstruktionen beweist. (Gergen 2002) Die Entwicklung qualitativ hochwertiger theoretischer Ansätze in der Forschung bleibt unabdingbar.

Rückgriff auf einzelwissenschaftliche Ergebnisse

Wir kommen um eine fundierte Rückführung des systemischen Paradigmas auf aktuelle, einzelwissenschaftliche Ergebnisse nicht umhin. Darüber hinaus müssen die Aussagen ihrerseits wiederum empirisch überprüft werden. Für systemische Führung heißt das beispielsweise, Prinzipien für lebende Systeme aus biologischer und kultureller Evolution aufzufinden, um in der Folge konkrete Aussagen daraus ableiten zu können, beispielsweise wie Motivation entsteht und wie mit Mitarbeitern umgegangen werden muss, sodass diese möglichst motiviert und leistungsfähig sind.

Ziele dieses Buches

All dies wollen wir in diesem Buch tun. Diese Arbeit wird notwendigerweise immer bruchstückhaft bleiben. Schon auf dem Gebiet einzelwissenschaftlicher Forschung ist es unmöglich, den aktuellen Stand der Forschung zu spiegeln. Mithin kann dies nicht das Ziel eines Überblicks sein, der den Bogen von einzelwissenschaftlichen Aussagen bis hin zu praktischen Managementempfehlungen spannt. Vielmehr soll dieses Buch Verbindungen schaffen, Ideen geben, einen roten Faden spinnen, der sich über die einzelwissenschaftliche Isolation hinausbegibt und einen Anstoß für systemisches Management in Wissenschaft und Praxis liefert.

Bewusst ausgeklammert habe ich einige Strömungen der Systemtheorie, die den Rahmen sprengen würden. So werden etwa soziologische Systemtheorien (Parsons, Luhmann et al.) zur Aufklärung gesellschaftlicher Verhältnisse nur gestreift, politische (Kaplan, Easton, Deutsch et al.), wie sie insbesondere in den 1950er-Jahren in den USA im Rahmen des Szientismus aufkamen (Albert/Walter 2005), ganz ausgelassen. Insbesondere die soziologische Systemtheorie findet sich in der deutschen Systemlandschaft schon erheblich weiter ausgearbeitet, als dies bei den Wirtschaftswissenschaften der Fall ist. Dieses Buch soll dazu beitragen, den Entwicklungsabstand zu verringern.

Keine Trennung von naturwissenschaftlicher und geisteswissenschaftlicher Systemtheorie

Die Differenzierung in naturwissenschaftliche und geisteswissenschaftliche Systemtheorie erscheint mir wenig sinnvoll. Das Unterscheidungskriterium, dass naturwissenschaftliche Systemtheorie von objektiver Messung ausgehe, während sozialwissenschaftliche den Beobachter mit einschließe (Tschacher 2004), entspricht spätestens seit Aufkommen der Quantenphysik nicht einmal mehr dem naturwissenschaftlichen Weltbild. Zudem ist das systemtheoretische Paradigma gerade angetreten, eine für Natur- und Geisteswissenschaften gemeinsame Beschreibung anzubieten.

Interdisziplinarität

In der Folge werden deshalb Themencluster gebildet: von Evolutionsbiologie, Physik, Chaosforschung, Erkenntnistheorie, Philosophie, Kognitionswissenschaften, Entwicklungspsychologie, Coaching/Therapie und kultureller Evolution bis hin zur aktuellen Führungsstillehre und zu systemischem Management. Systemtheorie bündelt durch die interdisziplinäre Vernetzung viele Beobachtungen, auch wenn es sich dabei nur um relativ wenig Merkmale handelt, wie die Merkmale der Verschränktheit aller Systeme, Selbstorganisation und Autonomie oder auch der Koevolution und Kooperation. (Hawking 2009) Systemtheorie kann als gemeinsame Sprache verstanden werden, die sich aus so unterschiedlichen Bereichen wie Physik, Chemie, Biologie, Biochemie oder auch Physiologie herausgebildet hat. (Kriz 2004) Gerade auch Vertreter der »harten« Naturwissenschaften wie Hermann Haken begrüßen die interdisziplinäre Grenzüberschreitung in Systemtheorie und Synergetik. (Haken 2004) Ebenso haben sich Vertreter der Geisteswissenschaften immer wieder für ein interdisziplinäres Verständnis der Systemtheorie ausgesprochen, das angeborene Strukturen, biochemische und neuronale Prozesse, die Physis, die Familie oder auch die ökonomische Situation miteinbezieht. (Kriz 1989; Schiepek 2004)

Wir kommen aus dem Wasser

Evolutionsbiologie als Grundlage

Unsere Kultur und unser menschliches Selbstverständnis lassen sich nicht nur durch die biologischen Ursachen verstehen, zu ihrem Verständnis sind wir auf die Gesamtheit verfügbaren Wissens naturwissenschaftlicher wie geisteswissenschaftlicher Art angewiesen. (Damasio 2007) Wir müssen uns allerdings entscheiden, ob wir die Geschichtlichkeit unseres Daseins anerkennen und damit die Evolutionsbiologie als Grundlage anderer Disziplinen verstehen wollen.

Ein gängiger Einwand gegenüber der Evolutionstheorie betrifft die nach wie vor nicht mögliche lückenlose Beschreibung aller Ursache-Wirkungs-Ketten. In der Systemtheorie wird ein ähnlicher Einwand formuliert, indem darauf hingewiesen wird, dass die angeblich interpretierte Ordnung nicht lückenlos aufzufinden sei und immer nur in Teildisziplinen mit ihren jeweils eigenen Gesetzmäßigkeiten beschrieben werden könne. Diese Haltung vertritt die Systemtheorie jedoch selbst, indem sich Aussagen immer nur im jeweiligen Rahmen auf ein bestimmtes Bezugssystem beziehen lassen. Der Gedanke lässt sich bereits beim Mathematiker René Thom finden. (Miermont 2005)

Übernahme evolutionsbiologischer Begriffe

Interessant ist hierbei auch die Übertragung evolutionsbiologischer Begriffe auf die Ökonomie. Begriffe wie »Knappheit«, »Präferenz«, »Opportunität«, »Kosten« oder auch »Nutzen« werden dabei bivalent verwendet. Allerdings gibt es durchaus widersprüchliche Auffassungen in den Konzepten, da manche Vertreter den ökonomischen Ansatz sogar als »noch umfassender als den evolutionstheoretischen« verstehen (Radnitzky 1987, 117; Radnitzky/Bernholz 1987; Hirschleifer 1986), während andere die Ökonomie im Sinne eines »Lernens von der Natur« als kulturell und evolutionär geschaffen verstehen (Malik 2009; Otto et al. 2006). Diese Auffassung findet in der Bionik, also der Übertragung biologischen Wissens auf die Technik, ihre praktische Anwendung. Ich folge hier dem letzteren Verständnis.

Begrifflichkeit und Methode

Etymologisch geht das Wort »System« auf das griechische Wort »Synistánai« (zusammenstellen) zurück. Hierbei ist gemeint, dass Systeme sich nicht rein naturwissenschaftlich-analytisch verstehen lassen, da die Eigenschaften der Teile nicht isoliert betrachtet werden können, sondern nur im Kontext des größeren Ganzen zu begreifen sind.

Die doppelte Bedeutung von »Systemtheorie«

Der aufmerksame Leser wird merken, dass der Begriff »Systemtheorie« hier in zweifacher Weise verwendet wird – und zwar formallogisch durchaus widersprüchlich. Zum einen bezieht er sich auf die ursprüngliche Bedeutung des »Zusammenstellens«, sodass Systemtheorie den roten Faden interdisziplinärer Forschung bildet, im Sinne eines Bauplans, der die Welt zusammenhält. Zum anderen hat die Systemtheorie aber auch eigene Inhalte und Aussagen, ist also gleichsam ein System im System, eine Disziplin unter anderen Disziplinen. Da das Ganze nicht zugleich ein Teil desselben sein kann, schließt sich die doppelte Verwendung des Begriffes im engeren formallogischen Sinne aus. Weil aber die Welt nicht nur formallogisch zu verstehen ist, werden wir diese Ambivalenz im Weiteren nicht auflösen. Ebenfalls wird hier auf eine strenge Unterscheidung zwischen den Begriffen »Führung«, »Management« und »Leadership« verzichtet; ich folge damit der Pragmatik Neubergers (2002). Nicht notwendig für diesen Kontext ist beispielsweise die Unterscheidung von »Führung« mit personaler und interaktionaler Akzentuierung gegenüber »Management« mit strukturellen und institutionellen Schwerpunkten.

Zur Methode

So einfach die Hypothesenbildung sein mag, so schwierig gestaltet sich die Hypothesenprüfung. Wir können dafür mehrere Möglichkeiten in Betracht ziehen (modifiziert nach Vollmer 2002) und uns beispielsweise fragen, was der systemische Führungsansatz leistet, was sich mit ihm erklärt und was er eben nicht imstande ist zu leisten. Welche Vorteile hat er gegenüber den herkömmlichen Theorien und wie steht er zu diesen? Ergeben sich Widersprüche, ist die Theorie komplizierter oder einfacher als andere und wie wirkt sich das auf die Problemlösefähigkeit aus? Da Personalführung und Management vor allem praktische Anwendungsgebiete sind, ist auch zu prüfen, welche Best Practices es in der Führung gibt und ob sie mit systemischem Management in Einklang stehen. Auch die Frage »Cui bono?« wird relevant sein, um Gewinner und Verlierer, Befürworter und Gegner des systemischen Paradigmas transparent werden zu lassen. Ich werde diese Frage am Ende des Buches wieder aufgreifen, um Bilanz zu ziehen.

Wie dieses Buch zu lesen ist

Das Buch setzt – dem Thema entsprechend – auf Ihren Willen und Ihre Fähigkeit der Selbstorganisation, liebe Leser. Sie können es von vorne bis hinten durchlesen oder beliebig einzelne Kapitel herausgreifen. Die Zusammenfassungen am Ende jedes Kapitels werden Ihnen dieses Vorgehen erleichtern. Sie können aber auch mit dem 30-Punkte-Plan systemischer Führung beginnen und nur bei Bedarf die wissenschaftlichen Begründungen nachschlagen. Es ist schließlich Ihr Buch.

2. Wie Leben funktioniert

»Let everything be allowed to do what it naturally does, so that its nature will be satisfied.« ZHUANGZI

Emergenz

Kollektive Probleme – kollektive Lösungen

Die ökologischen Herausforderungen, wie sie beispielsweise auf dem Klimagipfel in Kopenhagen 2009 formuliert wurden, wie auch die Weltfinanzkrise, die 2008 ihren Ausgang nahm, sind kollektive Probleme und erfordern eine kollektive Lösung. Die Herausforderung besteht darin, über Einzellösungen hinaus kollektive, systemische Lösungen zu finden, wie es Einzelne nicht vermögen. Dieses Auftauchen synergetischer Kräfte nennt man auch Emergenz. In der Biologie bezeichnet man als emergente Eigenschaften solche, die im Ganzen entstehen, ohne dass sie in den Teilen jeweils für sich selbst schon vorhanden wären.

Beispiel Ameisenkolonie

Bienen oder Ameisen etwa würden nicht als Einzelwesen überleben, entwickeln aber zusammen eine kollektive Intelligenz, die denen der einzelnen Individuen weit überlegen ist. Die emergente Intelligenz selbstorganisatorischer Systeme lässt sich anhand einer Ameisenkolonie gut verdeutlichen. Aufgrund der Komplexität einer Ameisenkolonie ist es für die Königin unmöglich, jede Ameise zu überwachen oder zu steuern. Dort gibt es keine Führungsstrukturen, auch wenn wir Systeme lange Zeit aus diesem Blickwinkel analysiert – und missverstanden – haben. (Johnson 2001)

Die argentinische Ameisenart Linepithema humile zeigt, dass Kooperation innerhalb einer Spezies einen großen Überlebensvorteil bringt. Linepithema ist deshalb in der Lage, »fremde Ökosysteme extrem erfolgreich zu erobern, weil diese Art – wie bei Ameisen sonst üblich – ihr Territorium nicht gegen jede andere Ameisenkolonie verteidigt. Linepithema geht stattdessen bei der Eroberung neuer Territorien mit anderen Kolonien ihrer eigenen Art gemeinsam vor.« (Kruse 2009, 117)

Beispiele Bienenvolk und Zugvögel

Auch Bienenvölker kennen keine Führung, es gibt kein Individuum, das anführt und entscheidet. Die Bienen organisieren sich einfach selbst. (Laughlin 2009) Ein anderes Beispiel bieten Schwärme von Zugvögeln, die sich von der Basis her ausrichten, ohne »Leithammel« und ohne die Befolgung komplizierter Regeln: »Wer einen Vogelschwarm am Himmel beobachtet, gewinnt eine Vorstellung von spontaner Ordnung, um einen Begriff des Ökonomen Friedrich Hayek zu verwenden.« (Surowiecki 2007, 143f.)

Schon auf biochemischer Ebene sind komplexe Systeme nicht nur als bloßes Nebeneinander ansonsten nicht zusammenhängender Teile zu verstehen. Alle Teile stehen miteinander in Wechselwirkung, und diese Dynamik eines Systems ist als Wirkungsgefüge zu verstehen, als Programm, das die eigene Veränderungsfähigkeit in sich trägt. (Vester 2002)

Kooperative Intelligenz

Heutzutage gewinnt die Idee, zusätzlich zu den Anforderungen von kognitiver und emotionaler Intelligenz auch kooperative Intelligenz zu nutzen, immer stärkere Bedeutung. Den Begriff der »collaborative intelligence« hat William Isaacs (2002) eingeführt. Isaacs meint damit die Fähigkeit, die Energie von Beziehungsnetzwerken zu nutzen und zu verstärken. Doch unabhängig von der Idee der Kooperation geht dieser Gedanke tiefer. Er stützt sich nämlich auf die Idee, dass alle Lebewesen auf einer bestimmten Ebene miteinander verbunden sind. Unterstellt wird eine kollektive Intelligenz, zu der wir nicht nur alle beitragen, sondern auf die wir auch potenziell zugreifen können. (Joyce 2008)

Diese Auffassung konterkariert die im Wirtschaftsleben tief verwurzelte Überzeugung, Erfolg auf Wettbewerbsorientierung zu

Kooperation versus Wettbewerbsorientierung

gründen. Dabei zeigt uns die Tierwelt viele mögliche Beispiele für Alternativen. Schwärme von Staren mit Tausenden Vögeln koordinieren Millionen von Flügelschlägen. Diese Synchronie verdankt sich jedoch nicht, wie man vielleicht vermuten mag, den spontanen Reaktionen der Vögel auf die jeweiligen Nachbarn. Die Reaktionszeit wäre hierfür, zieht man das Nervensystem der Vögel in Betracht, viel zu kurz. Dieses Phänomen zeigt sich auch bei Fisch- oder Insektenschwärmen und sogar in großen Tierherden.

Auch Termiten oder Ameisen wenden Verhaltensweisen an, die aus dem Kollektiv entstehen. Termiten bauen im Verhältnis zu ihrer eigenen Größe die größten Bauwerke der Erde und erschaffen in Gruppen architektonisch hochkomplexe Behausungen. Dabei stehen sie nicht unter der Führung von einzelnen »Architekten« oder »Ingenieuren«. Das Wissen entsteht vielmehr im Kollektiv und beim Tun. Dieses emergente Wissen ist demnach in der Gesamtheit der Population vorhanden, nicht aber bei einzelnen Individuen zu beobachten. (Joyce 2008) Auch Ameisen zeigen emergente Eigenschaften in der Gruppe, ohne die Präsenz von Spezialisten oder Anführern. Komplexe Aufgaben, etwa beim Errichten neuer Kolonien, werden von verschiedenen Individuen übernommen. Sie wechseln die Aufgabe gemäß den gerade anfallenden Erfordernissen.

Erfolg durch Kommunikation

Bereits Bakterien beweisen kollektive Intelligenz, wie Eshel Ben-Jacob und James Shapiro anhand der E.-coli-Bakterien gezeigt haben. Die Bakterien stehen in Kommunikation zueinander; und obwohl sie einzeln äußerst geringe Möglichkeiten haben, können sie im Kollektiv Leistungen vollbringen, die für Menschen nicht möglich wären. So haben sie sich etwa von ihrer Nahrungsquelle Laktose auf Aspirin umgestellt. (Joyce 2008)

Während wir Technologien wie Gentechnik oder Internet für fortschrittliche Leistungen unserer Zivilisation halten, gehen Bakterien in analog kreativer Weise schon seit Milliarden von Jahren vor. Nehmen wir nur die Geschwindigkeit, mit der sich die Widerstandsfähigkeit gegen neue Medikamente unter Bakterien ausbreitet. Sie beweist, dass ihre Kommunikation effizienter ist, als es eine Anpassung durch Mutationen wäre. So sind Bakterien in der Lage, sich an Umweltveränderungen innerhalb weniger Jahre anzupassen. Andere Organismen würden dazu Jahrtausende benötigen. (Capra 1996) Bei den Bakterien gibt es anstelle einer vertikalen genetischen Informationsübertragung horizontale Fluktuationen mit außerordentlich rascher Verbreitungsgeschwindigkeit. (Jantsch 1992)

Was können wir daraus lernen?

Durch diese Beispiele angeregt, können wir uns fragen, welche Fortschritte für uns möglich sind, wenn wir unsere kooperative Intelligenz entdecken und einsetzen. Schließlich scheint die Intelligenz beispielsweise von Ameisen oder Termiten als Individuen betrachtet sehr begrenzt zu sein, durch ihr Gruppenverhalten agieren sie aber sehr klug. Was könnten Menschen, die für sich genommen schon individuell klug sind, erst im Kollektiv erreichen? Stephen Joyce (2008) fragt mit Recht, welchen gewaltigen Evolutionsschritt die Entwicklung der kooperativen Intelligenz für die Menschheit bedeuten könnte. Emergenz bedeutet demnach, ebenso wie der mengentheoretische Grundsatz, wonach das Ganze mehr als die Summe seiner Teile darstellt, dass ein Team als Ganzes es schafft, Probleme zu lösen, die kein einzelnes Mitglied allein lösen könnte.

Selbstorganisation als Ordnungsprinzip in der Natur

Den Begriff »Systemtheorie« benutzte erstmalig der österreichische Biologe Ludwig von Bertalanffy (1969) an der Universität von Chicago im Jahre 1937, indem er von einer »General System Theory« spricht. Er formulierte auch den Gedanken der »Emergenz«, wobei er nicht nur die Vernetztheit, sondern auch die Eigengesetzlichkeit von Systemen annimmt. Für ihn stellt dieses neue Paradigma ein neues Menschenbild dar, das die immanente Aktivität anstelle der Reaktion auf Fremdeinflüsse betont. Bertalanffy ahnt bereits, was dieses neue Paradigma auch für andere Disziplinen als die Biologie bedeutet, etwa für die Erziehungswissenschaften oder die Psychotherapie.

Betonung von Ziel- und Zweckorientierung

Bei seiner Definition der General System Theory hebt Bertalanffy die Ziel- und Zwecksetzung von lebenden Systemen hervor. Ähnlich wie bei der aristotelischen Entelechie (griech. telos = Ziel und echein = haben) tragen Lebewesen das Ziel ihrer Entwicklung immer schon in sich. In den Worten der General System Theory heißt dies nun Zielorientierung, Zweckorientierung und Selbstorganisation.

Offene Systeme

Zugleich sind alle Lebensformen als »offene Systeme« zu verstehen: Damit wird ihre Abhängigkeit von ständigen Energieflüssen und Ressourcen betont. Bertalanffy prägt hierbei einen zweiten zentralen Begriff der Systemtheorie, den des »Fließgleichgewichts«, um das Miteinander von Struktur und Veränderung in allen Lebensformen zum Ausdruck zu bringen. Auch dies unterscheidet die General System Theory vom klassischen, naturwissenschaftlichen Verständnis ihrer Zeit. Das konventionelle physikalische Verständnis betonte die Geschlossenheit und die Isolation von Systemen. Für die General System Theory dagegen befinden sich lebende Systeme in einem kontinuierlichen Zu- und Abfluss, sie stehen in einem ständigen metabolischen Auf- bzw. Abbau mit ihrer Umwelt. Bertalanffy definiert damit sowohl das Kriterium metabolischer Offenheit lebender Systeme als auch ihre Aktivität gemäß der inneren Organisationsgesetzlichkeit des Nervensystems.

Veränderung wird nicht von einer äußeren Kraft bewirkt, vielmehr differenziert sich etwa ein sich entwickelnder Embryo über die internen Gesetze seiner Selbstorganisation. Bertalanffy hält dieses Prinzip interner Aktivität für wichtiger als externe Stimuli. Indem er diese Annahme auch auf die Funktionsweise niederer Tiere ausdehnt, formuliert er ein evolutionäres Prinzip. Das Prinzip der Selbstorganisation schließt dabei die Funktionsweisen von Mutation und Selektion keineswegs aus, sondern ergänzt sie. Das allerdings wurde lange Zeit nicht verstanden.

Mutation und Selektion

Charles Darwin

Charles Darwin hat das evolutionäre Grundprinzip in seinem Werk *Die Entstehung der Arten* im Jahre 1850 dargelegt. Über die Evolution spekuliert hatte schon sein Großvater Erasmus Darwin, ebenso wie etwa Jean-Baptiste de Lamarck. Entsprechende Gedanken finden sich sogar noch früher, etwa bei Empedokles, Buffon oder Saint-Hilaire, aber vor Charles Darwin hat niemand eine plausible Theorie eines Evolutionsmechanismus formuliert. Darwins Verdienst besteht also nicht darin, die Artengenese in die Welt gebracht, sondern als Erster die Ursachen der Evolution angegeben zu haben. (Vollmer 2002)

Darwin geht dabei von drei Hauptfaktoren aus: Vererbung, Mutation und Selektion. Durch Mutationen kommt es zu Varianten; die Individuen unterscheiden sich also. Die Selektion erfolgt durch eine Umwelt, die nicht alle Individuen überleben lässt und einigen bessere Chancen einräumt. Evolution entsteht damit dadurch, dass ein Replikator nur unvollkommene Kopien herstellt, was man auch als »Unausweichlichkeit« der Evolution bezeichnet hat (Blackmore 2005, 38), sofern diese Startbedingungen einmal gegeben sind.

Entwicklung und Stabilität

Darwins ursprüngliche Theorie der Selektion basierte auf dem Gedanken der gegenseitigen Konkurrenz und gegebenenfalls der Vernichtung. Diese Theorie ist heute wissenschaftlich nicht mehr zu halten. Im Gegensatz zur zufälligen Mutation geht man heute vielmehr von einer Selbstveränderung der Organismen durch »im biologischen System selbst angelegte Prinzipien« (Bauer 2008, 66) aus. Anstatt ihr genetisches Substrat wahlloser Veränderung im Sinne der darwinschen Mutation auszusetzen, schützen Organismen den für die Stabilität notwendigen Bestand. Der Freiburger Genforscher Joachim Bauer nennt zwei Grundprinzipien biologischer Systeme: zum einen das der »durch externe Stressoren angestoßenen Entwicklung und zum anderen das der aktiven Bewahrung von biologischer Stabilität« (2008, 67), was nicht nur auf den ersten Blick den systemischen Grundsätzen von struktureller Störung und operationaler Geschlossenheit zu entsprechen scheint.

Die Entstehung neuer Arten geht demnach auf Umbauprozesse innerhalb des Genoms selbst zurück, es organisiert die Veränderungen selbst aktiv, indem beispielsweise genetische Elemente neu kombiniert oder erweitert werden. Ein Beispiel hierfür sind etwa Bakterien, die die Architektur ihres Genoms verändern, um der Vernichtung durch Antibiotika zu entkommen: »Wären Bakterien gemäß der darwinistischen Doktrin in ihrer Abwehr gegen Antibiotika auf in ihrem Genom zufällig auftretende Mutationen angewiesen, hätten wir heute in den Krankenhäusern keine Probleme mit sogenannten nosokomialen Keimen, stattdessen wären Bakterien dort schon lange ausgerottet.« (Bauer 2008, 87)

Selbstorganisation der Gene

Diese Selbstorganisation der Gene unterliegt in einem zweiten Schritt zwar der Selektion, sie fungiert hier allerdings, wie auch der Chaosforscher Stuart Kauffman ausführt, nicht als Ordnungsprinzip erster Ordnung, sondern lediglich als »Veto« gegenüber Organismen, die sich als nicht überlebensfähig erweisen. Die Ablehnung zufälliger Mutationsprinzipien versteht Bauer nicht als Determinismus, er spricht vielmehr von »intrinsischen biologischen Regeln« (Bauer 2008, 118). Sowohl Mutation als auch Selektion behalten demnach durchaus einen Beitrag zur Artenentwicklung in der modernen Evolutionsbiologie, beide bekommen jedoch einen anderen, nämlich sekundären, Stellenwert.

Im Sinne der Systemtheorie ist Leben demnach schon vor Mutation und Selektion durch den operationalen Aufbau bestimmt, Ordnung im Sinne einer spezifischen Selbstorganisation schon vor jeder Mutation vorhanden: »Das genomische Programm, welches den Urbauplan bewahrte, blieb in seiner Grundordnung die gesamte seitherige Evolution hindurch stabil.« (Bauer 2008, 132)

Ordnung ist bereits da

Mit der Mutation als spezifischer und deshalb nicht zufälliger Varianz treten danach ebenso wie mit der Selektion zwei Prinzipien hinzu. Ordnung kommt aber nicht erst mit diesen in die Welt, sondern ist immer schon vorhanden. Die Natur lässt dabei mehr überlebensfähige Varianten entstehen, als durch

Selektionsdruck erklärt werden könnte, ein Prinzip, das auch als »Exaption« (Brosius 2005; Cooper et al. 2007) bezeichnet wird. Die Vielzahl neuer Gene und Genkombinationen geht damit weit über das hinaus, was zum unmittelbaren Überleben notwendig wäre, weil sich dies zu einem späteren Zeitpunkt noch als nützlich erweisen kann. Um Überlebensfähigkeit zu gewährleisten, dürfen genetische bzw. epigenetische Veränderungen dennoch wahrscheinlich nicht sehr groß sein, wenn man daran denkt, wie langsam organische Evolution erfolgt. So wird der mögliche Spielraum sicher ausgenutzt, drastische Änderungen würden den Organismus aber wahrscheinlich die Reproduktionsfähigkeit kosten. (Diettrich 1989)

Geht man einmal von einer Stabilität des genomischen Programms während der bisherigen Evolution aus (Bauer 2008), so kann man sich in der Tat fragen, warum der Ursprung dieses Ordnungsprinzips auf die Zeit der Erdentstehung datiert wird. Es ließe sich berechtigterweise, wenn auch noch ohne jegliche naturwissenschaftlich empirische Fundierung fragen, ob dieses Ordnungsprinzip nicht schon zehn Milliarden Jahre vorher, bei der Entstehung des Universums, vorhanden gewesen sein könnte. Das Ordnungsprinzip in der Natur wie auch in den daraus entstehenden Organismen wäre das gleiche und die Gegenüberstellung von Mensch und Natur damit unsinnig. In diesen makrokosmischen Verhältnissen stellt sich die Frage von Anpassung im Sinne von Repräsentanz der Umwelt gar nicht mehr, denn sie wäre durch eine Analogie der Entstehungs- und Ordnungsprinzipien von Organismus und Welt schon immer gegeben.

Anpassung

Geschlossenheit versus Offenheit

Bertalanffy war sich darüber im Klaren, dass die Annahme von Selbstorganisation und Geschlossenheit eines Systems auf der einen Seite und von Verwiesenheit auf Stoffwechselprozesse mit der Umwelt andererseits die Frage aufwirft, inwieweit Umwelt und Systemorganisation aufeinander abgestimmt sind. Eine einseitige Sicht, welche die Offenheit lebender Systeme betont, würde zur Abbildtheorie führen, also zu der Aussage, dass die innere Organisation eines Organismus die Außenwelt mehr oder minder abbilde oder repräsentiere. Eine Sicht, die einseitig die Selbstorganisation betont, würde die Unabhängigkeit eines Organismus von seiner Umwelt behaupten.

Biologisches Driften

Dieser Punkt ist deshalb so entscheidend für die Systemtheorie, weil er die Frage der Anpassung eines Organismus an seine Außenwelt betrifft bzw. die Frage, ob eine solche Anpassung für das Überleben überhaupt notwendig ist. Bertalanffy entscheidet sich für einen Mittelweg und nimmt damit wieder einmal einen Ausdruck, wie ihn auch die aktuelle Systemtheorie noch gebraucht, vorweg. Es ist der Begriff des »biologischen Driftens«, der die Koexistenz eigengesetzlicher Strukturen ausdrücken soll.

Für Bertalanffy ist klar, dass Tiere oder Menschen schon allein durch ihr Überleben einen Beweis dafür erbringen, dass ihre Organisation in irgendeiner Weise mit der Realität korrespondiert. »Korrespondenz« versteht er dabei nicht im schwachen Sinne, wonach die Eigengesetzlichkeit eines Organismus sich nicht in einen Gegensatz zur Gesetzlichkeit der Umwelt stellen darf. Bei einer »Korrespondenz« im schwachen Sinne würde ein Organismus in seinem Handeln durch die Umwelt nur behindert, im Extrem bis hin zum Untergang des Organismus. Abgesehen von diesen möglichen Behinderungen würde ein Organismus mehr oder weniger unbeeindruckt von den Strukturen der Außenwelt seinem Leben nachgehen – ein Gedanke, den die Biologen Humberto Maturana und Francisco Varela in den 1980er-Jahren wieder aufnahmen.

Überlebensfähigkeit

Bertalanffy versteht die Korrespondenz von Organismus und Umwelt in einem starken Sinne, wonach eine völlige Übereinstimmung zwar nicht notwendig ist, ein bestimmter Grad an Isomorphie aber die Überlebensfähigkeit sichert. Die Art dieser Isomorphie stellt er mit einer Metapher dar, die das rote Licht einer Verkehrsampel als Symbol für Überlebensgefährdungen nimmt. Herannahende Autos oder Züge würden demnach einen Hinweis darauf erhalten, ob eine Gefahr besteht (rote Ampel) oder nicht (grüne Ampel), auch wenn die Gefahr, die in der

Realität lauert, selbst nicht abgebildet wird. Wieso das Erkennen der Ampel als rot und die damit zusammenhängende Bedeutung eine Isomorphie voraussetzt, erklärt Bertalanffy nicht. Maturana und Varela streichen diese Annahme deshalb berechtigterweise später, indem sie darauf hinweisen, dass Überleben durchaus auch mit einem völligen Irrtum, was die Korrespondenz von Organismus und Umwelt angeht, möglich sei. Überleben können Organismen demnach auch dann, wenn die Symbole falsch gedeutet werden. Zum anderen spricht gegen die Ampelmetapher, dass die Möglichkeit eines Organismus, die Symbole zu erkennen, nicht durch die Symbole oder deren ursprüngliche Herkunft bestimmt wird. Vielmehr unterliegt diese Deutung selbst der Selbstorganisation des Systems, die Bedeutungen der Symbole werden erst im System geschaffen.

Dennoch war Bertalanffy mit seiner erkenntnistheoretischen Konzeption der Evolutionsbiologie seiner Zeit weit voraus. Selbst systemtheoretisch nahestehende Evolutionsbiologen, Vertreter der Symbiogenese – denen zufolge die Komplexität von Organismen auf Kooperation oder Verschmelzung mehrerer einfacher Organismen beruht –, haben bis Ende des 20. Jahrhunderts biologischen Erfolg mit Lernen gleichgesetzt. So weist etwa der Biologe Werner Schwemmler (1991) darauf hin, dass biologischer Misserfolg keinen Lernerfolg nach sich ziehe, dieser sei nur auf dem Gebiet der kulturellen Evolution zu erzielen. Evolutionäre Selbstorganisation bedeutet aber gerade kein Lernen im Erfolgsfall. Selbst der Misserfolg wäre nicht instruktiv, sondern nur ein Anstoßen der Selbstorganisation eines Organismus aufgrund eines graduell mehr oder minder beunruhigenden Vetos der Umwelt.

Ambiguität von Offenheit und Geschlossenheit

Während in einem geschlossenen System die Energie konstant bleibt, wird in offenen Systemen ständig Energie umgesetzt: aufgrund des fortwährenden Stoffwechsels. Wie ist nun die Ambiguität von Offenheit und Geschlossenheit lebender Systeme zu denken? Nicht alle Impulse aus der Umwelt verursachen strukturelle Veränderungen eines Organismus; vielmehr ist zu beobachten, dass er nur auf einen Bruchteil von Reizen reagiert, denen er ausgesetzt ist, auch wenn man in Betracht zieht, dass diese Auswirkungen nicht immer zeitlich unmittelbar erfolgen müssen.

Operative Eigengesetzlichkeit

Entscheidend ist, dass Veränderungen, die stattfinden, struktureller und nicht operativer Natur sind. Die operative Eigengesetzlichkeit eines autopoietischen Systems (»Autopoiesis« von griech. autos = selbst und poiein = machen) ist demnach durch die Umwelt kausal nicht zu beeinflussen. So erfährt ein autopoietisches System laufend strukturelle Änderungen, bewahrt aber zugleich die eigene Organisationsstruktur.

Der Körper ändert sich permanent

Viele der metabolischen Veränderungsprozesse spielen sich häufiger und schneller ab, als wir uns das vielleicht vorstellen. Innerhalb von zehn Tagen werden beispielsweise alle weißen Blutkörperchen erneuert, innerhalb eines Monats bereits 98 Prozent unseres Gehirnproteins. Trotz vielfältiger Umbauprozesse im Körper werden durch Umwelteinflüsse nur strukturelle Veränderungen ausgelöst, während die operationale Ebene inhaltlich nicht beeinflusst wird. Die Umwelt löst die strukturellen Veränderungen nur aus, ohne sie zu steuern. Organismen erhalten ihre Gesamtidentität oder ihr Organisationsmuster aufrecht, obwohl diese strukturellen Veränderungen ständig ablaufen. (Capra 1996) Wenn wir uns überlegen, dass von den vielen Trillionen Zellen in unserem Körper, die ihrerseits hundertfach hinsichtlich ihrer Funktionen für Muskeln, Blut, Nerven etc. unterschieden werden können, jede Woche Milliarden sterben und neue hinzukommen, erscheint es schon merkwürdig, dass unser Selbst dennoch über die Zeit beständig bleibt. (Johnson 2001) Biologisch gesprochen ist unser Verständnis einer durchgängigen Identität, sieht man vom Genom ab, also eine Illusion.

Schwache Korrespondenztheorie

Es gibt einige Gründe, die evolutionsbiologisch für eine schwache Korrespondenztheorie sprechen. Je weiter sich das Gehirn von Wirbeltieren entwickelt, desto unspezifischer sind die Areale in der Großhirnrinde; sie lassen sich nicht mehr eindeutigen Funktionen, wie etwa Sehen oder Hören, zuordnen. Dies ermöglicht Wirbeltieren ein flexibles Reagieren auf Umweltereignisse. Anders als Insekten oder Schnecken, die auf einen Reiz eher mit einem festgelegten Verhalten antworten, wird der Input bei höheren Tieren über viele Zwischenstationen hinweg bearbeitet und moduliert. Die jeweilige Reaktion kann dann sehr unterschiedlich ausfallen.

Überleben als entscheidendes Kriterium

Die ursprüngliche klassische Anpassungstheorie geht davon aus, dass sich die Reaktionen eines Organismus als Anpassung an seine Umwelt gebildet haben und demnach in ihrem Erfolg auch davon abhängen, wie gut diese Umwelt abgebildet und erkannt wird. Für die biologische Systemtheorie hingegen ist der Erfolg der jeweiligen Reaktion von der Anpassung an die Umwelt entkoppelt. Demnach ist das entscheidende Kriterium vor allem, ob ein Organismus überlebt oder nicht. Die inneren Gesetzmäßigkeiten eines lebenden Systems sind dabei nicht als unveränderlich zu sehen, sondern stehen in einem dynamischen Wechselwirkungs- und Entwicklungsprozess.

Selbst zur Entwicklung hochkomplexer Lebensformen scheint die Natur nur wenige Schlüsseldaten genetisch festzulegen; sie scheint es dem System selbst zu überlassen, die Antworten auf die Herausforderungen im Leben zu finden. (Vester 2002) Die inneren Gesetzmäßigkeiten geben dem Organismus seine Ausprägung und »Geschlossenheit«, während zugleich eine Öffnung zur Umwelt durch die Notwendigkeit des Stoffwechsels erhalten bleibt. Reine Isolation würde ein homöostatisches Gleichgewicht bedeuten, was für lebende Systeme nicht möglich ist. Dieses fiktive thermodynamische Gleichgewicht würde für lebende Systeme auch bedeuten, dass keine Information im System entstehen kann. (Eigen 1987) Stagnation und Gleichgewicht können nur temporär bestehen. Bestand auf Dauer hat nur der Prozess. Lebende Systeme ähneln eher einem Fluss als etwas Statischem. Das zeigt sich schon auf der Ebene der sich ständig regenerierenden Zellen: »Der Körper gibt den Erinnerungen nur ein Zuhause.« (Chopra 1990, 87)

Veränderung und Umfeld

Die Vertreter des traditionellen Darwinismus argumentieren gegenüber den modernen Selbstorganisationstheoremen der Evolutionsbiologie, dass die Repräsentationstheorie der Anpassung sich doch schon darin zeige, dass ein und derselbe Organismus sich je nach Umfeld, in dem er aufwächst, verändert. Halbiert man beispielsweise eine junge Löwenzahnpflanze längs und pflanzt eine Hälfte im Tiefland, die andere im Hochland an, bildet die Tieflandform längere Stängel und größere Blätter aus, während die Hochlandform kürzere Stängel, kleinere Blätter und tiefer reichende Pfahlwurzeln entwickelt. (Otto / Ondarza 2009) Dies ist aber kein wirklicher Einwand gegen die Selbstorganisationstheorie, da diese Veränderungen im Kontext von Umwelteinflüssen keineswegs ausschließt. Im Gegensatz zur traditionellen darwinschen Lehre wird die Veränderungsleistung aber nicht als Repräsentationsleistung gewertet, vielmehr entsteht die Veränderung durch eigengesetzliche Operationen des Organismus. Mit anderen Worten: Die Umgebung beeinflusst die Pflanze jeweils unterschiedlich; die Lösung, die der Löwenzahn hierfür findet, beruht jedoch auf seiner inneren Organisation.

Hierzu ein Beispiel mit einfacheren Organismen: Wenn wir an die Orientierung von Bakterien in der Umwelt denken, macht es kaum Sinn, von Erkenntnis, Wahrnehmung und Repräsentation der äußeren Umwelt zu sprechen. Vielmehr werden physische Änderungen registriert und bewertet, so etwa, wenn sich Bakterien auf Zucker oder Licht zu- bzw. von Säure oder Wärme fortbewegen. Die Impulse von außen sind nicht instruktiv, sondern nur restriktiv. Die traditionelle darwinsche Lehre versteht Anpassung als Repräsentation der Umwelt, die moderne Evolutionsbiologie versteht sie im Sinne der Selbstorganisation als Überlebensfähigkeit. Veränderungen zwingen uns zur Anpassung. Aber auch hier gilt: Je größer unsere Fähigkeit ist, uns so zu organisieren, dass dies mit den Anforderungen der Umwelt übereinstimmt, umso erfolgreicher können wir Veränderungen bewältigen und umso besser sind unsere Regenerationsaussichten nach Rückschlägen, psychologisch auch Resilienz genannt. (Joyce 2008)

Komplexe Lebensformen – nach darwinistischer Theorie unsinnig

Der moderne evolutionsbiologische Gedanke der Koevolution von makro- und mikroskopischen Lebensaspekten modifiziert das darwinistische Verständnis von rückkopplungsfreier Anpassung des Lebens an eine vorgegebene Umwelt. Im Darwinismus passt sich die Mikroevolution an eine Umwelt an, deren Evolution nicht im Fokus steht. Postdarwinistische Evolutionsbiologie sieht jedoch nicht in der erfolgreichen Anpassung des Lebens an eine bestehende Umwelt das formende Element, vielmehr bestimmt demnach die Gesamtheit der ökologisch vernetzten Lebensprozesse die genetische Verankerung von Lebensformen. Bestünde der Sinn der Evolution in der darwinistischen Anpassung, so wäre die Entwicklung komplexer Lebensformen unsinnig, die frühesten Lebewesen waren bereits weitaus besser an ihre Umwelt angepasst. (Jantsch 1992)

Konkurrenz, Kooperation und Koevolution

Kooperation – wichtiger als Konkurrenz

Darwin hat die Rolle der Konkurrenz überbetont, und dies ist später im Sozialdarwinismus, insbesondere bei den Nationalsozialisten, missbraucht worden. In der modernen Evolutionsbiologie wird dagegen die Bedeutung der Symbiose in der Natur betont. Mehr als die Hälfte der Biomasse lebt in symbiotischen Beziehungen. Und auch für die heutige Ökonomie mit ihren hochkomplexen Produkten ist Kooperation nicht nur logistisch eine Voraussetzung für den Erfolg. Die zukünftigen globalen Herausforderungen lassen sich nur synergetisch und kooperativ lösen, miteinander und nicht gegeneinander. Betrachtet man die evolutionsbiologischen Prinzipien näher, so zeigt sich, dass dem (sozial-)darwinistischen Begriff der Konkurrenz nicht die Bedeutung zusteht, die er vielfach bekommen hat. Kooperation und Kreativität haben demgegenüber eine viel stärkere Rolle in der Evolution gespielt.

Schon der russische Fürst Peter Kropotkin, ein Zeitgenosse Darwins, wies darauf hin, dass bereits im Tierreich die gegenseitige Unterstützung unter Artgenossen und ihre Verteidigung mehr zähle als das Prinzip von Kampf und Konkurrenz. So steht für Kropotkin fest, dass die im Sinne Darwins »Fittesten« nicht diejenigen sind, die ständig Krieg gegeneinander führen, sondern die, die sich unterstützen und wechselseitige Hilfe annehmen. Ameisen und Bienen etwa hätten auf den hobbesschen »Kampf aller gegen alle« verzichtet und stünden sich besser dabei.

Kropotkin geht so weit, einen evolutionären Imperativ aufzustellen: »Streitet nicht! ... Daher vereinigt Euch – übt gegenseitige Hilfe!« (Kropotkin 1908, 67 f.) Streit und Konkurrenz seien für eine Art immer schädlich. Auch lehre die Natur uns, dass die Mittel zur Vermeidung von Kampf vorhanden sind. Zwar könne im Kampf ums Überleben während bestimmter Lebensperioden, bestimmter Jahreszeiten oder Generationen tatsächlich eine Selektion der Fittesten erfolgen, das aber sei kein allgemeines evolutionäres Prinzip. Wenn sich die Evolution zu einem Großteil auf das Überleben der Fittesten in Zeiten des Unglücks gründen würde, so wäre nicht Darwins nach oben gerichteter Gradualismus die Folge, sondern der evolutionäre Rückschritt. Dies liegt für Kropotkin daran, dass natürliche Auslese lediglich diejenigen Individuen schonen kann, die mit der größten Fähigkeit zur Entbehrung begabt sind, letztlich aber in ihren Möglichkeiten immer hinter denjenigen zurückbleiben, die bessere Umstände vorfinden. Diese Kritik an Darwins Selektionsprinzip hatte bereits Tschernyschewski angeführt: »Das Übel kann kein Gutes hervorbringen.« (Zit. nach: Kropotkin 1908, 66) Vielmehr sei zu beobachten, dass die natürliche Auslese fortwährend gerade solche Wege wählt, bei denen sich Konkurrenz möglichst vermeiden lässt.

Kritik an Darwins Selektionsprinzip

Die Prinzipien von Kooperation und Selbstorganisation führen zu einem weiteren Prinzip der Systemtheorie, dem der Koevolution. Im Gedanken der Koevolution beeinflussen sich zwei benachbarte Systeme, und aus diesen Feedbackschleifen entstehen emergente Systeme, die Lernen und Evolution auf einer höheren Ebene ermöglichen. (Johnson 2001) Evolution lässt sich nicht auf die einseitige Anpassung eines Organismus an die Umwelt beschränken, weil die Umwelt selbst wieder durch lebende Systeme gestaltet wird, die wiederum zur Anpassung und Kreativität fähig sind. Die Frage, wer sich nun wem anpasst, lässt sich daher am ehesten dadurch beantworten, dass es eine gemeinsame, fortwährende Entwicklung gibt. (Lovelock 1991)

Koevolution

Der Gedanke der Koevolution rückt die Integration pluraler Lebensformen in den Mittelpunkt, Leben, das nicht darauf aus ist, sich gegenseitig zu zerstören, sondern vor allem daran interessiert ist, zu überleben, in Koevolution mit anderen Lebensformen. Selbst da, wo auf denselben Lebensraum und dieselben Ressourcen zurückgegriffen wird, kommt es selten zu einem Konkurrenzkampf, bei dem nur der Stärkere überlebt.

Vernetzung statt Kampf

Es gibt dagegen viel mehr Beispiele für Koexistenzen, die sich nebeneinander entwickeln, um sich gegenseitig nicht mehr zu stören. Die Leguane der Gattung Anolis beispielsweise leben in der Dominikanischen Republik eng zusammen und ernähren sich von denselben Insekten. Jede Art bewohnt jedoch eine andere Ebene der Bäume, manche bevorzugen den Schatten, manche die Sonne – und so vermeiden sie einen Konflikt. (Otto / Ondarza 2009) Leben hat die Erde nicht durch Kampf, sondern durch Vernetzung erobert, wie es die Biologin Lynn Margulis (Margulis / Sagan 1986) ausdrückt. Die These, dass individuelle Konkurrenz die dominante evolutionäre Überlebensstrategie sei, ist auch schon deshalb angreifbar, weil Individualismus in der Evolution erst spät auftritt. Primitives Leben ist dagegen in hohem Maße durch makroskopische Strukturen wie Kolonien, Gesellschaften und Ökosysteme geprägt.

Dawkins und das »egoistische Gen«

Das Konzept der »egoistischen« Gene, das der Biologe Richard Dawkins entworfen hat (1989), widerspricht nicht den Prinzipien von Kooperation und Koevolution, auch wenn das auf den ersten Blick so scheinen mag. Das Interesse der Gene, nicht nur auf den eigenen Fortpflanzungserfolg zu blicken, sondern auch auf den der Verwandten, kann man zwar im weiteren Sinne egoistisch nennen, im Rahmen der Erhaltung des Genpools liegt hier aber durchaus auch ein kooperatives Verhalten vor. Kooperation ist sogar als eine der Grundeigenschaften von Genen zu verstehen. Über den selektiven Druck und die damit verbundene Reproduktionsfähigkeit hinaus verdanken Gene ihre komplexe Entwicklungsfähigkeit vor allem drei biologischen Grundprinzipien, dem der Kooperation, der Kommunikation und der Kreativität.

Insbesondere der Kooperation wird dabei eine zentrale Rolle für die Entstehung lebender Systeme zugeschrieben: »Erste lebende Systeme waren entscheidend mehr als die Summe ihrer Einzelteile. Keine der Komponenten innerhalb eines Ensembles – weder RNS noch Proteine – war autonom. Es herrschte ausnahmslos wechselseitige Abhängigkeit. Nichts konnte geschehen außer durch Kooperation.« (Bauer 2008, 35)

Der Freiburger Genforscher Joachim Bauer wendet sich gegen Dawkins' Konzept »egoistischer Gene«, auch wenn es als biopsychologisches Korrelat vorzüglich zur herrschenden Wirtschaftsordnung passen würde. Vielmehr unterliege die DNS samt den enthaltenen Genen der Regie der Zelle. Biologische Kooperation kann nach Bauer demnach nicht als Mittel zum Zweck im Überlebenskampf gesehen werden. (Bauer 2008, 36)

Ein gutes Beispiel für biologische Kooperation ist auch das biologische Prinzip der Endosymbiose, das dem Darwinismus widerspricht. Etwa vor zwei Milliarden Jahren waren die sogenannten Archaeazellen nicht in der Lage, mit der Zunahme an Sauerstoff umzugehen. Doch anstatt in darwinistischer Selektion unterzugehen, nahmen sie Bakterien in sich auf, die Sauerstoff verbrauchten resp. erzeugten, und ließen durch diese Endosymbiose einen neuen Zelltyp entstehen, der zur Basis für alle späteren Tier- und Menschenkörper (als Sauerstoff verbrauchende Version) wie auch für alle Pflanzen (als Sauerstoff produzierende Version) werden sollte: die eukaryontische Zelle.

Evolution meint nicht die Entwicklung von Einzelkämpfern

Die amerikanische Biologin Lynn Margulis beschrieb die Theorie der endosymbiotischen Entstehung eukaryontischer Zellen bereits 1970. Dieser Theorie zufolge geben die Teilnehmer ihre Identität in der Fusion nicht völlig auf. Erstmalig lässt sich der Gedanke der Endosymbiose sogar schon 1905 in den Forschungen des russischen Biologen Mereschkowski nachweisen. Er konnte als antidarwinistisches Evolutionsprinzip später bestätigt werden. (Kutschera 2009) Die Endosymbiose zeigt sogar, wie Kooperation zwischen der Sauerstoff produzierenden Pflanzenwelt und einer Sauerstoff verbrauchenden Tierwelt funktioniert: »Die Evolution ist keine Entwicklung von Einzelkämpfern (weder einzelkämpferischer Individuen noch einzelkämpferischer Spezies), sie ist eine Entwicklung von biologischen Systemen.« (Bauer 2008, 54)

Die Analogie mit einfachen Organismen setzt das menschliche Leben keineswegs herab. Wir können die Geschichte auch aus einem anderen Blickwinkel betrachten: Prokaryontische Bakterien haben sich im Laufe der Evolution in eukaryontische Zellen mit Zellkern gewandelt, die sich dann in selbstorganisatorischer Weise zu pflanzlichen und tierischen Vielzellern weiterentwickelt haben. Und diese wurden im Laufe der Evolution ihrerseits wieder zum Wirt für Bakterien; wir tragen mehr bakterielle DNS in uns als eigene. So könnten wir auch bescheiden feststellen: »In fact bacteria dominates the earth's biomass. Standing on the sun, who would you say rules the earth?« (Meyer / Davis 2003, 245)

Evolution und Spieltheorie

Kooperation als Überlebensstrategie

In den letzten Jahren haben sich die Argumente der Spieltheorie als sehr nützlich dabei erwiesen, Kooperation als dominante Überlebensstrategie nachzuweisen. Obwohl eigentlich als Computersimulation entstanden, lässt sich die Spieltheorie als Erklärungsmuster für Evolution nutzen – und der Begründer der Spieltheorie, der Mathematiker und Politikwissenschaftler Robert Axelrod, tut dies auch ausdrücklich. Wir wollen die Spieltheorie deshalb, wenngleich es sich nicht um eine biologische Disziplin handelt, zur Erklärung der Evolution der Kooperation heranziehen.

Gefangenendilemma: kooperieren oder verraten

Ein wichtiges Element der Spieltheorie ist das sogenannte Gefangenendilemma. Den Ausgangspunkt bildet folgende Situation: Zwei Männer werden beschuldigt, gemeinsam eine Straftat begangen zu haben. Sie werden separat verhört und haben deshalb nicht die Möglichkeit, ihre Aussagen abzustimmen. So muss nun jeder für sich überlegen, was er tun will. Die Höchststrafe für die Straftat beträgt sechs Jahre Freiheitsentzug. Wenn beide schweigen, werden sie aufgrund kleinerer Delikte zu je zwei Jahren Haft verurteilt. Wenn beide gestehen, werden sie jeweils mit vier Jahren Freiheitsentzug bestraft. Wenn jedoch einer die Tat gesteht und der andere schweigt, gilt jener als Kronzeuge und erhält nur eine einjährige Bewährungsstrafe, wohingegen sein Komplize sechs Jahre hinter Gitter muss.

Axelrod hat nun iterierte Computersimulationen zu diesem Gefangenendilemma entwickelt. Bei solchen iterierten Spielen entfällt das Moment der Unkenntnis über das Verhalten des anderen. In den Simulationen zeigte sich, dass das einfachste und erfolgreichste aller eingereichten Programme der beteiligten Spieltheoretiker »Tit for Tat« war. Es sieht so aus, dass der Spieler zunächst auf Kooperation setzt und danach jeweils das tut, was der andere Spieler beim Zug zuvor getan hat: kooperieren oder defektieren (nicht kooperieren).

Axelrod (2009) schlägt nun vier Imperative als richtungsweisend für ein optimales Entscheidungsverhalten vor:

1. Sei nicht neidisch auf den Erfolg des anderen.
2. Defektiere nicht als Erster.
3. Erwidere sowohl Kooperation als auch Defektion.
4. Sei nicht zu raffiniert.

Imperativ eins: Sei nicht neidisch

Um Imperativ eins zu verstehen, ist es sinnvoll, sich die Abgrenzung zu Nullsummenspielen zu verdeutlichen. Während etwa Schach ein Nullsummenspiel ist, bei dem der eine verliert, wenn der andere gewinnt, lässt sich das für das Leben nicht behaupten. Beide Seiten können gut oder schlecht abschneiden. Menschen neigen dazu, einen Vergleichsmaßstab anzulegen, in diesem Fall den Erfolg des anderen im Vergleich zum eigenen Erfolg – und damit begründen sie ein Konkurrenzverhältnis. Dieser Vergleich mithilfe eines externen Maßstabs führt zu Neid. Der Versuch, diesem Neid durch die Korrektur des Vorteils des anderen zu begegnen, lässt sich im Gefangenendilemma nur durch Defektion erzielen. Da Defektion aber nur zu weiterer Defektion führt, wirkt Neid selbstzerstörerisch.

Die Strategie Tit for Tat war nicht dadurch erfolgreich, dass einer den anderen besiegte, sondern durch die Herbeiführung einer Situation, die es beiden ermöglichte, gut abzuschneiden. Dementsprechend muss man in einer Situation, die nicht als Nullsummenwelt konzipiert ist, nicht besser als ein anderer sein, um gut abzuschneiden: »Es macht nichts, wenn jeder so gut wie Sie oder ein wenig besser ist, solange Sie selbst gut abschneiden.« (Axelrod 2009, 101) Axelrod formuliert damit das Prinzip der systemtheoretischen Koevolution. Demnach hat es keinen Sinn, auf den Erfolg eines anderen neidisch zu sein und sich in Konkurrenz mit diesem zu begeben, denn in einem iterierten Gefangenendilemma ist gerade der Erfolg des anderen eine Voraussetzung für den eigenen Erfolg.

Imperativ zwei: Defektiere nicht als Erster

Imperativ zwei verweist auf den Vorteil der Nachhaltigkeit. Wenn es auch kurzfristig vielversprechend erscheinen mag, nicht zu kooperieren, wird langfristig genau das Gegenteil erreicht und sogar die Umgebung zerstört, die man für den eigenen Erfolg benötigt. Solange der andere kooperiert, sollte man also auch selbst kooperieren. Was aber nun, wenn der andere nicht kooperiert? Soll man dann auch »die andere Wange hinhalten«? Diese Frage beantwortet Imperativ drei.

Imperativ drei: Erwidere Kooperation und Defektion

Man riskiert, ausgebeutet zu werden, wenn man nicht Defektion auf Defektion folgen lässt, andererseits riskiert man aber auch eine Eskalation, wenn man eine Defektion der anderen Seite mit mehr als einer eigenen Defektion beantwortet. Das optimale Maß an Nachsicht hängt demnach von der Umgebung ab. Großzügigkeit ist sinnvoll, wenn andernfalls endlose wechselseitige Bestrafungen als Gefahr drohen. Sollte man aber eine ausbeutende Umgebung vorfinden, kann ein Übermaß an Nachsicht kostspielig werden. Die Beantwortung einer Defektion mit einer eigenen Defektion ist daher voraussichtlich ziemlich erfolgreich. Ein Spieler ist mithin gut beraten, sowohl Defektion als auch Kooperation zu erwidern.

Dabei zeigt sich, dass es besser ist, auf eine Provokation schnell zu antworten. Je länger Defektionen ungestraft geduldet werden, umso wahrscheinlicher zieht die andere Partei den Schluss, dass sich diese auszahlen können, und umso schwieriger wird es, dieses Muster wieder aufzubrechen. Provozierbarkeit ist dabei natürlich nicht ungefährlich, da Vergeltung zu einer endlosen Folge wechselseitiger Defektionen führen kann. Axelrod rät hier zu gemäßigter, »begrenzter« Provozierbarkeit. Die Stabilität der Kooperation wird demnach gestärkt, wenn die Reaktion etwas geringer ausfällt als die Provokation.

Imperativ vier: Sei nicht zu raffiniert

Anders als in Nullsummenspielen wie Schach, wo sich entgegengesetzte Interessen gegenüberstehen, sollte im Gefangenendilemma, wie im wirklichen Leben, der Gegner nicht als jemand betrachtet werden, der darauf aus ist, den anderen zu schlagen. Der andere wird vielmehr nach Anzeichen im Verhalten suchen, ob man zur Kooperation bereit ist oder nicht. Demnach fällt also das eigene Verhalten auf einen selbst zurück. Diesen Aspekt übersehen Regeln, die wie in Nullsummenspielen darauf zielen, den eigenen Vorteil zu maximieren, und die dabei den anderen Spieler als unbeeinflussbaren Teil der Umgebung betrachten, Interaktion also außer Acht lassen. Die Antizipation von Interaktion setzt aber demnach auch interdependente Verlässlichkeit und damit Verständlichkeit voraus. Zu komplexes Verhalten kann chaotisch wirken, wie sich in Axelrods Computerturnier anhand komplizierter, wahrscheinlichkeitstheoretischer Verfahren zeigen ließ. Ist ein Verhalten so komplex, dass es für den anderen undurchschaubar wird und insofern willkürlich erscheint, erzeugt es keinen Anreiz zur Kooperation.

Während es bei Nullsummenspielen äußerst wirksam ist, seinen Gegner strategisch zu verunsichern, ist es im Gefangenendilemma wie im richtigen Leben gerade wichtig, dem anderen die eigenen Intentionen deutlich zu machen; Raffinesse zahlt sich also nicht aus. Die Herausforderung besteht vielmehr darin, den anderen zur Kooperation zu ermutigen. Dabei lässt sich die Absicht zur Kooperation durch beidseitige Taten praktisch demonstrieren. Axelrod spricht sich ausdrücklich dagegen aus, Vertrauen bei den Akteuren vorauszusetzen. Gegenseitigkeit reicht aus, um Defektion unproduktiv zu machen. Ebenso ist auch Altruismus unnötig, da auch Egoisten kooperativen Strategien in ihrer Nützlichkeit folgen.

Kooperation braucht keine Überwachungsinstanz

Axelrod kommt zum Ergebnis, dass sich gegenseitige Kooperation selbst überwacht und demnach in ihrer Selbstorganisation keine zentrale Herrschafts- oder Überwachungsinstanz benötigt. Zwar sind Axelrods spieltheoretische Ergebnisse immer wieder auch dafür genutzt worden, den Vorteil der Defektion herauszustreichen. Dabei wird aber unterschlagen, dass Defektion nur dann eine erfolgreiche Strategie ist, wenn sie auf den unmittelbaren Vorteil aus ist. Wenn die Akteure sich nicht wiederholt treffen, ist die Strategie der Defektion durchaus erfolgreich. Mittel- und langfristig stellt sich ein Akteur jedoch besser, wenn er mit seinem Gegenüber ein Muster wechselseitiger Kooperation installiert. Angewandt auf evolutionäre makroskopische Zeiträume bis hin zu Spannen, die mehrfache, wiederholte Interaktionen im Mikrobereich betreffen, im Sinne nachhaltigen Wirtschaftens beispielsweise, ist Kooperation also die dominante Strategie, solange sie nicht einseitig propagiert wird. Eine reine Kooperationsstrategie ohne »Provokationsfähigkeit« würde ebenso scheitern wie eine reine Defektionsstrategie.

Auch für Extremsituationen nennt Axelrod Beispiele erfolgreicher Kooperationen. Demnach zeigt sich kooperatives Verhalten sogar bei verfeindeten Kriegsparteien. Im Sinne einer »Leben-und-leben-lassen-Strategie« entwickelten sich etwa im Ersten Weltkrieg Kooperationen zwischen Feinden, sogar gegen den Widerstand des oberen Kommandos. Freundschaft ist demnach keine Bedingung für Kooperation, sie zeugt vielmehr von der Dauerhaftigkeit einer Beziehung.

Kooperation: sogar ohne Gehirn möglich

Die Theorie der Kooperation kann auch Verhaltensmuster im biologischen Bereich erklären, von Vögeln bis zu Bakterien oder Viren. Die Existenz eines Gehirns ist dabei keine Voraussetzung. Kooperation kann sich in biologischen Systemen selbst dann entwickeln, wenn die Beteiligten nicht miteinander in Beziehung stehen, und auch dann, wenn sie unfähig sind, die Konsequenzen ihres eigenen Verhaltens zu erkennen. Ein Organismus, der eine günstige Antwort bei einem anderen erreicht, wird sich und sein Verhaltensmuster mit größerer Wahrscheinlichkeit fortpflanzen und damit in der biologischen Welt Kooperation, die sich auf Gegenseitigkeit gründet, stabilisieren.

(Axelrod 2009) Kurzfristige Vorteile werden in der Evolution zugunsten mittel- und langfristiger Vorteile hintangestellt.

Bei Lebensgemeinschaften von Fischen unterschiedlicher Arten kommt es beispielsweise vor, dass ein kleiner Fisch Parasiten vom Körper sowie aus dem Inneren des Mauls größerer Fische entfernt, und dies selbst bei Raubfischen, die seine potenziellen Feinde sind. Langfristig profitieren beide davon unter Erhaltung der egoistischen Vorteile. Der Raubfisch wird von Parasiten befreit, der kleine Fisch erhält Nahrung. Der Raubfisch untergräbt seinen kurzfristigen Nutzen, den kleinen Fisch zu fressen, dadurch erhält er aber den langfristigen Vorteil der Parasitenbeseitigung. Überdies hätte er durch die Dezimierung der hilfreichen Kleinfische eine starke Zunahme der Parasiten zu beklagen. Umgekehrt hätten die Kleinfische unter Umständen Vorteile, wenn sie nicht nur auf die Parasiten abzielten, sondern versuchten, sich auch direkt vom Raubfisch zu ernähren. Langfristig würde dies aber zum Abbruch der Kooperation führen und beide Seiten hätten damit einen Nachteil. (Gräfrath 1997)

Kooperation – eine langfristige und wechselseitige Strategie

Kooperation kann durch eine kleine Gruppe in Gang gebracht werden, die auf die Erwiderung von Kooperation eingestellt ist, auch wenn sonst niemand auf der Welt kooperiert. Kooperation muss auf Gegenseitigkeit beruhen und langfristig gedacht sein, um stabil zu werden. Evolutionär stabil bleibt eine Strategie dann, wenn eine Population von Individuen, die diese Strategie verwendet, einer Invasion durch einen einzelnen Mutanten mit einer abweichenden Strategie widerstehen kann. Wenn Kooperation in einer Population einmal etabliert ist, kann sie sich gegen die Invasion von unkooperativen Strategien schützen. Es zeigt sich außerdem, dass es nie rational ist, als Erster unfreundliche Akte zu begehen. Die erfolgreiche Strategie lautet also: Kooperiere im ersten Zug, und tue ab dem zweiten Zug genau das, was dein Gegenüber im vorherigen Zug getan hat. Man könnte also humanisierend sagen, Tit for Tat sei »nett«, »provozierbar« und »vergebend«. (Gräfrath 1997, 31)

Dabei darf nicht übersehen werden, dass Tit for Tat immer nur auf lange Sicht erfolgreich ist, da die Strategie von der Kooperationsbereitschaft aller anderen Mitspieler abhängt. Wenn alle anderen Mitspieler Kooperation stets ablehnen, wird Tit for Tat im ersten Spielzug am schlechtesten abschneiden. Auf lange Sicht zeigt sich aber, dass diejenigen Programme, welche die schwächeren »ausbeuten«, nach und nach ihre eigene Erfolgsgrundlage zerstören, da die Kooperateure nach und nach aussterben. Tit for Tat kann, einmal etabliert, auch nicht von Nicht-Kooperateuren erobert werden, da die schnelle Provozierbarkeit das Programm davor bewahrt. Für erfolgreiche »Verhandlungen« im Sinne der Spieltheorie sind also wiederholte Kontakte notwendig, ein minimales Gedächtnis sowie die Fähigkeit, bisherige Verhandlungspartner zu identifizieren. (Gräfrath 1997)

Rat: Keinen Ärger beginnen

Axelrod fasst die Verhaltensmaximen, die sich aus den Interaktionssimulationen ergeben, so zusammen: »Wenn Sie von anderen erwarten, dass sie Ihre Defektion ebenso wie Ihre Kooperation erwidern, dann sind Sie gut beraten, keinen Ärger zu beginnen. Darüber hinaus sind Sie gut beraten zu defektieren, nachdem jemand anderes defektiert hat, um zu zeigen, dass Sie sich nicht ausbeuten lassen. Folglich sollten Sie eine Strategie verwenden, die auf Gegenseitigkeit beruht. Da dies auch für jeden anderen zutrifft, bekommt die Wertschätzung von Gegenseitigkeit einen selbsttragenden Charakter. Sobald sie in Gang kommt, wird sie stärker und stärker.« (Axelrod 2009, 170)

Teleologie

Teleologie spielt heute kaum eine Rolle

In der Evolutionsbiologie ist man heutzutage zu einem großen Teil von teleologischen Aussagen abgekommen, also von der Annahme, es gäbe einen Plan, einen Zweck oder eine zielgerichtete Entwicklung des Lebens. (Dawkins 2005; Capra 1996) Charles Darwin (1859) hingegen ging noch von einer Stufenleiter aus, wonach die späteren Formen bessere Formen seien, welche die alten im Daseinskampf besiegt hätten.

Obwohl Richard Dawkins ein teleologisches Verständnis von Evolution ablehnt, spricht er dennoch von einer »Evolution der Evolutionsfähigkeit« und nimmt auf der Ebene der Makroevolution eine Entwicklung an: im Sinne eines fortschreitenden Trends zu einer immer besseren Evolutionsfähigkeit. Diese beinhaltet eine verbesserte Überlebens- wie auch Fortpflanzungsfähigkeit. Susan Blackmore teilt Dawkins moderate Evolutionsteleologie, indem sie zwar ein konkretes Ziel der Evolution sowie einen definierten Schöpfer verneint, aber durchaus in der Zunahme der Komplexität einen Fortschritt sieht: »Die Evolution benutzt ihre eigenen Produkte als Trittleiter.« (Blackmore 2005, 41)

Versteckte Teleologie bei Dawkins

Dieser Gedanke lässt viele Fragen offen. Konkurrenz im darwinschen Sinne ist auf die jeweilige Umweltsituation bezogen, in der sich die einen gegenüber den anderen durchsetzen. Einen allgemeinen Trend im Sinne von erfolgreichen Modulen für Überlebensfähigkeit abzuleiten, macht demnach eigentlich gar keinen Sinn, da sich je nach Umweltbedingungen auch die Selektionskriterien ändern. Zudem wäre fraglich, inwieweit es evolutionär nützlich sein soll, Schlüsseldaten im Genmaterial, im Sinne selektiver Mutabilität, festzulegen. Die Selektion beinhaltet ihrerseits aber eine Richtung, die Dawkins im Gedanken der Modulstandards zur besseren Überlebensfähigkeit ausdrückt – und damit entwirft er implizit eine Teleologie.

Schubweise, nicht linear verlaufende Entwicklung

Der Gedanke der kontinuierlichen, linearen Entwicklung der Arten im Pflanzen- und Tierreich ist heute nicht mehr haltbar. Die Entwicklung erfolgte vielmehr in Schüben, die mit massiven Veränderungen der geophysikalischen Bedingungen einhergingen. Stephen Jay Gould von der Harvard University spricht hier von einem »punctuated equlilibrium«. (Gould / Eldredge 1993) Solche geophysikalischen Veränderungen (Extinktionen) können etwa durch Kontinentaldriften, Vulkanismus oder auch extraterrestrische Ursachen wie Meteoriteneinschläge bedingt sein. (Bauer 2008)

Um zu verstehen, welche Konsequenzen das Paradigma der Selbstorganisation evolutionsbiologisch mit sich bringt, macht es Sinn, sich die Unterschiede zum klassischen darwinistischen Verständnis in einem formalen Vergleich vor Augen zu führen.

Systemische und darwinistische Evolutionsbiologie im Vergleich

Der Begriff der Ordnung

Mit dem Gedanken der Selbstorganisation erhalten Begriffe wie »Selektion«, »Ordnung« und »Anpassung« im evolutionsbiologischen Kontext eine neue Bedeutung. Während im Darwinismus Ordnung im Wesentlichen durch den Selektionsprozess in die Welt kommt, beschreibt eine systemtheoretische Sicht Ordnung auf zwei andere Weisen: zum einen als Ordnung, die bereits vor jeder Selektion vorhanden ist, und zum anderen als Ordnung, die sich in iterativen Prozessen, bei genügend häufigen Wiederholungen von selbst einstellt.

Hier stellt sich die Frage, ob Selbstorganisation als Kriterium wiederholter Prozesse verstanden werden muss bzw. ob sie sich darin erschließend beschreiben lässt. Auf der anderen Seite lässt sich Selbstorganisation noch vor jeder Selektion (Kauffman 1998; Dawkins 2005a), also schon im Bereich der Mutation und darüber hinaus, als evolutionäre Determinante bestimmen. Schließen sich beide Verständnisweisen aus oder meinen sie das Gleiche? Muss jede Ordnung als Ergebnis eines iterativen Prozesses verstanden werden? Und in welcher Art und Weise wird der Begriff der Selbstorganisation in der Systemtheorie verwendet? Diese Fragen wollen wir im Folgenden versuchen zu klären.

Konkurrenz und Selektion als Ordnungsprinzip?

Relevant sind diese Fragen insbesondere im Rahmen eines Diskurses, der die Übertragbarkeit evolutionsbiologischer Thesen auf wirtschaftliche Fragestellungen prüft. Darwin ging davon aus, dass Ordnung als graduelle Anpassung auf der Ebene der ontogenetischen Selektion entsteht. Damit wäre Konkurrenz, noch als Voraussetzung für Selektion, als evolutionäres Ordnungsprinzip zu verstehen. Wenn wir aber davon ausgehen, dass Ordnung bereits vor jeder Selektion im Rahmen von Selbstorganisation immer schon vorhanden ist, und damit auch Anpassung im Sinne eines Überlebensvorteils hinfällig wird, wie erklärt sich dann die Entstehung von Ordnung? Wenn Selektion nicht als Ordnungsprinzip verstanden wird, kann auch Konkurrenz nicht mehr als notwendige Bedingung für Ordnung verstanden werden. Es macht für Systeme keinen Sinn, in Konkurrenz miteinander zu treten, wenn Selektion und Adaption in gleicher Weise als Bedingung für Überlebensfähigkeit (Viabilität) entfallen.

Endlose Suche nach einem Ordnungsprinzip

Viabilität richtet sich demnach direkt auf selbstorganisatorische Prozesse, und wir können uns wiederum fragen, wie die Ordnung dieser Selbstorganisation in die Welt kommt. Ist Ordnung im Rahmen von Mutationen immer schon vorhanden? Wenn ja, wie entsteht sie im Mutationsprozess? Letztlich verschiebt sich das gesuchte Ordnungsprinzip so in einem infiniten Regress und lässt sich dann ebenso als evolutionäre Weltformel begreifen. Andererseits ist Wiederholung selbst als Ordnungsprozess zu sehen, indem iterative Reaktionsweisen evolutionär stabile Routinen bilden, sofern sie sich als tauglich im Überlebensprozess erweisen.

Evolutionärer Dreischritt – und Erweiterung

Wenn Selbstorganisation schon vor jeder Selektion vorhanden ist, dann müssen wir den evolutionären Dreischritt der Prozesse von Variation, Selektion und Retention, wie ihn Fritz B. Simon (2007) beschrieben hat, erweitern zu: Selbstorganisation, Variation, Iteration und Selektion durch Reproduktion (auch diese ist als eine Form der Iteration zu verstehen). Selbstorganisation ist immer schon im Organismus vorhanden, bereits vor jeder Beeinflussung durch die Umwelt. Die Impulse der Umweltereignisse führen bei autopoietisch verstandenen Systemen zu sogenannten Variationen, also Versuchen des Systems, die durch die Umwelt entstandene Störung von außen (Perturbation bzw. Irritation) mit operationalen Veränderungen auszugleichen.

Iteration

Simon führt nach dieser Prozessphase die Iteration ein, indem »manche der dazu kreativ entwickelten Reaktionsschemata bei erneuter Irritation / Perturbation dieses Typs wiederholt werden und andere nicht wiederholt werden. Diejenigen, die nicht wiederholt werden, werden dann gewissermaßen … im Rahmen eines Lernschemas verworfen … diese Auswahl (Selektion) ist ein selbstorganisierter Prozess, der nicht zielgerichtet stattfindet. Und stabilisiert wird sie erst durch die Wiederholung, d.h. durch die Routinisierung, als Antwort auf einen bestimmten Typus von Umweltereignis. Die so gefundene Lösung für das Problem, das durch die Veränderung in einer relevanten Umwelt des Systems entstanden ist, wird dadurch beibehalten (Retention) und als Verhaltensschema dem jeweiligen System verfügbar.« (Simon 2007, 83f.)

Formel für den evolutionären Prozessablauf

Die Überlebensfähigkeit des Systems ist damit noch unberührt, sodass hier Iteration noch vor der Phase selektiver Reproduktion beschrieben wird. Möglicherweise ließe sich der evolutionäre Prozessablauf in Fritz Simons Konzept formalisiert also folgendermaßen darstellen:

Selbstorganisation (So) > Perturbation (P) > Variation (V) > Perturbation' (P') > Iteration der Variation ($I_{(V)}$) > Retention (R)

Also:

(So) > (P) > (V) > (P') > ($I_{(V)}$) > (R)

Die Iteration bzw. Stabilisierung wird dann mit der Selektion gleichgesetzt und damit mit der Viabilität bzw. Reproduktion. Zugleich wird die Iteration der Variation ($I_{(V)}$) bei Simon als selektiver Prozess bezeichnet, der nicht zielgerichtet stattfindet. Hier stellt sich die Frage, wie dies zu denken ist, denn sind nicht die operationalen Prozesse selbstorganisatorischer Systeme autopoietisch zu verstehen, sodass sie keine Zielgerichtetheit auf die Umwelt, wohl jedoch auf die innere operationale Prozesslogik aufweisen? Dann wären selbstorganisatorische Systeme entelechisch: Sie tragen das Ziel ihrer Entwicklung immer schon in sich.

Wir wollen prüfen, ob die Formel zur Prozessbeschreibung so ausreicht, um systemisch-evolutionäre Prozesse vollständig zu beschreiben. Zur Vereinfachung gehen wir im Folgenden nur von einer erfolgreichen Variation aus, also von dem Fall, in dem die Variation (V) beibehalten und nicht verworfen werden muss. Hier stellen sich einige Fragen:

Wenn wir davon ausgehen, dass die operationale Struktur in Systemen bereits von jedem beliebigen Anfang an wirkt (So) und es das Ziel für die Systeme ist, diese Struktur aufrechtzuerhalten, so wirken Einflüsse als Perturbationen, die diese Aufrechterhaltung stören (P). Im Sinne der strukturellen metabolischen Kopplung von Systemen an die Umwelt ist zwar die Aufrechterhaltung nie homöostatisch und völlig geschlossen zu sehen, dennoch bewirkt der Wechsel der Stoffe nicht den Wechsel der inneren Operationen.

Perturbationen: stoffverändernd, nicht formverändernd

Perturbationen (P) sind nicht als formverändernd, sondern nur als stoffverändernd denkbar, mit anderen Worten, sie wirken strukturell und nicht operational. Reaktionen des Systems auf Perturbationen können deshalb als Variationen (V) bezeichnet werden, weil keine neue Information in das System getragen wird, sondern vielmehr die vorhandene Information variiert wird. Um die Neutralität dieses Vorgangs zu verdeutlichen, könnte man den Begriff der »Störung« deshalb auch durch den des »Impulses« ersetzen.

Wird nun eine Perturbation gleichen Typs wiederholt (P'), so entsteht nach obiger Formel eine stabilisierte Routine als Lösungsantwort des Systems, die Variation wird iteriert ($I_{(V)}$). Unter evolutionärer Perspektive können wir fragen, ob dies bereits die Grundkonstante selbstorganisatorischer Systeme darstellt, Selbstorganisation also immer schon in der Ordnung ihrer Organisation als iterativer Prozess, der sich evolutionär gebildet hat, verstanden werden muss.

Richard Dawkins spricht dies beispielsweise mit der »Evolution der Evolutionsfähigkeit« an, wonach aufgrund des modularen Aufbaus der Evolution diese immer besser und auch schneller abliefe. Wie sollte aber diese Verbesserung sich anders erklären als durch das Resultat evolutionären Lernens? Zum anderen ließe sich fragen, ob es als evolutionär erfolgreiche Strategie gelten könnte, wenn Selbstorganisation in ihrer Grundinformation schon von Beginn an festgelegt wäre. Plausibler erscheint eine Festlegung auf grundsätzliche Strukturen, die aber gerade flexible Varianten für noch kommende Überlebensherausforderungen offen lassen. (Vester 2002)

Modifizierte selbstorganisatorische Systeme

Betrachtet man sehr große Zeiträume, würden der iterativen Variation somit modifizierte selbstorganisatorische Systeme folgen: (So'), (So''), (So''') .... (So∞). Dann gilt:

$$(So) > (P) > (V) > (P') > (I_{(V)}) > (So') >$$

$$(So') > (P) > (V) > (P') > (I_{(V)}) > (So'') > \ldots \text{ usw.}$$

Wir könnten demnach verkürzt schreiben, mit (S) als letztlich stattfindender Selektion:

$$(So\infty) > (P) > (V) > (P') > (I_{(V)}) > (S)$$

Um das Konzept der Selbstorganisation besser zu verstehen, wollen wir uns nun mit den Unterschieden zur darwinschen Theorie befassen. Verdeutlicht werden sollen auch die Konsequenzen, die dies für Konkurrenz, Kooperation, Adaption etc. hat. Formal dargestellt lautet Darwins evolutionsbiologische Formel für Mutation (M), Selektion (S) und Replikation (R):

$$M > S$$

Replikation

Anpassung an die Umwelt

Dies ist aber für unseren Kontext noch nicht aussagekräftig, weil die Rolle, welche die Interaktion zwischen Organismus und Umwelt spielt, hier nicht deutlich wird. Wir müssen demnach die Anpassung an die Umwelt als Selektionskriterium bei Darwin mit aufnehmen und der Variation selbstorganisatorischer Systeme gegenüberstellen.* Demnach würde nach erfolgter

* Letztlich lässt sich Variation auch als Adaption in einem gewissen Sinne definieren, insofern nur solche Variationen zugelassen werden, die überlebensfähig sind. Innerhalb dieses Viabilitätsrahmens sind viele Variationen möglich, solange sie nicht untergehen. Insofern kann man innerhalb eines gewissen Rahmens auch hier von »Adaption« sprechen. Um den Unterschied zur Abbildadaption deutlich zu machen, empfiehlt sich jedoch der Begriff des »Driftens« (Bertalanffy 1969).

mutationaler Streuung der Umweltdruck (U) zu einer Anpassung ($A_{(U)}$) des Organismus führen, der primär, wie der Name schon sagt, eine Anpassung an die jeweiligen Umwelteinflüsse darstellt. Ist die Anpassung erfolgreich, so erfolgt eine Selektion und möglicherweise im Weiteren die Replikation. Je höher die Anpassung, desto wahrscheinlicher ist der Selektionsvorteil. Anpassung wird dabei als Anpassung an die Umwelt, also auch an andere Organismen verstanden. Organismen stehen mithin in Konkurrenz um die bessere Anpassung an die Umwelt und die damit verbundene bessere Überlebensfähigkeit. Formal lässt sich dies ausdrücken als:

$$M > U > A_{(U)} > S$$

Replikation

Ordnung durch Anpassung an die Umwelt

Ordnung kommt nach Darwin also spätestens auf der Ebene der Selektion (S) in die Welt. Bereits auf der Ebene der Anpassung ist jedoch ein Ordnungsprinzip auszumachen, denn der Organismus übernimmt die Struktur oder die Ordnung der Außenwelt, und wenn sich dies als erfolgreich erweist, wird sie beibehalten. Da die darwinistische Theorie davon ausgeht, dass die Außenwelt in ihrer Struktur erkennbar ist, lässt sich der Erfolg vom Organismus selbst erkennen und abschätzen, er wird also nicht lediglich von außen, von der Umwelt, im Sinne einer Überlebensfähigkeit bestimmt. Demnach übernimmt ein Organismus nach erfolgter Anpassungsstrategie ($A_{(U)}$) diese Reaktion bei Erfolg als stabile Routinereaktion in sein Repertoire auf und iteriert sie im Folgenden.

Autopoiese versus Anpassung

Im Unterschied zur Selbstorganisation, die ein Verhalten im Sinne von Karl Popper so lange iteriert, bis eine Falsifikation eintritt (Popper 1934) und das eigene Muster modifiziert werden muss, ist der Organismus im darwinschen Sinne bereits vorher in der Lage, seine Reaktionsweisen anzupassen, unabhängig von jedem Hindernis. Während der selbstorganisatorische Organismus bestrebt ist, ständig seine Autopoiese zu verwirklichen, ist der Organismus im darwinschen Sinne bestrebt, seine Anpassung zu optimieren. Dies kann theoretisch bereits vor der

Selektion erfolgen, wird praktisch aber wohl vor allem durch Umwelt- und Selektionsdruck passieren. Hier noch einmal die beiden Prozesse zur Verdeutlichung formal gegenübergestellt:

$$(So\infty) > (P) > (V) > (P') > (I_{(V)}) > (S)$$

Replikation

$$(M) > (U) > (A_{(U)}) > (S)$$

Replikation

Dem Umweltdruck (U) entspricht in systemischer Terminologie die Perturbation (P). Entscheidend für das Moment der Konkurrenz ist nun der Zeitpunkt nach (U) resp. (P). Für Darwin entsteht Ordnung durch Anpassung (A) und Selektion (S). Die Ordnung der Selektion ist dabei anders als im systemtheoretischen Verständnis keine negative, sondern eine affirmative $S_{(a)}$, da diejenigen Organismen überleben, die besser angepasst sind, Selektion beinhaltet also eine Information. Jede neue Mutation startet deshalb auch mit dem Ordnungsgehalt erfolgter Anpassung auf Ebene der Selektion $M_{(A)}$. Demgegenüber beinhaltet die Selektion in systemtheoretischer Hinsicht keine Information, sie wirkt lediglich als Ausschluss, letztlich als Überlebensfrage oder in abgeschwächter Form als graduelle Störung der Autopoiese. Auch dies kann als Ordnungsfunktion verstanden werden, allerdings nur im Sinne einer Negation $S_{(n)}$. Zusätzlich ist Ordnung systemtheoretisch auch immer schon im Sinne der Selbstorganisation (So) sowie der Iteration (I) vorhanden. Die beiden Formeln lauten in ihrer Kurzfassung demnach:

Systemischer Formalismus	Darwinistischer Formalismus
$So\infty > P > V > I_{(V)} > S_{(n)}$ Replikation	$M_{(A)} > U > A_{(U)} > S_{(a)}$ Replikation

Beim darwinistischen Modell wird die Anpassungsleistung des eigenen Systems und gegebenenfalls fremder Systeme über einen dritten Maßstab gemessen; dabei ist dann Konkurrenz im Spiel. Hingegen variiert das systemische Modell lediglich die eigenen Operationen (V), ohne Referenz auf die Umwelt oder andere Systeme als externem Maßstab.

Unterscheidungskriterium externer Maßstab

Vielleicht kann Zenons Paradoxon von Achill und der Schildkröte den Unterschied noch einmal verdeutlichen: Eine Schildkröte wettet mit dem schnellen Achill, dass er sie, mit einem kleinen Vorsprung bedacht, nie einholen könne, und sie behält recht. Achill muss nämlich immer erst zu dem Punkt kommen, an dem sie schon ist. Während Achill die Strecke bewältigt, die die Schildkröte als Vorsprung bekommen hat, verschafft sich die Schildkröte einen neuen – wenn auch kleineren – Vorsprung. Und so geht es weiter. Mithin kann sich Achill asymptotisch annähern und die Entfernung ständig verringern, aber er kann das Tier doch nie einholen. Die Parabel verdeutlicht die Unmöglichkeit systemischen Wettkampfs. Im darwinistischen Verständnis des Wettkampfs würde natürlich Achill siegen, denn Wettkampf würde dann als Vergleich der beiden gegenüber einem dritten Maßstab verstanden werden, in diesem Fall einer gesetzten Ziellinie.

Unter erkenntnistheoretischen Gesichtspunkten legt das darwinistische Modell in seiner Abbildtheorie einen philosophischen Realismus zugrunde. Daher wird Adaption als Vergleich mit einem externen dritten Maßstab verstanden. Das eigene System vergleicht sich und andere Systeme anhand des durch die Umwelt vorgegebenen Maßstabs, dem Tertium Comparationis. Konkurrenz kann somit definiert werden als der Vergleich aller Organismen am Maßstab ihrer Anpassung an die Umwelt.

Unterscheidungskriterium Konkurrenz

In systemtheoretischer Perspektive findet kein Vergleich statt, da erkenntnistheoretisch die Außenwelt weder erkannt noch fokussiert wird. Die Umweltanpassung ($A_{(U)}$) wird hier lediglich als Variation (V) eigener Systemordnung verstanden. Hat man dies verstanden, wird auch klar, dass im systemtheoretischen Sinne ein Organismus nicht zu anderen in Konkurrenz treten kann. Ein Vergleich mit anderen setzt einen Vergleichsmaßstab als drittes Moment voraus. Wird dieser nicht angelegt, kann man zwei Individuen in ihrer jeweiligen Einzigartigkeit nicht vergleichen. Mit sich selbst in Wettkampf zu treten, ist ebenfalls unsinnig, denn Konkurrent und Maßstab werden dann identisch.

Unterschiedliches Verständnis von »Leistung«

Die Differenz von Umweltanpassung im darwinistischen Sinne ($A_{(U)}$) und Variation im systemischen Sinne (V) zeigt sich beispielsweise auch darin, wie Motivation und Leistung eines Organismus definiert werden. Im darwinistischen Sinne entspricht Leistung einer Anpassungsleistung, die mithilfe eines externen Maßstabs, der überindividuell gesetzt ist, ermittelt wird. Dieser Maßstab ist für alle Organismen gleich. Im systemischen Sinne entspricht Leistung der Variationsleistung, eine Leistung, die von außen gleichsam erzwungen wird, auf Ebene der Selbstorganisation aber immer schon vorhanden ist. Dagegen scheint der darwinistisch verstandene Organismus aktive Leistung an die Adaption zu binden, die Leistung wird damit durch das Delta von Umwelt- zu Selbststruktur bestimmt. Fehlt dieses Delta, findet sich im Organismus nach dieser Theorie zunächst kein Leistungsinteresse. Aus diesem Paradigma ergibt sich auch die geläufige Folgerung, dass die Natur des Menschen so gestrickt sei, dass er vor allem unter Druck und Anpassungszwang zu Leistung bereit sei.

Unterschiedliches Verständnis von »Motivation«

Auch Motivation wäre demnach im darwinistischen Sinne extrinsisch, durch den Anreiz, das Delta zu vermindern, geprägt. Im systemischen Sinne dagegen ist Motivation immer schon vorhanden, noch vor jeder Perturbation. Dies zugestanden, können wir uns fragen, ob Motivation durch Perturbation nicht reziprok zum darwinistischen Verständnis gesehen werden muss, also als abnehmend bei zunehmender Perturbation. Ein Organismus, der die Selbstorganisation aufrechterhalten will, fühlt sich durch Perturbationen in seiner Organisation gestört und nicht motiviert. Konkurrenz kann somit nach systemischer Theorie kein leistungssteigerndes Mittel sein. Konkurrenz kann in systemischem Verständnis gar nicht als solche wahrgenommen werden, weil der hierfür nötige Vergleichsmaßstab im System fehlt. Zum anderen wird Leistungsdruck in systemischer

Weise nicht mit Adaptionsleistung beantwortet, sondern mit Variation, welche mit verminderter Selbstorganisation gleichgesetzt werden kann. Dies wird, aller Wahrscheinlichkeit nach, Motivation aber nicht stärken, sondern schwächen. Das darwinistische Paradigma der Konkurrenz hingegen verspricht eine Leistungssteigerung durch Anpassungsdruck.

In dem Maße, wie die Systemtheorie Anpassung in diesem Sinne nicht kennt, sind auch die Begriffe von Leistung und Motivation neu zu definieren. Leistung findet demnach immer schon statt, unabhängig vom vorhandenen Umweltdruck. Ebenso ist die Motivation, Leistung zu erbringen, im selbstorganisatorischen System bereits ab ovo angelegt. Hindert man Systeme an ihrer Tätigkeit, so werden Motivation und Leistung gemindert, nicht gefördert. Diese Aussagen haben entscheidende Folgerungen für Unternehmen und erfolgreiches Performance-Management, wie wir in Kapitel 11 noch sehen werden.

Der unverstandene Darwin?

Soziale Instinkte

In zahlreichen späteren Interpretationen ist Darwin einseitig in Richtung Sozialdarwinismus ausgelegt worden, und das prägt auch heute noch vielfach unser Verständnis. Dabei steht er systemtheoretischen Überlegungen in der Evolutionsbiologie näher, als es in der öffentlichen Rezeption deutlich wird. Obwohl Darwin nur noch wenige Instinkte als verhaltensprägend für den Menschen ansieht, führt er doch Liebe und Sympathie durchaus als instinktive Merkmale an. Das Motiv der Hilfeleistung ist für ihn beim Menschen ein modifizierter Impuls, der zusätzlich zu seinen vererbten Merkmalen durch Lob und Tadel der Mitmenschen beeinflusst wird. Je höher allerdings die Entwicklung von Organismen, desto geringer sei die Bindung an Instinkte – und dies gilt auch für gegenseitige Hilfe. Für Darwin werden Liebe, Sympathie, Selbstbeherrschung und Hilfsbereitschaft zu einem großen Teil auch von Gewohnheit bestimmt; sie lassen sich stark von der Lebensführung und den Urteilen des sozialen Umfeldes beeinflussen.

In höher entwickelten Kulturen weiten sich soziale Instinkte und Sympathien auch auf Fremde aus. (Darwin 1871) Darwin führt darüber hinaus das Prinzip der Unterstützung Schwacher an, um das Wohl der Gemeinschaft zu erhalten. Dementsprechend haben diejenigen Gemeinschaften die meisten Nachkommen, welche die meisten harmonisierenden Mitglieder haben.

In Anlehnung an Herbert Spencer geht Darwin von der Möglichkeit aus, dass moralische Neigungen sich vererben, wie er überhaupt einen Teil »Lamarckismus« in sich trägt, wenn er behauptet, dass Gewohnheiten, die generationenlang ausgeübt werden, dazu neigen, vererbt zu werden. (Darwin 1905) Eine vollständige Lösung vom Lamarckismus propagierte erst später der Neodarwinist August Weismann. (Mayr 1988)

Darwin war kein Sozialdarwinist

Der Begriff »Survival of the Fittest«, der nachweislich erst durch Herbert Spencer eingeführt wurde, lässt sich inhaltlich erst in – Darwin selbst fremden – sozialdarwinistischen Konzepten finden. Das zeigt sich auch daran, dass Darwin mit »Fitness« keine positive Konnotation verband, sondern lediglich das Faktum der Reproduktionsfähigkeit ansprach: »Das hat zur Folge, daß gerade diejenigen Gesellschaftsschichten, die nach Ansicht der Sozialdarwinisten für die Degeneration der zivilisierten Menschheit verantwortlich sind, orthodox-darwinistisch gerade die höchste ›fitness‹ erreichen, wenn sie besonders kinderreich sind. Sozialdarwinisten wollen dagegen erreichen, daß die im normativen Sinne ›Besten‹ sich am zahlreichsten fortpflanzen. Für die Auszeichnung dieser Besten ist dann aber gerade ein Maßstab nötig, der nicht der Natur entnommen werden kann.« (Gräfrath 1997, 92)

Moralisches Gefühl als Kennzeichen des Menschen

Darwin verfolgt gemäß seiner teleologischen Ethik einen Utilitarismus, indem für ihn das Prinzip des größtmöglichen Glücks für die größtmögliche Zahl als fester Maßstab von Recht und Unrecht gilt. Auch ist das moralische Gefühl für Darwin das höchste Differenzierungskriterium zwischen Mensch und Tier. Angeborenes moralisches Gefühl und soziale Verstärkung sowie Gewohnheit bilden somit die menschliche Sittlichkeit, die Darwin mit der »Goldenen Regel« ausgedrückt sieht: »Was ihr wollt, das euch die Leute tun sollen, das tut ihr ihnen.« (Darwin 2002/1871, 161)

Auch der Wert der Kooperation wird bereits bei Darwin gewürdigt, wenngleich die spätere Rezeption dies meist unterschlagen hat. Darwin zufolge ist bei Not und Gefahr diejenige Gemeinschaft erfolgreich, die bereit ist, zu helfen; Selbstsucht und Unverträglichkeit stehen einem Überlebenserfolg entgegen. Den Ausgangspunkt für Darwins ethischen Gradualismus, der durch soziale Sanktionen zunächst Gewohnheit wird und dann durch Gewohnheit wiederum vererbt wird, bildet der Lamarckismus, vereint mit der sozialen Sanktionierung unethischen Verhaltens. Durch diese Annahme transzendiert Darwin das oft unterstellte primitive Prinzip eines vulgären Mutations-Selektions-Mechanismus. Diesem gemäß würden ja die Sittlichen und Mutigen durch ihre Aufopferung für andere im Kampf umkommen und könnten ihre »edlen« Anlagen gerade nicht vererben.

Die »nachteiligen Folgen der Erhaltung und Vermehrung der Schwachen«

Allerdings würde man Darwin falsch verstehen, wollte man Hilfsbereitschaft, Sittlichkeit oder Kooperation generell als prägende Merkmale seines Evolutionismus annehmen. Dazu gibt es zu viel Widersprüchliches in seinen Ausführungen selbst, und letztlich scheint sein teleologischer Gradualismus, also die Annahme einer ständigen Höherentwicklung des Organischen, auch bei seinen ethischen Überlegungen alle anderen Aspekte zu überschatten. Dies zeigt sich beispielsweise daran, dass für Darwin die Vernachlässigung Schwacher und Hilfloser teleologisch durchaus zu rechtfertigen ist, wenngleich sie weder »erwartet« noch »erhofft« werden kann und wir uns somit »mit den ohne Zweifel nachteiligen Folgen der Erhaltung und Vermehrung der Schwachen abfinden« müssten. (Darwin 2002/1871, 171) Bereits Kropotkin (1908) hat hier eingewandt, wie seltsam diese Auffassung anmutet, zumal wir doch das Schaffen von oft nicht lebensstarken Dichtern, Künstlern, Wissenschaftlern und Genies gerade als Manifeste unserer aufstrebenden Kultur nähmen. Da Darwin die Künste durchaus als evolutionären Zweck versteht (Darwin 1871), besteht auch hier ein immanenter Widerspruch seiner Theorie.

Wenngleich Darwin zwar nicht von einem angeborenen Aggressionstrieb ausging, die Aggression vielmehr als reaktives Phänomen ansah, betrachtete er den Kampf zwischen Individuen und Arten durchaus als Gesetz der Evolution. In seiner Annahme einer fortschreitenden Entwicklung sprach er sich dafür aus, dass der Mensch einem heftigen Kampf ausgesetzt bleiben müsse. (Darwin 1871) Konrad Lorenz hat später unter Berufung auf Darwin den Kampf- bzw. Aggressionstrieb fälschlicherweise als primären menschlichen Trieb ausgeführt, obwohl die von Lorenz angeführten Tierbeispiele gerade Argumente zum Verständnis der Aggression als reaktive Verteidigungsmodi waren. Lorenz brachte sie aber als Nachweise für eine primäre Angriffslust beim Menschen. (Bauer 2008) Ungelöst bleibt bei Darwin auch der bei vielen Autoren angeführte immanente Widerspruch, wie Individuen und Spezies im fortwährenden Daseinskampf Nutznießer der Evolution bleiben können, obschon sie ständige Einbußen ihrer Vitalität erleiden.

Darwin heute

In der aktuellen Forschung scheinen die zufällige Variation des biologischen Substrats sowie die Selektion durch optimale Reproduktion keine hinreichenden Voraussetzungen mehr für die Erklärung komplexer Evolutionsphänomene zu sein. Dennoch gibt es heute sowohl in der Biologie als auch etwa in der Ökonomie noch ein breites darwinistisches Wissenschaftscredo, das die Durchsetzung neuer Paradigmen erschwert und die »Gefahr der Exkommunikation aus der wissenschaftlichen Gemeinde nach sich zieht« (Bauer 2008, 111). Ungeachtet dessen gibt es hochrangige und angesehene Forscher, wie etwa S. J. Gould, J. A. Shapiro, L. Margulis oder B. McClintock, die sich für ein neues Verständnis der Evolutionsbiologie einsetzen. Die Strategie zahlreicher Gutachter internationaler Fachzeitschriften, wissenschaftliche Daten nur dann zur Veröffentlichung anzunehmen, wenn sie dem darwinistischen Credo entsprechen, sieht Joachim Bauer als »vorübergehende, behelfsweise Überlebensstrategie zur Aufrechterhaltung dieses Dogmas« (Bauer 2008, 128).

Zusammenfassung

- Die Prinzipien der Evolution sind in ihrer Dynamik weniger durch Mutation und individuelle Konkurrenz bestimmt, sondern im Wesentlichen durch Selbstorganisation, Kooperation, Emergenz, Koevolution und Replikation. Kollektive Intelligenz entsteht als emergente Eigenschaft, ohne dass dafür Führung von oben nötig ist. Ordnung ist im Rahmen von Selbstorganisation in lebenden Systemen immer schon vorhanden, und zwar bereits auf Ebene des Genoms; sie kommt nicht erst durch Selektion und Mutation in die Welt.

- Der Begriff der Konkurrenz spielt für den Darwinismus eine wichtige Rolle. Unabdingbare Voraussetzung ist dabei ein externer Vergleichsmaßstab. Systemtheoretisch hingegen ist Konkurrenz formal nicht möglich und praktisch unsinnig.

- Aus darwinistischer Perspektive entsteht Leistung durch Anpassungsdruck, aus systemischer Sicht sind Leistung und Motivation immer schon vorhanden und werden durch Anpassungsdruck vermindert, da der externe Maßstab von den Eigengesetzlichkeiten absieht.

- Überlebensfähigkeit definiert sich postdarwinistisch nicht durch die Anpassung des Lebens an eine bestehende Umwelt, sondern durch Koevolution selbstorganisatorischer Lebensprozesse. Auch praktisch zeigt sich der Gedanke der Konkurrenz nicht als dominierendes Prinzip des Lebens, er tritt vielmehr zugunsten von Kooperation, Vernetzung und Koevolution in den Hintergrund. Reine Kooperationsstrategien erweisen sich aber ebenso wie reine Konkurrenzstrategien als nicht überlebensfähig. Mittelfristig, langfristig und evolutionär stabil ist eine Kooperationsstrategie nur dann, wenn sie durch die Fähigkeit ergänzt wird, bei Bedarf zu »kämpfen«.

3. Warum der Apfel nicht nach oben fällt

Treffen sich zwei Planeten:
»Wie geht's denn?«
»Nicht so gut.«
»Wieso, was hast du denn?«
»Ach, ich habe Homo sapiens.«
»Ach so. Das ist nicht so schlimm, hatte ich auch schon mal.
Das geht vorüber.«

Die Suche nach dem Bauplan der Welt

Keine Trennung mehr zwischen lebenden und nicht lebenden Systemen

Systemische Strukturen finden sich in der physikalischen Welt sehr zahlreich: vom Mikrokosmos (Atome) bis hin zum Makrokosmos (Universum). In der Welt der Physik haben wir es dabei im Gegensatz zu den lebenden Systemen der Biologie per definitionem nicht mit lebenden Systemen zu tun, doch diese Unterscheidung ist heutzutage nicht mehr sinnvoll. In der Systemtheorie wurde diese Trennung schon früh aufgelöst, indem nach Gesetzmäßigkeiten gesucht wurde, die sowohl auf lebende als auch auf nicht lebende Systeme zutreffen.

Wissenschaftlichkeit

Der umfassende Anspruch der Systemtheorie führte aber auch dazu, dass esoterische Richtungen wie die New-Age-Bewegung in den 1980er-Jahren versuchten, die Systemtheorie zu vereinnahmen. Die Grundlage dafür bildete eine holistische Weltsicht, der zufolge alles mit allem zusammenhängt. Auch wenn führende Systemtheoretiker sich von esoterischen Bestrebungen distanzierten, wurde der Anspruch auf Wissenschaftlichkeit geschwächt. Diesem Problem sieht sich jede Universalerklärung ausgeliefert, da der semantische Versuch, alle Begriffe zu erklären, (noch) nicht wissenschaftlich genannt werden kann, wenngleich auch etwa physikalische Theorien in Hypothesenbildungen die »reine« Wissenschaft transzendieren.

Suche nach der Weltformel

Seit langer Zeit versuchen die Naturwissenschaften, eine einzige Theorie zu finden, die das gesamte Universum beschreibt. Selbst innerhalb der Physik wird das Universum heute etwa mithilfe zweier Theorien beschrieben, die bis jetzt noch nicht in Einklang miteinander gebracht werden konnten: mit der allgemeinen Relativitätstheorie (bzw. Gravitationstheorie) sowie mit der Quantenmechanik. Ob die Entdeckung einer einzigen, vollständigen Theorie überhaupt einen nützlichen Beitrag für uns leisten könnte, ist dabei noch offen. Es müsste jedenfalls eine interdisziplinäre Theorie sein, die über die physikalisch-mathematische Beschreibung der Welt hinausgeht und ein vollständiges System von grundlegenden Gesetzen umfasst, das etwa auch biologische und anthropologische Ableitungen enthält oder zulässt. (Hawking 2009) Aus philosophischer Sicht kann es keinen Zweifel geben, dass wir schon aufgrund unseres Erkenntnisverlangens nicht eher ruhen werden, bis der »Bauplan« der Welt entdeckt ist. Die Systemtheorie will hierbei einen interdisziplinären Beitrag leisten. Welcher rote Faden verbindet nun biologische und physikalische Systeme im systemischen Sinne?

Kybernetik

Die Kybernetik wurde Mitte der 1940er-Jahre von dem österreichischen Physiker Norbert Wiener begründet. Ihr Gegenstand ist die Steuerung – sowohl die Steuerung von Maschinen als auch die Steuerung von lebenden Organismen. Der amerikanische Anthropologe Gregory Bateson, der stark von Wiener beeinflusst war, erklärte lebende Systeme als kybernetische Regelkreise, die zunächst homöostatisch aufgebaut sind. (Bateson 1972) Demnach sieht er alle biologischen Systeme in der Evolution wie Organismen, Tiere, Menschen und Natur als regulierte Systeme, die ihrerseits wieder geregelte Subsysteme haben. Alle Systeme haben die Eigenheit, sich zu regenerieren.

Die vorhandenen Regelkreise für diese Regeneration nennt er homöostatisch. Das bedeutet, dass Systeme danach streben, ein Fließgleichgewicht zu erreichen. Bei einer Veränderung von außen regelt das kybernetische System nach, um das homöostatische Fließgleichgewicht wiederherzustellen.

Klassische Vorstellung: Ordnung als Gleichgewicht

Das Wort »Kybernetik« entstammt dem Griechischen und bedeutet »Steuermann«. Wiener (1948) verwendet es für jede Art von Regelkreis, von der Informationsübertragung in der Nachrichtentheorie über maschinelle Steuerungssysteme bis hin zum »System« Mensch. Die Theorie der Kybernetik fußt dabei noch auf dem klassischen physikalischen Verständnis, wonach Ordnung mit Gleichgewicht verbunden ist (zum Beispiel in Kristallen) und Unordnung mit Nichtgleichgewicht (zum Beispiel bei Turbulenzen). So verstand noch der Computerpionier J.W. Forrester (1971) die Regelkreislehre nicht nur als adäquate Lehre zum Verständnis des Lebens, sondern betrachtete zugleich die Homöostase als Ideal schlechthin. Dabei sieht er auch makroskopisch einen weltweiten Gleichgewichtszustand als Ideal an, der aus Wachstumsprozessen gestaltet werden muss. Mit diesen Gedanken hat er auf den Club of Rome in den 1970er-Jahren Einfluss genommen.

Systemtheorie: Nichtgleichgewicht als Ursprung von Ordnung

In diesem frühen Begriff der Kybernetik war die Möglichkeit der Bildung neuer Strukturen und Verhaltensweisen als selbstorganisierte Prozesse noch nicht angedacht, sodass dynamische Prozesse wie Evolution, Entwicklung oder Kreativität noch nicht angemessen erklärt werden konnten. In der Systemtheorie wird gerade das Nichtgleichgewicht zum Ursprung von Ordnung. (Capra 1996)

Dennoch war auch in dieser frühen Konzeption der Kybernetik bereits der Gedanke der Eigengesetzlichkeit angelegt. Norbert Wiener hat ihn nach eigenen Angaben der philosophischen Monadenlehre von G.W. Leibniz entnommen. Er betont dabei die Abgeschlossenheit der Monaden, die dadurch zum Ausdruck kommt, dass diese keine »Fenster« haben. Leibniz' sogenannte »Monadologie« hatte in den Geisteswissenschaften großen Einfluss, auch Goethe etwa benutzte den Begriff als Charakteristikum für individuelles, beseeltes Leben. Leibniz selbst definierte Monaden als einfache, vollkommene Substanzen, deren »Selbständigkeit sie zu Quellen ihrer inneren Tätigkeiten macht« (Leibniz 1998/1720, 19). Dies wird auch die Grundlage für das physikalische Verständnis von Selbstorganisation bilden, in der Folge mit dem Begriff »Dissipation« bezeichnet.

Thermodynamik

Thermodynamische Dissipation

Wenn wir uns nun mit offenen Systemen beschäftigen, die fern vom Gleichgewichtszustand sind und trotzdem geordnete Strukturen aufweisen, so führt uns das zur physikalischen Thermodynamik. Der russische Physiker und Nobelpreisträger Ilya Prigogine prägte dafür den Begriff der »dissipativen Strukturen«, die in paradoxer Weise Ordnung und Unordnung zu vereinen scheinen. Während in der klassischen Thermodynamik Dissipation als Verlust von Energie bei der Wärmeübertragung (Reibung etc.) stets mit Verschwendung verbunden war, beschreibt Prigogine die Dissipation in offenen Systemen dagegen als Quelle der Ordnung. Solche Strukturen erhalten nicht nur ihre Ordnung, obwohl sie sich in keinem Gleichgewichtszustand befinden, sie können sich auch weiterentwickeln. Durch die im System vorhandenen kybernetischen Rückkopplungsschleifen können ständig neue Instabilitäten durchlaufen werden, um sich dann in neuen Strukturen zunehmender Komplexität zu fangen.

Als dissipative Strukturen können sowohl lebende als auch nicht lebende Systeme bezeichnet werden. Ein schönes Beispiel für ein nicht lebendes System mit dissipativer Struktur ist ein Wasserstrudel, der in der Badewanne abfließt. Obwohl ständig Wasser durch den Strudel fließt, bleibt die Strudelform stabil. Lebende Systeme bewegen sich durch den Stoffwechselprozess ebenso fern vom Gleichgewicht und benötigen Luft, Wasser, Nahrung, um am Leben zu bleiben und ihre Ordnung aufrechtzuerhalten. Dissipative Strukturen können also ihre »Identität« (ihre Ordnung) nur dadurch sichern, dass sie ständig für die Einflüsse ihrer Umgebung offen bleiben. (Briggs/Peat 1989)

Der deutsche Physiker Hermann Haken kam in seinen Experimenten mit Lasern Anfang der 1960er-Jahre zu ganz ähnlichen Ergebnissen, die das Laserlicht als selbstorganisierendes System fern vom Gleichgewicht beschreiben. Hakens Theorie zeigt, dass dem Laser zwar Energie von außen zugeführt werden muss, um in einem Zustand fern vom Gleichgewicht zu bleiben, die Koordination der Emission wird vom Laserlicht aber selbstorganisatorisch vollzogen. Im Sinne Prigogines wird hiermit also eine dissipative Struktur beschrieben. (Capra 1996)

Lebende Systeme: nie völlig abgeschlossen

Der Zusammenhang zwischen Dissipation (Ordnung) und Entropie (Unordnung) in der Thermodynamik wurde zunächst nicht als evolutionäres Prinzip verstanden, sondern als Widerspruch. Die Bildung komplexer Systeme lässt sich aber durchaus mit den Prinzipien der Thermodynamik vereinbaren. Lebende Systeme können nie, wie es im zweiten Hauptsatz der Thermodynamik gefordert wird, völlig abgeschlossen sein. Sie sind immer auf metabolische Prozesse, also auf Stoffwechsel, angewiesen und deshalb teilweise offen.

So können wir beispielsweise Zellen als dissipative Nichtgleichgewichtssysteme verstehen, die unentwegt Nährstoffe umsetzen, um ihre innere Ordnung aufrechtzuerhalten. (Kauffman 1995) Ilya Prigogine hat in seinen Experimenten zum thermodynamischem Ungleichgewicht gezeigt, wie das Gesetz der Entropie zeitweise überwunden wird und eine höhere Ordnung spontan aus dem Chaos entsteht. (Johnson 2001)

Komplexität

Wir können davon ausgehen, dass die Evolution dahin tendiert, immer komplexere Systeme durch Selbstorganisation herauszubilden. Zugleich ist Komplexität jedoch nicht als Selbstzweck zu verstehen, denn Evolution bedeutet das Auffinden besserer Antworten – Antworten, die nicht unbedingt komplizierter sein müssen. (Kurzweil 2006) Dies gilt selbst im Makrobereich von Galaxien, Sternen und Planeten. Dort kann aufgrund der ständigen physikalisch-chemischen Veränderung der Biosphäre und aufgrund der ständigen Weiterentwicklung der Organismen ein wirkliches Gleichgewicht nie erreicht werden. Vielmehr kommt es zur Existenz von geordneten, dissipativen Nichtgleichgewichtssystemen. (Gell-Mann 1994) Insbesondere der deutsche Physiker und Nobelpreisträger Max Planck hat dabei gezeigt, dass Entropie gleichbedeutend mit der Irreversibilität physikalischer Prozesse ist.

Entropie

Der erste Hauptsatz der Thermodynamik besagt, dass Energie weder erzeugt noch vernichtet werden kann. Der zweite, dass eine selbstständige Übertragung von Wärme bzw. Energie nur von heißen zu kalten Körpern, niemals aber umgekehrt möglich ist. Dies heißt, dass Entropie erzeugt, aber niemals vernichtet werden kann. Die Entropie stellt demzufolge nicht nur den Ordnungszustand eines Systems dar, sondern auch ein Maß für die Irreversibilität eines Prozesses. Während irreversible Prozesse mit Entropieerzeugung verbunden sind, bleibt in reversiblen Prozessen die Entropie konstant. In isolierten Systemen kann die Entropie niemals abnehmen.

Das Gesetz der Entropievermehrung ist nicht allein auf thermische Prozesse beschränkt, sondern erstreckt sich laut Planck vielmehr auf alle physikalischen und chemischen Erscheinungen. (Hoffmann 2008) Weiter gedacht, sagt uns der Grundsatz der Entropievermehrung voraus, dass das Universum in vielleicht zehn Billionen Jahren den Wärmetod sterben wird (May et al. 2007), sofern das Universum als abgeschlossenes System zu begreifen ist. Zum anderen ergibt sich aus der Irreversibilität eine zeitliche Einbahnstraße, ja wird Zeit überhaupt erst als Determinante eingeführt. Damit widersprechen die thermodynamischen Prinzipien der klassischen newtonschen Mechanik, wonach es für die Gesetze der Materie keine Zeitrichtung gibt. (Eigen 1996; Briggs/Peat 1989)

Hyperzyklus

Solange dissipative Strukturen bestehen, produzieren sie Entropie, die aber nicht einfach im System akkumuliert wird, sondern im Energieaustausch mit der Umgebung steht. Dissipative Systeme weisen im Allgemeinen die – von Manfred Eigen und Ruthild Winkler beschriebene – Organisationsform des »Hyperzyklus« auf, also eines geschlossenen Kreises von Umwandlungsprozessen. Der innere Prozesskreis erneuert sich ständig selbst und wirkt katalysatorisch. Dissipative Strukturen, die sich jenseits herkömmlicher thermodynamischer Ordnung spontan bilden, sind so lange stabil, wie der Energieaustausch mit der Umgebung aufrechterhalten wird.

Doch grundsätzlich ist keine Struktur eines Ungleichgewichtssystems aus sich heraus fähig, stabil zu bleiben; Fluktuationen können es durch die Überschreitung von Schwellgrößen zu einer dynamischen, qualitativen Änderung treiben. Solch ein qualitativer Übergang erneuert die Fähigkeit der Entropieproduktion. »Leben bricht sich immer wieder Bahn«, schreibt Erich Jantsch. »Im Rahmen der Koevolution von Makro- und Mikrosystemen besteht nie Gleichgewicht, sondern Autopoiese in einem Ungleichgewicht, in dem zu jeder Zeit und an jeder Stelle Fluktuationen durchbrechen können. Komplexität nimmt nicht in jedem einzelnen Mikrosystem zu, sondern vor allem in der Art und Weise«, in der »eine vielschichtig stratifizierte Welt dynamischer Beziehungen evolviert.« (Jantsch 1992, 77, 327) Auf diese Weise hat sich auch in der Physik ein evolutionäres Verständnis von Selbstorganisation etabliert.

Der quantenphysikalische »Fall« der Objektivität

Die Quantenphysik – eine Revolution

Neben der Irreversibilität der Entropie erkannte Planck auch, dass die Emission von elektromagnetischen Strahlen stufenweise, in Form von Energiepaketen (»Quanten«), erfolgt. Auch dies galt als ein physikalischer Hinweis auf Selbstorganisation in der Natur. Die Quantensprünge zwischen den Stufen erfolgen nach dem sogenannten »planckschen Wirkungsquantum«. Plancks Erkenntnisse begründeten die Quantenphysik, mit der sich Forscher wie Albert Einstein, Max Born, Erwin Schrödinger oder Werner Heisenberg beschäftigten. Die Quantenphysik revolutionierte die klassische newtonsche Physik mit den Prinzipien der Kausalität und Determination.

Gleiche Ursache, andere Wirkung

Die Quantenphysik kennt keine Kontinuität. Naturvorgänge laufen nicht stetig ab, sie sind in der atomaren Welt nicht mehr eindeutig vorhersehbar. Anders als etwa beim Billardspiel, wo ein bestimmter Stoß die gleiche Bewegung auslöst, wird ein immer gleich beschossenes Atom stets unterschiedliche Reaktionen zeigen. Gleiche Ursachen haben in der Mikrophysik demnach nicht die gleichen Wirkungen, das Kausalitätsprinzip ist außer Kraft gesetzt.

Darüber hinaus haben Elemente der Mikrophysik, also etwa Atome oder Elektronen, keinen eindeutigen Charakter, sie sind zuweilen als Welle und zuweilen als Teilchen zu verstehen. Demnach lässt sich nicht von einem objektiven Zustand der Natur sprechen. Dies hat den Physiker, Philosophen und Nobelpreisträger Werner Heisenberg 1925 zu der Aussage geführt, dass wir mit unseren physikalischen Experimenten eigentlich nicht die Natur beschreiben, sondern lediglich unser Wissen von der Natur, mit anderen Worten: uns selbst. (Heisenberg 2006) Heisenbergs Behauptung, dass sich Beobachter und Beobachtetes nicht trennen lassen, nimmt der Naturwissenschaft die bislang unterstellte Objektivität und subjektiviert sie. In Abkehr von Immanuel Kants erkenntnistheoretischer Überzeugung, es gäbe ein objektives, unerkennbares »Ding an sich«, geht Heisenberg in der Konzeption der Quantenphysik nur noch von »Beobachtungssituationen« im »Schauspiel des Lebens« aus, bei denen wir zugleich »Zuschauer und Mitspielende« sind. (Heisenberg 2006, 61 f.) Mit dem Ding an sich verschwindet so auch die objektive Wirklichkeit, ein Theorem, das in der Philosophie durch die Philosophen George Berkeley und David Hume im 18. Jahrhundert bereits vorgedacht wurde.

Relativistische Erkenntnistheorie

Unser modernes, quanten- und relativitätstheoretisches Weltbild entspricht einer relativistischen Erkenntnistheorie, wie sie etwa im philosophischen Empirismus vertreten wird. Der newtonsche Begriff vom absoluten Raum und von absoluter Zeit wird aufgegeben und zu sprachlichen Allgemeinbegriffen degradiert, die wir als Beobachter zur Beschreibung von Naturphänomenen benutzen. (Capra 2000) Schon im Mittelalter wuchs durch die »Universalienlehre« die Erkenntnis, dass wir mit unseren Allgemeinbegriffen nie wirkliche Dinge beschreiben, sondern nur Vereinfachungen davon. Die Begriffe (Nomen) sind so nur Namen, denen außerhalb ihrer sprachlichen

Wirklichkeit nichts Reales entspricht. Der Begriff »Holztisch« beispielsweise bezeichnet eine Unmenge an Holztischen und ist für eine individuelle Beschreibung nie hinreichend. Dieser »Nominalismus« bereitete die relativistische Erkenntnistheorie vor, auf die wir noch in Kapitel 7 eingehen werden.

Vorerst soll der Aspekt der Relativierung nur physikalisch betrachtet werden. Die Messungen von Raum und Zeit werden auf den Bewegungszustand des Beobachters hin relativiert und Raum und Zeit werden mit der Verteilung von Materie verknüpft. Damit fällt aber auch die klassische Beschreibung einer objektiven Natur und philosophisch betrachtet die cartesianische Trennung von Subjekt und Objekt. In der Atomphysik macht es keinen Sinn mehr, über die Natur zu sprechen, ohne zugleich über uns selbst zu sprechen. (Capra 2000)

Determinismus und Zufall

Abschied von der deterministischen Kausalität

Mit der Aufgabe der klassischen Position in der Physik wird in der Quantenphysik auch die deterministische Kausalität verabschiedet. Was bleibt, ist lediglich die Möglichkeit, Ereigniswahrscheinlichkeiten zu berechnen. (Gell-Mann 1994) Viele Quantenphysiker halten jedoch selbst die probabilistische Zufallsbeschreibung für nicht mehr zulässig. Während die klassische Physik den Zufallsbegriff als prinzipiell immer noch theoretisch beschreibbar versteht, in dem Sinne, dass eben nur alle Zusammenhänge nach dem aktuellen Stand des Wissens nicht begriffen wurden, löst sich die Quantentheorie von diesem »hypothetischen Determinismus«, der Denker wie Arkesilaos, Spinoza, Hume, Laplace oder auch Einstein verband, und geht nun davon aus, dass selbst die Kenntnis aller Mikrogesetze die Gesamtentwicklung eines makroskopischen Systemkomplexes nicht voraussagen könne. Auch die kausale Rückführung von Einzelereignissen kann die Kontingenz vieler Kausalketten demnach nicht retten und die Emergenz neuer Strukturen nicht kontrollieren. (Mainzer 2007; vgl. »Kopenhagener Deutung« von Bohr und Heisenberg aus dem Jahr 1927)

Unschärferelation

Als Grund dafür wird etwa die Unschärferelation angeführt. Während es in der klassischen Physik möglich gewesen ist, gleichzeitig Ort und Impuls eines bestimmten Teilchens zu bestimmen, ist dies in der Quantenmechanik aufgrund der Unschärferelation nicht mehr möglich. Je genauer man den Ort eines Teilchens festlegt, umso unsicherer ist sein Impuls. Diese Situation kennzeichnet einen bestimmten Quantenzustand eines einzelnen Teilchens, einen Zustand der Bestimmtheit des Ortes. In einem anderen Quantenzustand ist zwar der Impuls des Teilchens genau bekannt, der Ort aber nicht zu bestimmen. (Gell-Mann 1994) Dies gilt als Beispiel für die prinzipielle Unmöglichkeit, Wahrscheinlichkeitsereignisse in der Quantenphysik zu behaupten.

»Zufall« wird neu definiert

Der Zufall ist demnach nicht mehr im laplaceschen Sinne praktisch zufällig, aber durchaus theoretisch bestimmbar, würden wir nur alle Variablen kennen. Vielmehr ist der Zufall ein solcher, der sich nie berechnen lässt, weil sich in der Unschärferelation die Bestimmung von Ort und Impuls schon prinzipiell ausschließen. Ein anderer Einwand betrifft die Komplexität vorhandener Strukturen und schließt auf die praktische Unmöglichkeit der Beschreibung multipler Ereignisfolgen, die als Konsequenzen schon weniger, einfacher Anfangsbedingungen entstehen können.

Beendet deshalb die Unschärferelation den laplaceschen Traum eines vollständig vorhersagbaren, determinierten Modells des Universums? Beide Argumentationen übersehen, dass dies eine theoretische Beschreibbarkeit bei genügender Kenntnis wirklich aller möglichen Variabeln nicht ausschließt. So zeigt sich auch beim quantenphysikalischen Doppelspaltversuch mit emittierten Photonen, dass zwar das singuläre Auftreffen von Photonen als zufällig beschrieben wird, im Mittel aber durchaus Auftreffwahrscheinlichkeiten, im Sinne eines prinzipiellen Determinismus, angegeben werden können. Ein solcher Determinismus auch für singuläre Ereignisse mag zwar im Moment philosophisches Gedankenspiel bleiben, wir können diese Möglichkeit jedoch nicht prinzipiell ausschließen, und es gibt auch quantenphysikalische Interpretationen, die diese Position vertreten. (Dürr 2009; Hawking 2009; vgl. De-Broglie-Bohm-Theorie) Die rein theoretische Möglichkeit der Determination, die für die Annahme von Selbstorganisation prinzipiell notwendig ist, bleibt damit auch im atomaren Mikrokosmos erhalten.

Selbstorganisation als Ordnungsprinzip im Universum

Die Dimensionen des Universums

Die Dimensionen des Universums sind für unseren Verstand kaum zu erfassen. Eine Galaxie wie unsere Milchstraße enthält mehr als hundert Milliarden Sterne, wie wir heute mit modernen Teleskopen feststellen können. Und dabei ist die Milchstraße selbst nur wieder eine von mehr als hundert Milliarden Galaxien. Wie sich anhand der Rotverschiebung des Wellenspektrums zeigt, bewegen sich nahezu alle Galaxien von uns fort, und die Abstände zwischen den Galaxien nehmen zu.

Urknall

Wenn wir davon ausgehen, dass das Universum mit unendlicher Dichte und Krümmung der Raumzeit zum Zeitpunkt des Urknalls sich von einem einzigen Raumpunkt ausgedehnt hat, so stellt sich die Frage, was vorher war. Die Ereignisse, die vor dem Urknall stattgefunden haben, müssen wir zwar für ein physikalisches Modell heute noch ausklammern. Denn beim Urknall, ähnlich wie auch bei schwarzen Löchern, scheinen die Gesetze von Raum und Zeit durch den Zustand unendlicher Dichte außer Kraft gesetzt. (Hawking 2009) Systemtheoretisch lassen sich jedoch die Bedingungen nach der Emergenz mit denen davor durchaus vereinen.

So können wir uns fragen, ob das evolutionäre Prinzip der Selbstorganisation als makrokosmisches Ordnungsprinzip zu verstehen ist, das einem zufällig entstandenen, kontingenten Universum widerspricht. Selbstorganisation widerspräche in diesem Sinne nicht nur der Zufälligkeit darwinistischer Mutationen, sondern würde auch die Entstehungsbedingungen des Zufalls bestimmen. Der sogenannte Zufall ließe sich so als Ergebnis selbstorganisatorischer Strukturen verstehen, die nicht nur bereits vor jeder Mutation vorhanden wären, sondern in den Anfangsbedingungen des Universums selbst liegen.

Dem österreichischen Astrophysiker Erich Jantsch, Mitbegründer des Club of Rome, waren die Ergebnisse der Quantenphysik in den 1980er-Jahren und ihr prinzipielles Verständnis vom Zufall wohlbekannt, und dennoch ließ er die Denkmöglichkeit kosmologischer Selbstorganisation zu: »Vielleicht hat die kosmische Evolution ein solches Generalthema mit der Evolution des Lebens gemeinsam« und ist als »komplexes, aber ganzheitliches dynamisches Phänomen einer universalen Entfaltung von Ordnung zu sehen«. (Jantsch 1992, 144, 411)

Selbstorganisatorische Systeme: permanente Selbsterneuerung

Wie Jantsch weiter ausführt, sind selbstorganisatorische (autopoietische) Systeme in ihrer Funktion darauf ausgerichtet, sich ständig selbst zu erneuern, analog einer biologischen Zelle, die sich im Wechsel von anabolischen (aufbauenden) und katabolischen (abbauenden) Reaktionsketten erneuert und nicht über längere Zeit aus den gleichen Molekülen besteht. Die Selbstbezogenheit autopoietischer Systeme wird auch als Selbstreferenz bezeichnet, während sich ein allopoietisches System, wie zum Beispiel ein Computer, auf eine von außen vorgegebene Funktion bezieht.

Dabei verwirklicht ein autopoietisches System die ihm eigene Struktur und Funktion umso ausgeprägter, je höher sein Freiheitsgrad ist. Mit anderen Worten, je mehr Freiheit in der Selbstorganisation, desto mehr Ordnung entsteht, ein Paradigma, an dessen Folgerungen so mancher Manager verzweifelt, wie wir im Kapitel über systemisches Management noch sehen werden.

Kommunikation und Interaktion statt Kontrollhierarchie

Autopoiese darf trotz des Ordnungsgedankens nicht mit Kontrollhierarchie verwechselt werden, in der Informationen nach oben und Befehle nach unten gegeben werden. Vielmehr interagiert und kommuniziert jede autopoietische Ebene mit der Umwelt. Schon auf Ebene der Zellen finden Interaktionen nicht nur mit Nachbarzellen, sondern mit der gesamten Biosphäre bis hin zum Sonnensystem statt. Jede Ebene hat ihre eigene selbstorganisatorische und autonome Dynamik.

Metastabilität

Wie aber sind Selbstorganisation und Evolution, also Stabilität und Wandel, in ihrem Miteinander zu begreifen? Selbstorganisation ist trotz Ungleichgewicht und Instabilität vorhanden, und zwar aufgrund der Evolution. Jantsch spricht hier von Metastabilität bzw. verzögerter Evolution: »Damit wird das Umklappen in eine neue Struktur während einer begrenzten, aber für die Entfaltung von Lebensprozessen ausreichenden Zeitspanne hintangehalten. Mit ihr strukturiert ein dissipatives System selbst das Raum-Zeit-Kontinuum für die Entfaltung seiner Eigendynamik. Kein komplexes System ist jemals stabil; es ist, solange es sich eine Struktur bewahrt, immer metastabil.« (Jantsch 1992, 347f.)

Dass so viele Beispiele für Selbstorganisation in Physik und Chemie zu finden sind, liegt auch an den spezifischen physikalischen Bedingungen auf unserer Erde, also an Temperatur, Zeitmaß von Tag und Nacht etc. Das heißt aber nicht, dass Selbstorganisation nur als Maßstab für Makro- und Mesostrukturen gelten könnte: »Es gibt nichts, was die Entwicklung von Ordnungsphänomenen in kleinen Maßstäben verhindern würde, aber weil sie noch nicht exakt sind, ist es nicht allgemein möglich, deren Existenz zu beweisen.« (Laughlin 2009, 249)

Selbstorganisation: zentrale Gesetzmäßigkeit oder dezentrales Ordnungsmuster?

So tendiert die physikalische Forschung immer mehr dazu, die Selbstorganisation als prägendes naturwissenschaftliches Prinzip zu verstehen, wobei allerdings strittig ist, ob das Prinzip der Selbstorganisation nun als zentrale Gesetzmäßigkeit oder dezentrales (emergentes) Ordnungsmuster verstanden werden muss. Der amerikanische Physiker und Nobelpreisträger Robert B. Laughlin (2009) etwa favorisiert die zweite Sichtweise. Entsprechend habe sich die Naturwissenschaft vom Zeitalter des Reduktionismus bis zum Zeitalter der Emergenz verändert; Laughlin spricht von einer »Veränderung der Weltsicht, in deren Verlauf das Ziel, die Natur durch Zerlegung in immer kleinere Teile zu verstehen, durch das Ziel ersetzt wird, dass man versteht, wie die Natur sich selbst organisiert« (Laughlin 2009, 122).

Emergenz darf hier durchaus in dem chaostheoretischen Sinne von Unvorhersagbarkeit verstanden werden, wobei kleine

Ereignisse große und qualitative Veränderungen bei größeren Vorgängen verursachen können. Emergenz steht in diesem Kontext also für die Unmöglichkeit von Kontrolle. Laughlin plädiert damit zwar gegen einen einseitigen Reduktionismus, hält aber am Prinzip einer universellen Selbstorganisation fest.

Licht, Zeit und Quanten

Zeitreisen

Der Relativitätstheorie zufolge ist es möglich, in die Zukunft zu reisen, wenn wir uns in einem Raumschiff aufhalten, das fast mit Lichtgeschwindigkeit die Erde verlässt. Wenn wir dann zurückkommen, ist auf der Erde die Zeit schneller vergangen als für uns im Raumschiff. So wären unter Umständen Freunde und Bekannte seit Jahrtausenden tot, während für uns nur einige Jahre vergangen sind. Wenn es also theoretisch möglich ist, in die Zukunft zu reisen, können wir dann auch in die Vergangenheit reisen?

Reisen durch die Zeit unterliegen nach heutigem Wissen der Beschränkung durch die Lichtgeschwindigkeit. Im Europäischen Laboratorium für Teilchenphysik (CERN) etwa werden Teilchen auf 99,99 Prozent der Lichtgeschwindigkeit beschleunigt. Wie viel Energie aber auch immer aufgewendet wird, diese Teilchen können nicht die Schwelle der Lichtgeschwindigkeit überschreiten. Reisen in die Vergangenheit sind aber theoretisch nur möglich mit Überlichtgeschwindigkeit. Einen Ausweg haben 1935 bereits Albert Einstein und Nathan Rosen formuliert, indem sie sogenannte »Wurmlöcher« annahmen: als Brücken, die verschiedene Regionen einer stark gekrümmten Raumzeit miteinander verbinden. Durch solche »Einstein-Rosen-Brücken« könnte die Raumzeit gekrümmt werden, sodass Zeitreisen möglich würden. Auch die quantentheoretische Verschränkung bewegt sich jenseits der Grenze der Lichtgeschwindigkeit.

Die Theorie alternativer Geschichten

Philosophisch ist die Möglichkeit von Zeitreisen aber nicht widerspruchsfrei zu denken. Wenn wir in die Vergangenheit reisen und uns selbst doppeln, also im Sinne einer Koexistenz uns selbst gegenüberstehen, kann dies nur im Sinne der Theorie »alternativer Geschichten« gedacht werden. (Hawking 2009) Ähnlich wie in der Theorie des Physikers Richard Feynman gibt es dann im Universum viele mögliche Geschichten mit eigenen Wahrscheinlichkeiten – ein Gedanke, der auch in der »Viele-Welten-Theorie« von Hugh Everett zum Ausdruck kommt. In Feynmans Theorie spielt sich eine Zeitreise allerdings innerhalb derselben Raumzeit ab, der Zurückreisende könnte also nicht zwischen alternativen Geschichten wechseln. Es würde auch keinen Sinn machen, denn bei der Rückkehr in die eigene Gegenwart würde sich nichts geändert haben, die Änderung hätte nur in der alternativen Raumzeit stattgefunden.

»Chronologieschutz«

Innerhalb derselben Raumzeit wäre eine Dopplung aus dem Grunde nicht denkbar, dass wir notwendigerweise aufhören müssten zu existieren, wenn wir in der Vergangenheit ankommen. In dem Moment, in dem wir die Vergangenheit durch unser Eintreffen verändern, ändern sich alle Begebenheiten in vielfacher Verschränkung, und die Zukunft wird, ebenso wie wir selbst, eine andere sein. Wir würden also nicht erst beim Wiedereintritt in unsere Gegenwart unsere Existenz auslöschen, sondern bereits in dem Moment, in dem wir in der Vergangenheit auftauchen, da die Ursachen, die uns zu uns selbst gemacht hatten, in diesem Moment verändert werden. Genau genommen müssten wir uns also ständig selbst verändern durch die Änderungen, die wir in der Vergangenheit auslösen. Der Physiker Stephen Hawking nannte das »Chronologieschutz« (Hawking 2009, 136): Demnach ist es auf makroskopischer Ebene nicht möglich, Informationen in die Vergangenheit zu tragen. Auch quantenmechanische Berechnungen bestätigen diese Annahme, indem gezeigt werden kann, dass Teilchen-Antiteilchen-Paare, die immer wieder durch geschlossene Schleifen laufen, so starke Energiedichten erzeugen, dass sie die Raumzeit positiv krümmen und damit der Krümmung, welche die Zeitreise ermöglicht, entgegenwirken würden.

Schneller als das Licht

Während die Relativitätstheorie davon ausgeht, dass kein Teilchen schneller als das Licht reisen kann, geben uns die quantenphysikalischen Versuche zur Verschränkung den Beweis, dass tatsächlich höhere Geschwindigkeiten zu erreichen sind. Bereits John Bell fand in den 1960er-Jahren einen mathematischen Beweis für die nicht lokale »Verschränkung«, 1982 wurde dies durch den französischen Physiker Alain Aspect experimentell bestätigt. Elementarteilchen werden so durch Verbindungen beeinflusst, die unsichtbar in Raum und Zeit vorhanden sind. Physikalisch bedeuten die Elektronenexperimente, dass unsichtbare Verbindungen zwischen den beteiligten Elektronen bestehen und sie somit ein unteilbares Ganzes darstellen, obwohl sie räumlich getrennt sind. (Wheatley 2006)

Der Bau eines Quantencomputers beispielsweise verspricht demnach einen ungeheuren Zuwachs an Verarbeitungsgeschwindigkeit. Solange man nun keine Messung vornimmt, bliebe Quanteninformation unbekannt. Damit wird einerseits ein Konflikt mit der Relativitätstheorie verhindert, wonach kein Teilchen schneller als Licht reisen kann, andererseits aber schwindet damit auch die nützliche Anwendung beispielsweise im zukünftigen Quantencomputer. Denn mit einer Messung verändert sich auch das Ergebnis, und das Auslesen eines Quantencomputers stellt damit eine bis heute nicht lösbare Herausforderung dar. Die quantenphysikalische Verschränkung entspricht dem systemtheoretischen Gedanken der Vernetztheit und verweist auf ein Ordnungsprinzip jenseits des makroskopischen Relativismus und jenseits einer Vorstellung irreversibler Zeit.

So steht zwar die Relativitätstheorie dem Versuch, alle Gesetze in einer einzigen Weltformel darzustellen, noch entgegen, da nicht der ganze Kosmos erfasst werden kann, wenn Informationen maximal mit Lichtgeschwindigkeit transportiert werden können. Nach dieser Theorie könnte auch ein laplacescher Dämon, der im Besitz der Weltformel wäre, über diesen relativen Horizont nicht hinausblicken. Dies gilt jedoch nur, wenn dieser Dämon selbst wiederum als physikalisches Objekt verstanden wird. Doch dieses Argument, das noch aus einer Anschauung der klassischen Physik stammt, bestätigt nur die quantentheoretische Aussage, wonach Beobachter und Beobachtetes nicht zu trennen sind.

Relativierungen Hängt man keinem trivialen Realismus an, wird man diesem modernen Weltbild und auch dem naturwissenschaftlichen Verständnis ohne Weiteres folgen. Erkenntnistheoretisch ist die Relativierung des Beobachters ohnehin unausweichlich, wie wir dank der philosophischen Erkenntnistheorie wissen. Genau genommen ist aber nicht nur das Beobachtete auf den Beobachter hin zu relativieren, sondern auch der Beobachter selbst. Relativiert man nicht nur alle Aussagen, sondern auch den Aussagenden, so relativiert sich schließlich alles, und damit verliert schließlich auch die Relativierung ihren Sinn. Um genauer zu sehen, was dies bedeutet, müssen wir tiefer in die Philosophie einsteigen, was wir in Kapitel 7 tun.

Zusammenfassung

- Insbesondere der systemische Gedanke der Selbstorganisation verbindet die Disziplinen von Evolutionsbiologie und Physik. Über die Kybernetik bis hin zu dissipativen thermodynamischen Strukturen entwickelte sich auch in der Physik ein Begriff von emergenter Ordnung, der sich autonom aus Entropie entwickelt. Auch mikrokosmische Quantensprünge ereignen sich selbstorganisatorisch. Ebenso entspricht die Aufhebung von Ursache und Wirkung in der Quantentheorie dem Prinzip der Blackbox lebender Systeme in der Evolutionsbiologie, wonach auf gleiche Ursachen nicht zwingend gleiche Wirkungen folgen. Die Unmöglichkeit der quantenphysikalischen Trennung von Subjekt und Objekt verweist bereits auf den philosophischen Empirismus. Quantenphysik, Relativitätstheorie und Empirismus bilden in ihrer Ablehnung objektiver Realität eine Grundlage für die systemische Erkenntnistheorie. Der deterministische Charakter der Selbstorganisation widerspricht prinzipiell weder dem quantenphysikalischen Zufall noch der chaostheoretischen Unmöglichkeit der Voraussage hoher Komplexität (siehe Kapitel 4).

- Auch wenn sich die makroskopischen Gesetze der Relativitätstheorie und die mikroskopischen der Quantenphysik heute noch nicht vereinen lassen, deutet doch der Gedanke der quantenphysikalischen Verschränkung auf ein Ordnungsprinzip jenseits relativistischer, sequenzieller und reversibler Zeit. Selbstorganisation könnte als universelles Ordnungsprinzip im Universum verstanden werden.

4. Ordnung im Chaos

»Eine Intelligenz, welche für einen gegebenen Augenblick alle in der Natur wirkenden Kräfte sowie die gegenseitige Lage der sie zusammensetzenden Elemente kennte und überdies umfassend genug wäre, um diese gegebenen Größen der Analysis zu unterwerfen, würde in derselben Formel die Bewegungen der größten Weltkörper wie des leichtesten Atoms umschließen; nichts würde ihr ungewiss sein und Zukunft wie Vergangenheit würden ihr offen vor Augen liegen.« PIERRE SIMON LAPLACE

Komplexität oder die Unmöglichkeit von Prognosen

Verschränkung aller Elemente und Systeme

Auch in der Chaos- und Komplexitätsforschung hat sich heute eine »ganzheitliche« Betrachtungsweise durchgesetzt. Diese entstand schon in den 1960er-Jahren durch das Paradigma vom »Schmetterlingseffekt«, das auf einen Gedanken des Meteorologen Edward Lorenz zurückgeht. Demnach sind alle Elemente und Systeme miteinander verschränkt, wobei sehr komplexe Strukturen in ihrer Entstehung zunächst auf einfache Anfangsbedingungen zurückgeführt werden. Das Flattern eines Schmetterlings in München könne so in seiner weiteren Entwicklung zu einem Gewitter in New York führen.

Beispiel Internet

Die systemische Vernetzung aller Elemente kann heutzutage sehr gut durch die globalisierte Welt des Internets verdeutlicht werden. Hier werden allein durch die Benutzung ständig Veränderungen am Systemstatus vorgenommen, die auf der einen Seite der Welt initiiert werden und auf der anderen Seite der Welt Auswirkungen haben. Jede beliebige kleine Änderung in einem chaotischen System kann weitreichende und sich dynamisch verstärkende Wirkungen entfalten. Dies zeigt die empfindliche Abhängigkeit aller Elemente eines Systems voneinander, unabhängig von der Größenordnung.

In hochkomplexen und chaotischen Systemen ist es praktisch unmöglich, Prognosen abzugeben: Zur Vorhersage aller Folgen müsste man auch alle vorhandenen Anfangsbedingungen kennen. (Kauffman 1995)

Dieses mathematische Verständnis von Ursache und Wirkung erinnert an die quantenphysikalische Entscheidung, von »Perspektiven« der Wirklichkeit anstatt von objektiver Wirklichkeit, von Möglichkeiten statt von Kausalität, von nützlichen Wahrscheinlichkeiten anstatt von Wahrheiten zu sprechen. (Briggs/Peat 1989) Viele Mathematiker und Chaosforscher lehnen die Annahme deterministischer Strukturen zwar praktisch und theoretisch ab. Im Grunde ist die Ablehnung des Determinismus jedoch kein rein theoretischer Einwand.

Beispiel Wettervorhersage

Selbst in der klassischen euklidischen Welt gehen Ordnung und Chaos Hand in Hand. So lässt sich beispielsweise die Zahl Pi zur Berechnung des Kreises nie exakt bestimmen. Wir haben in Kapitel 3 gesehen, dass es auch in der Quantentheorie eine Alternative gibt. Was die praktische Unmöglichkeit des Determinismus betrifft, so wies bereits der französische Mathematiker Henri Poincaré darauf hin, dass chaotische, nichtlineare Systeme wie das Wetter aufgrund der entstehenden Rückkopplungen aus den zahlreichen Anfangsbedingungen in ihrer unüberschaubaren Wirkvielfalt von uns selbst mit heutigen Hochleistungscomputern nicht mehr vorauszuberechnen sind.

Ordnung aus dem Chaos

Als der Meteorologe Edward Lorenz nichtlineare Gleichungen zur Modellierung der Erdatmosphäre im Computer simulierte, führten bereits winzige Differenzen nach einigen Wiederholungen zu riesigen Unterschieden und damit zu qualitativen Abweichungen, die völlig verschiedene Wettersysteme charakterisierten. (Briggs/Peat 1989) Während dieser Aspekt der Chaosforschung dem Namen »Chaos« alle Ehre macht und jeder Struktur und Determiniertheit zu widersprechen scheint, zeigt sich in chaotischen Systemen zugleich ein zweiter, gegenläufiger Aspekt. Chaotische Strukturen führen nämlich, wenn sie sich selbst überlassen bleiben, zur Entstehung von Mustern und Ordnungen. Auch dies lässt sich mit Computersimulationen zeigen.

Selbstorganisation im Chaos

Mandelbrotmenge

Die Durchführung rekursiver, ständig wiederholter Funktionen im Computer führt zu selbstorganisierten Systemen, also aktiv hergestellten und aufrechterhaltenen Strukturen, die selbst zu bestimmten, stabilen Werten hin tendieren. Die Fortführung dieser Operationen nach Erreichen dieses Werts änderte diesen nicht mehr; das heißt, weitere mathematische Operationen sorgten nur für redundante Werte. Die entstehenden Muster, denen ein System mit zunächst scheinbar ungeordneten Strukturen zustrebt, werden in der Mathematik als »seltsame Attraktoren« bezeichnet. Sie sind auch als »Mandelbrotmenge« bekannt, benannt nach dem französischen Mathematiker Benoît Mandelbrot.

Fraktale: Muster mit hoher Selbstähnlichkeit

Mandelbrot schuf in den 1960er-Jahren eine neue Geometrie, die sogenannte fraktale Geometrie, zur Beschreibung chaotischer Attraktoren aus iterativen Verfahren. Der Zusammenhang zwischen fraktaler Geometrie und Chaostheorie war ihm damals zunächst noch gar nicht bewusst. Ein wesentliches Merkmal der ästhetisch anmutenden Fraktale ist die Wiederholung ihrer typischen Muster in abnehmender Größenordnung. So ähneln die Formen der Teile in jedem Maßstab wieder dem Ganzen. Diese Selbstähnlichkeit der Muster, die sich auf jeder Ebene der Betrachtung zu wiederholen scheint, lässt sich in ihrer Qualität beschreiben, jedoch lassen sich Fraktale nicht quantitativ berechnen, was sie mit der Unvorhersagbarkeit chaotischer Systeme gemein haben. Die qualitativen Merkmale des Systemverhaltens lassen sich aber sehr wohl bestimmen.

Damit bestimmt sich chaotisches Verhalten gerade nicht mehr, wie zunächst vermutet, als zufällige, unberechenbare Dynamik, sondern als deterministisches Muster. (Capra 1996) So wie in der biologischen Systemtheorie strukturelle Offenheit und operationale Geschlossenheit Hand in Hand gehen, zeigt sich auf physikalischer Ebene die nur vermeintlich widersprüchliche Erscheinung von eigengesetzlichen Strukturen inmitten von Chaos. Selbstorganisation zeigt sich so als Eigenschaft gerade derjenigen Systeme, die sich weit ab vom Gleichgewicht und nahe am Chaos bewegen.

Chaos und Kreativität

Trotz oder vielleicht auch gerade wegen der dort herrschenden Fragilität zeigen Systeme am Rande des Chaos ihre höchste Leistungs-, Innovations- und Veränderungsfähigkeit. Die kleinsten Änderungen können zu radikalen Wirkungen führen. Dabei versuchen Systeme diesen Zustand nicht zu vermeiden, sondern »suchen« ihn sogar aktiv auf. Stuart Kauffman, ein amerikanischer Biophysiker und Komplexitätsforscher am Santa Fe Institute, begründet dies evolutionsbiologisch: »Es ist eine durch viele Daten untermauerte Hypothese, daß genomische Systeme im geordneten Regime nahe dem Phasenübergang zum Chaos liegen.« (Kauffman 1998, 47) Kauffman versteht Selbstorganisation sogar als der darwinistischen Selektion ebenbürtige Quelle in der Evolution. Es muss uns demnach nicht wundern, wenn Kreativität vor allem am Rande von Chaos entsteht, da Kreativität ein gewisses Maß an Zufall erfordert. (Mainzer 2007)

Ordnung in der Evolution

Ordnung schon vor der Selektion

Denkt man diesen Ansatz weiter, so kommt man nicht umhin, die wirkenden Komplexitätsgesetze schon vor einer stattfindenden Selektion in der Evolution als Ordnungskraft bezeichnen zu müssen. Die Selektion würde demnach vor allem auf die Ordnungsbildung, wie sie in selbstorganisierten Systemen zu finden ist, zurückzuführen sein: »Weder Darwin noch irgendein anderer Naturwissenschaftler hat bislang die Kraft der Selbstorganisation als Quelle der Ordnung auch nur im Ansatz verstanden.« (Kauffman 1998, 232) Stuart Kauffman verweist darauf, dass es in der Biologie noch kein theoretisches evolutionäres Rahmenmodell gibt, das Selbstorganisation und Selektion miteinander vereint.

Der Gedanke einer Ordnungsstruktur noch vor jeder Selektion scheint dabei zunächst der Idee der »Evolution der Evolutionsfähigkeit« von Dawkins zu ähneln, denkt man an seine These von »Überlebensmodulen« noch vor jeder Selektion. Kauffmans Verständnis von Selbstorganisation setzt jedoch im Unterschied zu Dawkins keinen Inhalt, sagt also beispielsweise nichts über eine verbesserte Evolutionsfähigkeit aus. Sowohl Kauffman als auch Dawkins gemeinsam ist die Annahme von Ordnung, die bereits der Mutation innewohnt. Auch verwerfen beide einen teleologischen Gradualismus, wie ihn Darwin noch mit der Selektion vertrat.

Kauffman nennt zwei Gründe, die gegen die Annahme darwinistischer, gradueller Selektion sprechen. Wie er zum einen mithilfe der Komplexitätsforschung zeigt, kann der Gradualismus schon deswegen keine universelle Gültigkeit haben, weil jede kleine Störung große Änderungen für das System haben kann und damit katastrophale Auswirkungen auf die Überlebensfähigkeit.

»Ordnung zum Nulltarif«

Zum anderen würde selbst bei Geltung des Gradualismus dies noch lange nicht bedeuten, dass die graduellen Änderungen auch erfolgreich akkumuliert werden könnten. Trotz Selektion könnte es zu einer Anhäufung von Fehlern kommen, die schließlich zu einer großen Katastrophe anwachsen. Kauffman postuliert keinen gerichteten Prozess, sondern lediglich die Existenz von Eigengesetzlichkeiten, die sich aus dem Zusammenspiel von Selbstorganisation und Selektion ergeben. Diese Selbstorganisation noch vor jeder Selektion nennt Kauffman »Ordnung zum Nulltarif« (order for free).

Evolution würde demnach nicht durch den sukzessiven Aufbau von einzelnen Komponenten in Anpassung an die Umwelt gekennzeichnet sein, sondern durch eine Ordnung, die bereits als kosmisches Urprinzip vorhanden ist, bereits in der »Ursuppe«. (Kauffman 1998, 75) Infolgedessen lehnt Kauffman den Zufall als evolutives Merkmal ab und spricht sich für einen Determinismus aus, im Sinne einer notwendigen, zwangsläufigen Manifestation von Selbstorganisation, durch die Komplexität gekennzeichnet sei.

Ordnung als kosmisches Urprinzip

Damit wird deutlich, dass die Anpassung an die Umwelt als Selektionskriterium nicht mehr entscheidend ist, sondern vielmehr Systeme bereits vor jeder Anpassung an Umweltgegebenheiten ihre Eigengesetzlichkeiten ausprägen. So hätten nur solche Systeme eine Chance, zu überleben, die aufgrund ihrer vorliegenden »Fitnesslandschaften« eine innere Ordnung aufweisen, welche sie überhaupt befähigt, an der Evolution teilzunehmen. Kauffman nennt die Selbstorganisation deshalb eine »Vorbedingung für Evolutionsfähigkeit« (Kauffman 1998, 280) und hat damit selbst eine Antwort auf seine Frage gefunden, wie das Verhältnis von Selbstorganisation und Selektion zu denken ist.

Begriff der Anpassung verliert seinen Sinn

Wenn Evolution also nicht als Selektion des besser Angepassten verstanden wird, sondern als selbstorganisatorische Ordnung, die bereits von Anfang an angelegt ist, relativiert sich auch der in der Anpassungstheorie behauptete Unterschied zwischen System und Umwelt. Auch dieser Gedanke wurde schon vorgedacht, nämlich von dem deutschen Philosophen Johann Gottlieb Fichte, der den Menschen als die sich selbst betrachtende Natur bezeichnet hat und das Bewusstsein aller Individuen zusammengenommen als »das vollendete Bewußtsein des Universum[s] von sich selbst« (Fichte 1962, 28). Wenn Mensch und Natur aufgrund ihrer ursprünglichen Eigengesetzlichkeit nicht voneinander unterschieden sind, verliert der Begriff der Anpassung seinen Sinn. Sonst träte ein und dasselbe Ordnungsprinzip mit sich selbst in Interaktion. Das heißt nicht, dass mit dem Paradigma der Selbstorganisation die interaktive Dynamik von Systemen aufgehoben würde. Diese Dynamik, wie sie in den ökonomischen, gesellschaftlichen oder auch kulturellen Ausprägungen zur Geltung kommt, wird uns im Kontext der kulturellen Evolution in Kapitel 9 noch beschäftigen.

Zusammenfassung

- Obgleich man vermuten mag, dass die Erkenntnisse der Chaostheorie dem Prinzip von Ordnung durch Selbstorganisation widersprechen, zeigt sich genau das Gegenteil. Auch Mathematik und Chaosforschung zeigen die Bedeutung der Prinzipien von Selbstorganisation, Emergenz und Vernetzung. Muster und Strukturen entstehen als emergente Eigenschaften spontan und selbstständig durch nichtlineare Wechselwirkungen aller vorhandenen Systemelemente, auch wenn sie sich auf noch so partikulare Ursachen zurückführen lassen und aus ihren Entstehungsbedingungen praktisch nicht mehr prognostizierbar sind. Wenn sie sich selbst überlassen bleiben, führen chaotische Strukturen paradoxerweise zur Entstehung von Ordnung. Diese Selbstorganisation bildet Ordnung bereits vor jeder Selektion und bestimmt sich daher nicht in gradueller Anpassungsleistung an eine vorhandene Umwelt.

- Systeme suchen von selbst Randbereiche auf, die am Phasenübergang zum Chaos liegen. Evolutionsbiologisch ist das sinnvoll, weil gerade dort ihre höchste Leistungsfähigkeit, Innovation und Kreativität entfaltet wird. Dies stärkt wiederum die Überlebensfähigkeit.

5. Die gesellschaftliche Konstruktion von Wirklichkeit

»Schau doch. Alle außer meinem Johnny sind außer Tritt.«

MUTTER, beim Anblick einer vorbeimarschierenden Parade

»Konstruktivismus« bezeichnet eine interdisziplinäre Theorie, der zufolge es keine objektiven Tatbestände gibt. Vielmehr ist »Wirklichkeit« von Menschen konstruiert. Dem soziologischen und kommunikationswissenschaftlichen Konstruktivismus haben Talcott Parsons, Peter Berger und Thomas Luckmann den Weg bereitet, der dann unter anderem durch Ernst von Glasersfeld, Heinz von Foerster oder auch Peter Watzlawick starke Verbreitung gefunden hat. In Deutschland ist vor allem der Parsons-Schüler Niklas Luhmann mit seiner Adaption der Systemtheorie bekannt geworden.

Vergleich von Gesellschaftssystemen mit komplexen Systemen

Schon der amerikanische Soziologe Talcott Parsons vergleicht Gesellschaftssysteme mit komplexen Systemen, indem er sie als soziale Realitäten eigener Art charakterisiert. Die Offenheit von gesellschaftlichen Subsystemen zeigt sich für ihn in Interaktionen und Austauschbeziehungen, welche der »Selbstgenügsamkeit« eines Systems (self-sufficiency) im Sinne von Geschlossenheit gegenüberstehen. Selbstgenügsamkeit im Verhältnis zur Umwelt bedeutet demnach auch Stabilität der Austauschbeziehungen und die Fähigkeit, Austauschvorgänge im Interesse eines guten Funktionierens der Gesellschaft zu kontrollieren. Diese Kontrolle kann darin bestehen, mit Störungen fertigzuwerden, sie günstig zu beeinflussen oder ihnen sogar zuvorzukommen. Parsons betont die grundsätzliche Trennung von Person und Gesellschaft, ebenso wie Persönlichkeitssysteme voneinander, »because the situations of two actors are never identical« (Parsons 1951, 11). Berger und Luckmann haben ausgeführt, wie auch die Ökonomie als »spezifisches Spiel« aufzufassen sei, und marktwirtschaftliche Selbstverständlichkeiten wie das Merkmal der Konkurrenz als gesellschaftlich konstruierte Wirklichkeit aufgefasst. (Berger / Luckmann 1980)

Dabei war die Übertragung systemtheoretischer Aussagen auf gesellschaftliche Phänomene zunächst durchaus umstritten. Nicht nur systemische Naturwissenschaftler wie der Chilene Humberto Maturana sprachen sich gegen die Übertragung etwa der Autopoiese, also des Prinzips der Selbstorganisation, auf soziale Systeme aus. Auch innerhalb der soziologischen Systemtheorie gab es Uneinigkeit, beispielsweise darüber, wie die Parallelität von materieller, kognitiver und kommunikativer Reproduktion zu denken sei. (Krohn / Cruse 2005)

Niklas Luhmann

Während etwa Niklas Luhmann die Möglichkeit eines sich selbst beobachtenden Gesellschaftssystems zuließ, bleibt diese Beobachtungsfähigkeit im Konzept von Heinz von Foerster dem Individuum vorbehalten. (Esposito 2005) Schon seit den 1950er-Jahren versuchten Wissenschaftler, eine allgemeine interdisziplinäre Systemtheorie zu entwickeln, und Niklas Luhmann arbeitete speziell an einer Adaption für die Soziologie. Dabei stellte sich die Frage, was die Ergebnisse beispielsweise aus der thermodynamischen Physik für soziale Systeme bedeuten können. Da es eine umfangreiche Rezeption zur Systemtheorie Luhmanns gibt, sollen hier nur einige ausgewählte Fragen der soziologischen Systemtheorie angeschnitten werden.

Erkenntnisgewinnung

Luhmann geht von einer operativen Geschlossenheit der Systeme aus. Würden systemimmanente Gegebenheiten in die Umwelt übergreifen können, würden sie ihren Status als Systemoperationen verlieren. Erkenntnis bildet sich somit nach Luhmann nicht durch Umwelteinflüsse, sondern nur innerhalb des Systems. Dies scheint zunächst in Gegensatz zu seiner Aussage zu stehen, dass das Nervensystem komplett geschlossen, aber über evolutionäre Selektion mit der Umwelt gekoppelt sei. Diese Behauptungen würden sich aber nur widersprechen, wenn Luhmann Erkenntnis im Sinne adaptiver Anpassungsleistung an eine vorhandene Umwelt meinen würde, und nicht Erkenntnis im Sinne von autopoietischem Lernen.

Die strukturelle Kopplung bei Luhmann bezieht sich nicht auf die gesamte Umwelt, vielmehr nennt er die Kopplungen »hochselektiv«. (Luhmann 2002, 121) Diese praktisch relevante Aussage steht zunächst in Widerspruch zur Chaosforschung, die eine theoretisch durchgängige strukturelle Kopplung behauptet. Die Aussage behält aber ihre praktische Relevanz, ebenso wie etwa die Stochastik, wonach es für angenäherte Prognosen genügen mag, nur einige unmittelbare Stellgrößen miteinzuberechnen.

Das Ashbysche Gesetz

Ein Gedanke, der in eine ähnliche Richtung weist, ist die Stufenfunktion von Systemen, wie sie der britische Kybernetiker W. Ross Ashby entwickelt hat. Das Ashbysche Gesetz besagt, dass ein System umso besser Umweltstörungen ausgleichen kann, je mehr Varietät oder Flexibilität es besitzt. Die Variationsgröße des Reaktionssystems sollte nicht unter diejenige des Störungssystems fallen.

Stufenfunktion von Systemen

Die Stufung eines Systems lässt ein System stabiler werden, da Störungen durch die jeweiligen Subsysteme lokal abgefangen werden und somit nicht das ganze System unter Änderungsdruck setzen. Statt einer kompletten Interdependenz gibt es eine sogenannte »loose coupling«. Solche lose gekoppelten Systeme versprechen eine höhere Stabilität als feste Kopplungen. Je stärker ein System zu strikten Kopplungen übergeht, umso riskanter und gefährlicher wird es. Auch »loose coupling« hebt die Verschränkung aller Systemteile theoretisch nicht auf, kann diese aber praktisch relativieren.

Ein Stimulus, der von außen an das System gerichtet wird, wird nur dann vom System »identifiziert«, wenn bereits Erwartungen im System vorhanden sind. Dies gilt auch für individuelle Subsysteme. Aufgrund von prinzipiellen und gewohnheitsmäßigen Erwartungen prüfen wir so auftretende Situationen.

Beobachtung

In Luhmanns Verständnis sind Aussagen nur von einem Beobachter aus möglich. Beim Wiedereintritt des Beobachters in das Beobachtete (»Reentry«) entsteht für ihn ein erkenntnistheoretisches Paradox, da man fragen kann, ob die eingeführte Unterscheidung noch dieselbe ist. Diesen Einwand hält er für jede Art von Konstruktivismus für gültig. Offen bleibt, wieso das Paradox nicht schon beim Austritt auftritt.

Kommunikation legt sich über und zwischen Individuen und soziale Systeme, sie ist selbst kein System und wird erst durch mindestens zwei miteinander Sprechende möglich.

Luhmann bezieht in seine soziologische Systemtheorie auch evolutionsbiologische Überlegungen mit ein: »Die Umwelt wirkt zwar destruktiv ein und irgendwie ist die Autopoiesis evolutionär so aufgebaut …, dass das selten vorkommt, und wenn, dann die Evolution nicht hindert.« (Luhmann 2002, 275) Dabei bleibt aber die Entkopplung von System und Umwelt in Hinsicht auf evolutionäre Koevolution unklar. Man könnte sagen, Luhmann »ontologisiert soziale Systeme ohne Zögern neben biologischen und psychischen als Entitäten eigener Art« (Scott 2005, 344). Wie der ontologische Status der sozialen Systeme erkenntnistheoretisch zu bewerten ist, dieser Frage werden wir uns in Kapitel 7 zuwenden. Zunächst wollen wir näher betrachten, was mit der Konstruktion sozialer Systeme gemeint ist.

Konstruktivismus und andere Missverständnisse

Konstruktivismus gilt zu Unrecht als Erkenntnistheorie des systemischen Denkens

Die konstruktivistische Philosophie gilt derzeit als die »erkenntnistheoretische Grundlage systemischen Denkens« (Schlippe / Schweitzer 2007, 87). Genau genommen ist der Konstruktivismus im philosophischen Sinne jedoch keine Erkenntnistheorie, da hier unbestimmt bleibt, was genau konstruiert wird und wer konstruiert, wie schon David Krieger richtig ausführt: »Gängige Auffassungen des Konstruktivismus (vgl. von Glasersfeld, von Foerster, Maturana und Varela und zum Teil Luhmann) tendieren in diesem Sinne oft dazu, die System / Umwelt-Differenz mit der Subjekt / Objekt-Differenz gleichzusetzen und somit die alten Probleme der Epistemologie nur mit neuem Namen beizubehalten. Die fundamentale Fragestellung bleibt dabei gleich und kein theoretischer Fortschritt wird erzielt.« (Krieger 1998, 158) Es ist demnach unumgänglich, die erkenntnistheoretische Problemlösung dort zu suchen, wo sie entstanden ist, nämlich in der Erkenntnistheorie selbst, und dies werden wir in Kapitel 6 auch tun.

Eine Frage der Perspektive

Die Grundthese des Konstruktivismus lautet, dass »Wissen nur richtig oder falsch ist im Lichte der Perspektive, die wir gewählt haben« (Bruner 1997, 43). Der amerikanische Psychologe Jérôme Bruner sieht dabei einen geschichtlichen Zusammenhang zwischen der schwindenden Popularität metaphysischer Strömungen und dem gleichzeitigen Aufschwung der säkularen Erkenntnistheorie und damit einhergehend zwischen der Ablösung des Realismus durch das antirealistische Ich des Konstruktivismus. Gedankengeschichtlich ist der philosophische Relativismus alt: Er geht bis in das 5. Jahrhundert v. Chr. auf den Sophisten Protagoras und seinen Homo-Mensura-Satz zurück, wonach der Mensch das Maß aller Dinge sei. (Vorländer 1990)

Kenneth Gergen und der Konstruktionismus

Ebenfalls als renommierter Konstruktivist gilt der amerikanische Sozialpsychologe Kenneth Gergen, der seine Position als »Konstruktionismus« bezeichnet. Gergen schließt mit seiner konstruktionistischen Ablehnung von Wahrheit, Objektivität oder auch des wissenschaftlichen Fortschritts zugleich jede Möglichkeit von Beurteilung mit aus: »Der Weg von der aristotelischen Physik über die newtonsche Mechanik bis hin zur Atomphysik bringt uns der Wahrheit nicht näher. Wir bewegen uns lediglich von einem Bereich an Bedeutungen zu einem anderen.« (Gergen 2002, 296) Wenn man ihn beim Wort nimmt, setzt aber auch seine Aussage einen »Wahrheitsstandpunkt« voraus, den er nach den eigenen Voraussetzungen nicht einnehmen kann.

Gergen differenziert zwischen zwei unterschiedlichen »konstruktivistischen« Sichtweisen: dem (radikalen) Konstruktivismus und dem (sozialen) Konstruktionismus. Während der radikale Konstruktivismus annimmt, dass Wissen »nur in den Köpfen von Menschen existiert«, stellt der soziale Konstruktionismus »die soziale Eingebundenheit allen Wissens und aller Erfahrung in den Mittelpunkt«. (Westermeyer 2002, 5) Der radikale Konstruktivismus geht davon aus, dass zwischen subjektiver Wirklichkeit und subjekttranszendenter Realität stets eine Lücke klafft. Damit unterscheidet er noch zwischen subjektiver Wahrnehmung und subjekttranszendenter Realität, wohingegen der Konstruktionismus ganz auf ontologische Annahmen verzichtet. Begriffe wie »Realität« und »Wirklichkeit« werden nicht mehr systematisch differenziert. In den Worten Gergens ist er »ontologisch stumm« (Gergen 2002, 7).

Gergen weist darauf hin, dass Sinn, Bedeutung und Wahrheit im Konstruktionismus nicht etwa als Geistesprodukte verstanden werden; vielmehr existieren sie erst, wenn Interaktionen zwischen Menschen erfolgen. Gergen spezifiziert die Haltung des Konstruktionismus zusätzlich, indem er die Vorstellung unabhängiger Individuen als »historisches und kulturelles Artefakt« (Gergen 2002, 191) bezeichnet, was gerade die Vorstellung einer konstruktionistisch gemeinsamen Wirklichkeit schwierig machen würde. Dies führt dann zu einer relationalen Sicht der Person.

Solipsismus: Die Welt existiert nur im eigenen Kopf

Gergen reduziert die erkenntnistheoretischen Grundlagen in der philosophischen Tradition auf Idealismus und Materialismus und bezeichnet die idealistische Sicht als überholt, da sie den Solipsismus impliziere, also die Annahme, die Welt existiere nur im eigenen Kopf. Dabei behauptet er, der Solipsismus könne »weder bewiesen noch widerlegt werden« (Gergen 2002, 20). Genau diese Widerlegung hat aber der englische Philosoph David Hume mit seiner Weiterführung des theologischen Solipsismus George Berkeleys im 18. Jahrhundert geleistet.

Materialismus

Ebenso wie den Idealismus charakterisiert Gergen den Materialismus als Angriff auf unser autonomes Selbst, weil er freie und bewusste Entscheidungen als kulturelle Mythen betrachte: »Die Maschine Mensch unterscheidet sich kaum von einem

Roboter. Und daher gibt es aus dieser Sichtweise kaum Gründe, ein menschliches Leben als wertvoller zu erachten als das einer Maschine.« (Gergen 2002, 21) Auch hier schließt Gergen vorschnell. Die Betrachtung unserer Handlungen als rein materiell macht sie damit noch nicht notwendig »oberflächlich« und »bedeutungslos« (Gergen 2002, 277), ebenso wenig wie sich aus dem Wissen um die Evolution noch nicht unser Selbstverständnis ableitet (Spaemann 1984).

Mit der Einteilung in Idealismus und Materialismus kommt Gergen dazu, die philosophische Richtung des Empirismus als »wenig überzeugend« und als »Konkurrenten« (Gergen 2002, 22, 121) zu klassifizieren und übersieht dabei, dass es gerade die empiristische Philosophie ist, die den späteren Konstruktivismus und damit auch die erkenntnistheoretische Grundlage der gesamten Systemtheorie vorwegnimmt.

Sinnliche Wahrnehmungen als Grundlage abstrakter Ideen

Gergen führt weiter an, dass es keine überzeugende Erklärung dafür gebe, wie abstrakte Ideen aus einfachen Wahrnehmungen aufgebaut würden. Genau dies aber zeigt der Philosoph David Hume, indem er (in einem der stärksten Argumente des Empirismus) darauf verweist, dass alles, was wir denken, sich letztlich aus einfachen Ideen zusammensetzt. Ebenso wie sich das geflügelte Pferd Pegasus aus der Kombination der einfachen Ideen »Flügel« und »Pferd« zusammensetzt, so basieren auch sehr abstrakte Ideen wie das »Nichts« oder die »Unendlichkeit« letztlich immer auf sinnlichen Wahrnehmungen, so Humes Argumentation. (Hume 1739) Hume zeigt, dass wir nicht imstande sind, etwas zu denken, was einer sinnlichen Wahrnehmung entbehrt. So denken wir vielleicht beim Nichts an eine weiße Fläche, und die Unendlichkeit können wir nur dadurch fassen, dass wir immer und immer wieder endliche Versatzstücke in unserer Vorstellung aneinanderreihen.

Empirismus: Abschied vom Dualismus

Schließlich fragt Gergen kritisch, wie sich der Empirist aus der eigenen Erfahrung herausbegeben kann, um sicher zu sein, dass es die Welt »da draußen« überhaupt gibt, die zu unseren Wahrnehmungen führt. Gerade aber der Empirismus mündet in seiner konsequenten Form in einer Auflösung von Subjekt und Objekt, Gehirn und Welt. Er löst das Problem, indem er sich »vom Dualismus verabschiedet« (Gergen 2002, 24).

Die Begriffe und die Dinge

Gergen bezeichnet es als die erste Arbeitshypothese des Konstruktionismus, dass »die Begriffe, mit denen wir die Welt und uns selbst verstehen«, sich nicht zwangsläufig »aus dem, was ist«, ergeben. (Gergen 2002, 66) Dieser Gedanke ist nicht neu; er geht auf den philosophischen Nominalismus zurück. Demnach entsprechen den Allgemeinbegriffen, die wir verwenden, keine wahrnehmbaren Dinge. Gergens Behauptungen zum Konstruktivismus und noch vielmehr zum Konstruktionismus fallen so hinter die bereits erfolgte philosophisch geführte Debatte in der Erkenntnistheorie zurück.

Die Positionen von Gergen und Bruner entsprechen noch am ehesten einem erkenntnistheoretischen Solipsismus. Dabei ist der Konstruktivismus resp. implizit der Solipsismus nicht die einzige Erkenntnistheorie, die als grundlegend für die Systemtheorie verstanden wurde. Humberto Maturana etwa sieht für sein systemtheoretisches Konzept der Autopoiese Übereinstimmungen mit der Erkenntnistheorie Immanuel Kants. Diese entspricht keinem Solipsismus, sondern vielmehr einem »transzendentalen«, kritischen Idealismus. Demnach bringen wir bestimmte Anschauungskategorien immer schon mit und »konstruieren« so unsere Welt. Zugleich bleibt aber die Annahme einer von uns getrennt existierenden Wirklichkeit bestehen, einer Wirklichkeit, die wir nicht bis ins Letzte wahrnehmen können.

Schlippe und Schweitzer definieren systemische Erkenntnistheorie nicht als ein System, »das es gibt, sondern als etwas, von dem nur dann sinnvoll gesprochen werden kann, wenn man es in Beziehung zu demjenigen sieht, der es erkennt« (2007, 86). Auch hier wird implizit ein Äquivalent des kantianischen Erkenntnismodells als Grundlage für die Systemtheorie benutzt, da im Solipsismus die Relation von Subjekt und Objekt aufgelöst wird. Inwieweit der »kritische« oder »transzendentale« Idealismus Kants hier vertreten wird, geht aus den Ausführungen allerdings nicht weiter hervor. Die Autoren stellen gängigen Kritiken am Konstruktivismus die These entgegen, dass im Konstruktivismus lediglich die prinzipielle Nichterkennbarkeit der Welt behauptet würde. Diese Aussage setzt aber schon eine Negation im hegelschen Sinne, also ein Erkennen des Nichterkannten voraus, und damit begehen die Autoren den gleichen Fehler, den sie Kritikern vorwerfen. Das Resümee von Schlippe und Schweitzer zum Konstruktivismus kommt einer erkenntnistheoretischen Kapitulation gleich: »Es ist vielleicht sinnvoller, die Frage, ob in unserem Kopf ein Abbild entsteht oder nicht, in den Bereich der unentscheidbaren Sprachspiele zu verbannen.« (Schlippe / Schweitzer 2007, 270)

Man kann auch nicht sagen, dass der radikale Konstruktivismus »auf der Erkenntnis der Theorie autopoietischer Systeme des Neurobiologen Maturana« basiert, wie Steinkellner ausführt. (Steinkellner 2007, 46) Maturana verfolgt, wie er selbst explizit macht, eine Erkenntnistheorie, die dem kritischen Idealismus Immanuel Kants entspricht. Eine »erkenntnistheoretische Position des sozialen Konstruktivismus«, im Sinne »Wir erfinden uns selbst, werden aber auch von anderen erfunden« (Steinkellner 2007, 48), gibt es in dieser Form gar nicht.

Erkenntnistheoretisch entspricht der Konstruktivismus am ehesten dem Solipsismus. Die Wirklichkeit wird hier nicht durch »Kommunikation konstruiert«, wie Steinkellner ausführt, da Wirklichkeit und Sprache sich ontologisch im Solipsismus gar nicht trennen lassen. Auf die Frage nach der Quelle von Erkenntnis wird laut Steinkellner im systemtheoretischen Konstruktivismus verzichtet, vielmehr »wird die Funktionsweise von Systemen vorausgesetzt« (Steinkellner 2007, 56). Damit bliebe aber die erkenntnistheoretische Position der Systemtheorie unbestimmt.

Steinkellners Aussage, der systemtheoretische Konstruktivismus nähme »keinen Bezug zu biologischen Befunden« (Steinkellner 2007, 56), setzt die Systemtheorie selbst schachmatt: Denn die etwaigen evolutionsbiologischen Voraussetzungen für Erkenntnis erfordern eine Klärung, sofern sie für die Bedingungen der Möglichkeit unseres Erkennens von Bedeutung sind.

Um wirklich von »systemischer Erkenntnistheorie« (Steinkellner 2007, 32) zu sprechen, ist es sinnvoll, auch in den philosophischen, erkenntnistheoretischen Diskurs einzutreten.

Reduktion von Komplexität

Man kann dem Konstruktivismus – wie jedem Versuch, die Zweiteilung von Mensch und Umwelt aufzuheben – entgegenhalten, dass dies immer notwendig zum Reduktionismus führt und damit, wie Robert Spaemann ausführt, letztendlich »zum Scheitern verurteilt« ist. (Spaemann 1987, 179) Der Konstruktivismus reduziert die Komplexität unserer Lebenswirklichkeit; und es stellt sich die Frage, ob wir den Komfort der reduzierten Komplexität zulasten von Erklärungschancen wollen. In der Lehre des Konstruktivismus zeigt sich somit ein typisches Problem, das allen reduktionistischen Theorien eigen ist. Je einfacher Theorien werden, umso mehr Verbreitung mögen sie finden, aber umso mehr entfernen sie sich auch von der (zugegebenermaßen unterstellten) komplexen Realität. (Riedl 1987)

Das Denken und das Sein

Die konstruktivistische Sicht, die erkenntnistheoretisch in irgendeiner Spielart des Solipsismus mündet, findet nicht nur philosophisch ein unlogisches Ende. Auch die modernen neurophysiologischen Erkenntnisse sprechen dagegen. Diese zeigen, wie das Gehirn und seine geistigen Phänomene sich nur aus der gesamtmenschlichen strukturellen und funktionellen Organisation verstehen lassen, mit anderen Worten, aus der Wechselwirkung des Organismus mit seiner Umwelt: »Wir sind, und dann erst denken wir, und wir denken nur insofern, als wir sind, da das Denken nun einmal durch die Strukturen und Funktionen des Seins verursacht wird.« (Damasio 2007, 18, 329) Weitet man den Blick evolutionär aus, so zeigen sich die biologischen Bedingungen für die Entwicklung unserer geistigen Strukturen als prägend, während der Konstruktivismus diese Rückgriffe auf andere Bedingungen als seine eigenen ausschließt.

Welche Erkenntnistheorie als Grundlage systemtheoretischer Erklärungen?

Bernd Runde weist zu Recht darauf hin, dass der Konstruktivismus in den 1980er-Jahren als »simplifizierte … revolutionäre epistemologische Heilslehre« auf der Basis der kantianischen Erkenntnistheorie entstand und die Argumente des Konstruktivismus den naiven Realismus, wie er etwa in der evolutionären

Erkenntnistheorie formuliert wurde, nirgendwo infrage stellen. (Runde 2004, 122) Leider versäumt Runde es, eine genauere Begründung für seine These zu geben, und deshalb bleibt in unserem Zusammenhang zu klären, welche Form von Erkenntnistheorie als Grundlage systemtheoretischer Erklärungen genommen werden kann. Dies hängt natürlich auch davon ab, welches systemtheoretische Modell man verfolgt.

In einem interdisziplinären Verständnis von Systemtheorie, das sich auch auf die evolutionsbiologischen Grundlagen stützt, kann die Biologie nicht ihrerseits wiederum konstruktivistisch aufgefasst werden. Oder wie Paul Feyerabend (2007) es einmal ausdrückte: Rationalität ist eine Tradition von vielen und kein Standard, an den sich Traditionen anzupassen hätten. Demnach können wir sagen, im systemisch evolutionären Sinn ist der Konstruktivismus biologisch geworden und die Evolutionsbiologie kann demnach nicht sein Konstrukt sein.

Zusammenfassung

- Auch Gesellschaftssysteme werden systemisch als komplexe Systeme mit eigenen, konstruierten sozialen Realitäten charakterisiert. Obwohl sie in Austausch miteinander und mit der Umwelt stehen, können sie als geschlossene Systeme mit eigenen Spielregeln verstanden werden, die Störungen von außen entgegenarbeiten. Die Spielregel der Konkurrenz beispielsweise dient dabei als ökonomisches Konstrukt innerhalb struktureller Kopplungen, das nur aufrechterhalten werden kann, wenn die Erwartungen der einzelnen Akteure den Spielregeln entsprechen; und je loser die Kopplungen sind, umso stabiler sind die Systeme.

- Konstruktivismus und Konstruktionismus gelten heute als erkenntnistheoretische Grundlage der Systemtheorie, allerdings zu Unrecht. Der Konstruktivismus kann dem Anspruch an eine Erkenntnistheorie nicht genügen und auch nicht eindeutig auf eine erkenntnistheoretische Richtung zurückgeführt werden. Sowohl die Rückführung auf eine solipsistische als auch die auf eine kritisch-idealistische Position wären darüber hinaus nicht widerspruchsfrei in der Systemtheorie zu denken. Widerspruchsfrei lässt sich nur die empiristische Philosophie denken. Versteht man unsere Erkenntnis als evolutionsbiologisch entstandenes Vermögen, wie uns auch die neurobiologische Forschung nahelegt, so muss das auch für die Systemtheorie gelten. Sie kann dann die Evolution nicht ihrerseits zum Konstrukt erklären.

6. Lernen, Lehren, Coaching

Passant: »Wo geht's denn hier zum Bahnhof?«
Therapeut: »Ich weiß natürlich, wo der Bahnhof ist. Aber ich denke, dass es besser für dich ist, wenn du es selbst herausfindest.«

Lernende und Lehrende

Selbstorganisation beim Lernen

Auch in der Lernforschung, der Pädagogik und in der Erwachsenenbildung hat die Theorie der Selbstorganisation große Wellen geschlagen. Während man früher vom »Trichtermodell« ausging, bei dem möglichst viel Stoff in den Lernenden »eingefüllt« werden sollte, hat sich insbesondere die Systemtheorie bei der Entwicklung hin zu einem lustvolleren, spannenderen und auch weitaus effektiveren Lernen verdient gemacht. Dieses Verständnis hat zur Förderung individueller Lernprozesse geführt und wurde beispielsweise durch die Arbeiten von Johann Heinrich Pestalozzi, Maria Montessori oder auch Jean Piaget populär.

Verbesserungen in Schulen, Universitäten und Betrieben

In der Folge hat das nicht nur zu veränderten, interaktiven und selbstorganisierten Lernprozessen an (Hoch-)Schulen oder in der Erwachsenenbildung geführt. Auch Unternehmen haben ihre betriebliche Weiterbildung sowie innerbetriebliche, eigeninitiative Verbesserungszirkel danach ausgerichtet. Hat man verstanden, wie Lernen effektiv vonstatten geht, so sollte sich in der Folge auch die Lehrdidaktik diesen Erkenntnissen anpassen. Lehren ist nicht mehr die Vermittlung der immer gleichen Inhalte auf die immer gleiche Weise, sondern das Vertrauen auf einen individuellen Lernweg und eine individuelle Lerngeschwindigkeit.

»Aktives Lehren« wird damit zu einem Oxymoron, oder wie Isaac Asimov es ausdrückte: »Self-Education is, I firmly believe, the only kind of education there is.« Der selbstorganisatorische Ansatz im Lernen hat auch deshalb so eine hohe praktische Relevanz in der globalisierten Welt, weil dezentrale, »virtuelle Klassenzimmer« Bildung an jedem Ort und zu jeder Zeit ermöglichen, was insbesondere für Dritte-Welt- oder Schwellenländer hochinteressant sein kann. (Kurzweil 2006)

Das humboldtsche Bildungsideal

Schon der Soziologe Niklas Luhmann hat darauf hingewiesen, dass eine einheitliche Lese- oder Schreibdidaktik nicht zielführend sein kann, wie sich anhand individueller Fehlerursachen wissenschaftlich zeigen lässt. (Luhmann 2002) Wilhelm von Humboldt propagierte schon am Ende des 18. Jahrhunderts die individuelle menschliche Bildung um ihrer selbst willen, jenseits von Nützlichkeitsüberlegungen mit Blick auf einen späteren Beruf. (Humboldt 1988) Gerade den Wert der Hochschulbildung sieht Humboldt nicht in einem bestimmten Ziel, das mit der Vermittlung bestimmter Inhalte oder gar mit einer bestandenen Prüfung erreicht wäre. Dies liegt daran, dass er keinen externen Maßstab an den Lernenden anlegen will, ein Kennzeichen der Reife lasse sich von außen gar nicht bestimmen. Humboldt sieht allein die Tatsache, dass ein Lernender eine bestimmte Anzahl von Jahren dem wissenschaftlichen Denken in geeigneter Umgebung widmet, als notwendig für den Lernerfolg an. Wenn uns das heute nicht mehr effektiv erscheinen mag, so kann das auch daran liegen, dass wir dem Gedanken an motiviertes, selbstorganisiertes Lernen, so wie Humboldt das noch tat, kein Vertrauen mehr schenken.

Lernen im systemischen Sinne »wäre dann nicht mehr Anpassung an eine bestimmte Form, in die das vorhandene Wissen gebracht worden ist, sondern die Bildung lebendiger Beziehungen zu einer vielfältigen und in vielen Formen erfahrbaren Realität, es wäre schöpferisches Spiel mit dieser Realität« (Jantsch 1992, 382). Wissenschaft gestaltet sich so als »Kreisprozeß, der nicht in einem Absoluten, sondern in sich selbst verankert ist« (Jantsch 1992, 390). Auf diese systemische Weise fallen subjektives und objektives Wissen zusammen.

Im traditionellen Verständnis von Erziehung ging es darum, Glauben und Meinung durch Fakten und logisches Denken zu ersetzen. Wissen wurde von Autoritätspersonen, letztendlich also von Wissenschaftlern und Lehrern, produziert und verteilt – letztlich wurde auf diese Weise »Wahrheit« definiert. Schüler und Studierende wurden mehr oder weniger als passive, leere Gefäße betrachtet, die diese Informationen aufnehmen sollten.

Traditionelles Verständnis von Bildung

Heute wissen wir, dass diese Sichtweise sowohl Kreativität als auch Innovationsfähigkeit hemmt. Doch gerade diese Fähigkeiten werden für Unternehmen und Gesellschaft in der Zukunft essenziell sein. Systemisches Lernen fördert Reflexivität, Hinterfragen und Alternativenbildung. Die Lernenden werden in die Gestaltung des Lehrplans eingebunden. Sie werden aufgerufen, eigene Erfahrungen zu aktivieren, aktiv Informationen zu sammeln und eigene Schlussfolgerungen und Urteile zu entwickeln.

Heute essenziell: Kreativität und Innovationsfähigkeit

Wiewohl bereits der traditionelle Bildungsanspruch durchaus mit der Forderung nach Kritikfähigkeit und eigenständigem Denken einhergehen konnte, lässt sich dieser Prozess durch moderne, aktive Lernmethoden erheblich unterstützen. Gruppenarbeit, Selbstorganisation oder die Ablösung des Monologs durch Dialoge verweisen auf die Lernkultur der Zukunft.

Kritikfähigkeit und eigenständiges Denken

In dem Maße, in dem Bildung nicht mehr als Vermittlung eines objektiven, realen Lernstoffs verstanden wird, sondern als personenbezogene Lern- und Bildungswirklichkeit, die wir anerkennen und fördern sollten, werden sich auch unsere Bildungsinstitutionen verwandeln. Der traditionelle »Supermarkt« vielfältiger Bildungsprodukte mit passiven Angebotsprodukten wird so zum interaktiven Lernspielplatz, wo Lernende sich aktiv einbringen. Dies wird auch Flexibilität von den Lehrenden verlangen. Lernende und Lehrende begeben sich so zusammen auf neue Wege des »schöpferischen Austauschs« (Gergen 2002, 228).

Konkret kann dies bedeuten, wie Gergen anhand seiner eigenen Hochschullehrertätigkeit beschreibt, traditionelle Semesterroutinen durch selbst gewählte, schöpferische Beiträge

Verlust des Maßstabs für die Leistungsbewertung

der Studierenden zu ersetzen. Gergen bescherte dies eine Flut an »Videoprojekten, ... Gemälden und Collagen, Tonaufnahmen, ... Dramen, Gedichten, Tänzen« (Gergen 2002, 238). Die damit einhergehende Herausforderung sieht er selbst ganz klar, nämlich als Verlust eines gängigen Beurteilungsrahmens, also eines für alle verbindlichen Standards. Wie eine gerechte Beurteilung von Leistung dann noch möglich ist, bleibt zunächst offen. Wir brauchen also nicht nur ein völlig neues Verständnis von Lernen und Bildung, sondern ebenso ein neues Verständnis von Leistung und Beurteilung.

Jean Piaget

Auch der Schweizer Entwicklungspsychologe Jean Piaget entwarf ein Konzept systemischer Pädagogik. Er wies darauf hin, dass wir in unserem menschlichen Reifeprozess nicht feste Regeln übernehmen, sondern vielmehr durch eigene Bemühungen und persönliche Erfahrungen unseren Weg entdecken wollen und auch sollen, sofern die Gesellschaft von der jeweils neuen Generation nicht nur Nachahmung des Alten, sondern eine bessere Welt erwartet.

Damit dies gelingen kann, muss der Lehrer die selbst gewählten Lösungswege unterstützen und »gegebenenfalls mit mäeutischen Fragen nach Art des Sokrates den Lösungsversuchen der Kinder in die richtige Richtung ... verhelfen« (Piaget 1999, 139f.). Piaget kommt aufgrund seiner entwicklungspsychologischen Beobachtungen zu einem Verständnis von Erkenntnis, dem zufolge Erkenntnis in ihrer Eigengesetzlichkeit erst im Wachstumsprozess entsteht. Erkenntnis baut sich von den frühesten Lebenstagen an vor allem durch eine aktive, konstruktive Rolle des individuellen Subjekts auf. (Fatke 2003) Die Außenwelt wird nicht mehr als vom Subjekt abgetrennt verstanden, da Erkenntnisvermögen oder Intelligenz als unsere eigenen Konstrukte zu verstehen sind.

Individuelle Lerngeschwindigkeiten

Die Eigengesetzlichkeit in der kindlichen Entwicklung führt demgemäß zu der praktischen Überzeugung individueller Lerngeschwindigkeiten innerhalb der Entwicklungsstufen. So gibt es für alle Lernenden eine optimale Geschwindigkeit, die Ordnung, Stabilität, Struktur etc. aus den jeweiligen Übergangsstadien entstehen lässt. Sowohl eine zu hohe als auch eine zu niedrige Lerngeschwindigkeit können die Fähigkeit interner Verknüpfungen zu neuen Organisationen beeinträchtigen. Piaget wählt in seiner Sprache bewusst Ausdrücke aus der Biologie, um den Zusammenhang seiner psychologischen Auffassung mit systemischer Selbstorganisation deutlich zu machen. (Piaget 2003)

Aktives Lernen

Das Bild aktiven Lernens, das Piaget auf den Weg brachte, wird heute von der Forschung immer mehr bestätigt und vertreten. Während die traditionelle Entwicklungspsychologie von einer relativ passiven Rolle des Kindes ausging, das durch die Umwelt und die Eltern geprägt wurde, hält etwa das Modell der kindlichen »Ressourcenakquisestrategie« Kinder für »makers of their own development« (Brandstätter 1985). Eine einseitige Prägung durch die elterlichen Einstellungen und Verhaltensmuster lässt sich nicht mehr halten. Kinder bringen vielmehr aufgrund ihrer jeweiligen Disposition immer schon Antriebe mit, die sie in ihrer Familie mittels »Versuch und Irrtum« aktiv testen. (Osten 2008; Lewontin 2002) Viele empirische Studien stützen heute die Aussage, dass Lernen gerade dann am besten gelingt und die Halbwertszeit von Wissen auch am längsten anhält, wenn Lernen nicht von außen erzwungen wird und eigene Motivation vorhanden ist. (Goleman 2007)

Maria Montessori

Auch die Entwicklungspsychologie Maria Montessoris steht in der systemtheoretischen Tradition. Im Sinne eines freien, selbstorganisatorischen Arbeitens und eines offenen Unterrichts hilft der Lehrer dem Kind, selbst tätig zu werden. Der Fokus auf die Individualität des Kindes verbietet dabei den Vergleich eines Menschen anhand von standardisierten Maßstäben. Auch Belohnung und Strafe werden als externe Motivatoren abgelehnt. Vielmehr vertraut die Montessori-Pädagogik darauf, dass jedes Kind selbst motiviert ist zu lernen, und konzentriert sich demgemäß auf die Bedürfnisse und Talente der Kinder.

Wie auch bei Piaget wird die individuelle Lerngeschwindigkeit berücksichtigt, indem die selbstständige Steuerung des Lernprozesses zugelassen und unterstützt wird. Durch das Ausleben des eigenen Rhythmus werden Selbstvertrauen und Selbstständigkeit gestärkt und dies unterstützt wiederum den Lernerfolg. Montessori plädiert für ein Maximum an Freiheitsspielraum und ein Minimum an notwendigen Grenzen. Das oftmals von Kritikern unterstellte Chaos stellt sich dabei praktisch nie ein, vielmehr führt diese Didaktik zur Entstehung selbstorganisierter Ordnung, die sich nicht mehr auf die Anwesenheit eines autoritären Über-Ichs gründet: »Unser Lehrer kann die Klasse verlassen, und man wird keine Veränderung bemerken, denn die Ordnung dieses Lebens hat nicht der Lehrer geschaffen«, sie ist vielmehr »ein Werk der Kinder«. (Montessori 2009, 23)

Coaching

Erwachsenenbildung, Personalentwicklung, Coaching

So weit entfernt die Beispiele systemischen Denkens in der Pädagogik zunächst von der betrieblichen Realität scheinen, so sehr haben sie die Erwachsenenbildung, die Auffassung selbstverantwortlicher Personal- und Organisationsentwicklung wie auch die Führungskräfteberatung beeinflusst. Auch hier zeigt sich systemisches Coaching als hocheffizient und damit für den Unternehmensalltag als zeit- und kostengünstige Methode, beispielsweise im Vergleich zu psychoanalytischen Verfahren.

Entwicklung einer lösungsorientierten Systemtherapie

Die Zukunfts- und Lösungsorientierung, die sich aus der amerikanischen Systemtherapie entwickelt hat (de Shazer 1991), lässt sich wahrscheinlich aus der Geschichte der amerikanischen Einwanderung erklären. Sie führte zu einem Bruch mit Traditionen und dem Fokus auf die Gegenwart und die zukünftigen Möglichkeiten, während im »alten« Europa der Beschäftigung mit der Vergangenheit immer eine hohe Bedeutung zugemessen wurde. Zur Tendenz der Amerikaner, das Augenmerk auf Prozess und Wandel zu legen, passt die Orientierung an »Time is money«; und dieser kulturelle Kontext gab damit den Nährboden für eine effiziente, günstige und lösungsorientierte Systemtherapie ab: »Things have to be done fast in America, and therefore therapy has to be ›brief‹.« (Ruesch / Bateson, zit. nach: Simon 2005, 41)

Schnelle und kostengünstige Erfolge

Systemisches Coaching hat gegenüber Beratungsmethoden, die auf traditioneller Psychotherapie fußen, den Vorteil, dass es für Unternehmen schnell und vergleichsweise kostengünstig Erfolge zeitigt. Dies liegt an der Zukunfts- und Lösungsorientierung des systemischen Coachings, das sich nicht mit den Entstehungsbedingungen eines Problems in der Vergangenheit aufhält. Der Kerngedanke ist hier, dass die Analyse des Problems nicht notwendigerweise mit der Lösung zusammenhängen muss. Laut Steve de Shazer ist es »ein großer Irrtum der Psychotherapie, zu vermuten, dass zwischen einem Problem und seiner Lösung ein Zusammenhang bestehe. Im Gegenteil, es zeigt sich, dass der Prozess der Lösung sich von Fall zu Fall stärker ähnelt als die Probleme, denen die Intervention jeweils gilt.« (Schlippe/Schweitzer 2007, 35)

Ein systemischer Coach sieht den Klienten als Experten für die Problemlösung. Er vertraut darauf, dass der Klient im Besitz aller notwendigen Ressourcen zur Lösung ist, sie aber momentan nicht zur Verfügung hat. Das Problem wird dort gelöst, wo es entstanden ist, nämlich im Klienten-»System«. Systemisches Denken fokussiert die Zukunft, wohingegen »gespeicherte Ursachenkarten« in Form von Bezugssystemen, Weltbildern oder Werten unsere Wahrnehmung und unser Handeln fixieren. Weick (1985) empfiehlt deshalb humorvoll, das Gedächtnis als »Feind« zu betrachten, eine Auffassung, die der Systemtheorie nicht nur in psychologischer Sicht entspricht. Auch erkenntnistheoretisch können wir nicht von einer stabilen Identität ausgehen, wie wir noch sehen werden. Im ständigen Veränderungsprozess unseres Seins lässt sich kein dauerhaftes »Ich« auffinden.

»Therapie ohne hörbare Antworten«

In einer neutralen, zurückhaltenden, bewertungsfreien und nicht wissenden Haltung unterstützt nun der systemische Coach die Führungskraft bei ihrer Veränderung. Bei der »Therapie ohne hörbare Antworten« (Sparrer 2006) genügt es, wenn der Coach der Führungskraft Fragen stellt, und diese gibt ihrem Coach zu verstehen, wenn sie die Frage für sich selbst beantwortet hat. Der Coach muss die Antwort inhaltlich nicht kennen, er vertraut auf die Selbstlösungskompetenz der Führungskraft. Im systemischen Coaching definiert der Manager selbst sein Entwicklungsziel, der Coach begleitet ihn nur auf seinem Weg.

Auch die systemische Methode der »invarianten Verschreibung« arbeitet ohne zielgerichtete Intervention des Coachs. Allen wird dieselbe Aufgabe gegeben, unabhängig von der Konfliktlage: »Die Verordnung unterbricht offenbar das laufende Spiel, ohne dass es für den Therapeuten notwendig ist, zuvor zu verstehen, welches Spiel abgelaufen ist.« (Schlippe / Schweitzer 2007, 33) Wie bei der »Therapie ohne hörbare Antworten« versteht der Coach sein Handeln als »Förderung selbstorganisatorischer Prozesse« (Schiepek 2004, 256).

Zirkuläre Fragen

Der Gedanke der systemtheoretischen Vernetzung findet insbesondere in der Familientherapie Anwendung, wo davon ausgegangen wird, dass die Symptome erst zu verstehen sind, wenn alle Familienmitglieder einbezogen werden. Und nur dann könne an einer Veränderung gearbeitet werden. Wenngleich sich im betrieblichen Coaching der reale Einbezug von beteiligten Mitarbeitern und Kollegen der Führungskraft in den meisten Fällen aufgrund von Vertraulichkeit verbieten wird, so erlaubt doch die Methode des zirkulären Fragens ein analoges Vorgehen, um das Umfeld miteinzubeziehen.

Perspektivenwechsel und Einfühlung in andere

Damit werden auch die Perspektiven der Umwelt in den Blick genommen; die Führungskraft selbst entwirft Hypothesen, wie andere über bestimmte Personen oder Sachen denken könnten. Ziel ist es dabei, dass die Führungskraft lernt, sich auf einen Perspektivenwechsel innerhalb des Systems einzulassen und damit die (Gefühls-)Lage anderer Beteiligter nachzuempfinden. Diese Technik des zirkulären Fragens kann so als »konsequente methodische Umsetzung systemischer Erkenntnistheorie« (Schlippe / Schweitzer 2007, 32) verstanden werden, weil sie versucht, über die konstruktivierten Grenzen der Eigenwahrnehmung hinauszugehen.

Außer zirkulären Fragen können auch vorhandene Feedbackinstrumente – etwa das 360-Grad-Feedback – genutzt werden, um den Abgleich von Eigen- und Fremdwahrnehmung zu gewährleisten. Die Veränderungskraft zirkulärer Fragen hat sich dabei als so stark erwiesen, dass sie zu einer zentralen Methode systemischen Arbeitens wurden und beispielsweise die paradoxe Intervention in den Hintergrund treten ließen. Bei der paradoxen Intervention versucht der Coach, festgefahrene Verhaltensmuster aufzulösen, indem problematisches Verhalten gerade bewusst »verschrieben« wird.

Paradoxe Intervention

Trotz ihrer Veränderungswirkung wird die paradoxe Intervention heute seltener angewandt, dafür bewusster und gezielter. (Schlippe / Schweitzer 2007; Mingers 1996) Das mag im betrieblichen Kontext auch daran liegen, dass paradoxe Interventionen kritische Folgen haben können. Führungskräfte riskieren, dass ihr paradoxes Verhalten von Mitarbeitern falsch, ironisch oder zynisch verstanden wird. (Steinkellner 2007)

Auch in arbeitsrechtlicher Hinsicht oder bezogen auf Performance-Management-Evaluationen können paradoxe Interventionen für Führungskräfte sehr problematisch werden. Haben Mitarbeiter ihre Ziele nicht erreicht, könnten sie den Führungskräften vorwerfen, doch selbst Anweisungen gegeben zu haben, die dem Ziel zuwiderliefen. Die Führungskraft kann sich nicht damit herausreden, eigentlich nur eine Veränderung angestoßen haben zu wollen. Von einer Führungskraft erwarten Unternehmen und Mitarbeiter transparente Formulierungen von Leistungsvorgaben.

Die Wunderfrage

Ein anderer typischer Ansatz in der systemischen Beratung ist die sogenannte Wunderfrage: Die Führungskraft soll sich ausmalen, wie sie nach einem erfolgten Wunder eine Lösung ihres Problems im Alltag feststellen würde. Aus der Analyse der für diese Realisierung notwendigen Schritte plant die Führungskraft ihr weiteres Vorgehen bzw. ihre weitere Sichtweise auf das Problem.

Die Amerikanerin Virginia Satir gilt als eine wesentliche Gründungsgestalt der systemischen Therapie und Beratung. Auf der Basis ihrer Arbeit haben sich Ansätze wie Familienaufstellung oder auch das »Reflecting Team« (vom norwegischen Sozialpsychiater Tom Andersen begründet) weiterentwickelt. Führungskraft und Coach tauschen dort ihre Plätze und der Coach spiegelt seine Eindrücke vom Coaching. Ziel ist es dabei, das Vorgehen und die Interventionen des Coachs kritisch zu hinterfragen, indem ein alternatives beobachtendes System installiert wird.

Veränderung als Normalfall

Lebende Systeme sind prozesshaft zu verstehen und nicht statisch. Demnach ist die Kernfrage in der systemischen Therapie nicht: Wie schaffen es Menschen, sich zu verändern? Sondern: Wie schaffen es Menschen, sich *nicht* zu verändern? Wie kommt es dazu, dass ein Problem sich nicht im Laufe der Zeit auflöst, sondern dauerhaft wird? (Schlippe / Schweitzer 2007)

Systemisches Coaching im Management

Systemisches Coaching ist gerade auch deswegen so interessant fürs Management, weil die angewendeten systemischen Methoden ihren praktischen Erfolg bewiesen haben. Anders als der systemische Coach kann sich aber der systemische Manager nicht darauf beschränken, Hypothesen aufzustellen oder systemische Interventionen anzuwenden. Er muss auch Zielvorgaben einhalten. Während die Führungskraft vom Coach dabei unterstützt wird, Probleme zu lösen, deren Teil sie immer auch selbst ist, müssen Mitarbeiter auch bei Problemen helfen, an deren Verursachung sie selbst nicht beteiligt waren. Dem systemischen Manager kann es nicht genügen, das »System« Mitarbeiter zu verstören, zum Nachdenken anzuregen etc. Im Sinne sokratischer Mäeutik muss die Führungskraft zwar nicht selbst die Lösung vorlegen, sie ist aber in ihrem eigenen Interesse an der Lösungsintention des Mitarbeiters beteiligt.

Auch in der Organisations- und Veränderungsberatung hat sich systemisches Denken heute erfolgreich in Unternehmen etabliert. Organisationsprozesse werden als Probleme komplexer sozialer Systeme verstanden, die nicht isoliert voneinander betrachtet werden können. Veränderungsprozesse in Unternehmen sind aber auch dazu prädestiniert, aufgrund der zunächst entstehenden Ordnungslosigkeit Angst hervorzurufen, und diese Angst vor neuen Strukturen erzeugt bei Mitarbeitern nicht selten Widerstand.

Die Angst vor Neuem ist dabei zwar grundsätzlich in uns angelegt, wie der Psychologe Jürgen Kriz ausführt: »Es liegt nämlich nahe, dass in einer Welt, in der nichts ›ist‹, sondern ständig nur Neues ›geschieht‹, die wir als eine Abfolge von Einmaligkeiten *erleben* würden, der Mensch vor Angst schier vergehen würde.« (Kriz 2004, 18) Es ist demnach nur verständlich, wenn bei anstehenden Umstrukturierungsprozessen in Unternehmen, die keine verlässlichen Vorhersagen über ihren Ausgang zulassen, beteiligte Mitarbeiter ihre Kräfte mobilisieren, um diesem Strukturverlust entgegenzuwirken.

Die Angst vor Neuem

Systemische Veränderungsberatung zielt deshalb darauf ab, die Ordnungslosigkeit so zu begleiten, dass die Beteiligten ein Vertrauen darauf entwickeln, selbst neue und tragfähige Strukturen herstellen zu können, ohne lediglich kurzfristige Ordnungsideologien zu suchen, die der Angstabwehr entspringen. Während in der systemischen Therapie die Evaluation der Maßnahme durch den Klienten selbst vorgenommen werden kann (Schlippe / Schweitzer 2007), kann sich Coaching im Unternehmenskontext damit nicht begnügen und muss auf vorhandene Performance-Management-Systeme zurückgreifen, beispielsweise auf das 360-Grad-Feedback.

Trotz der unleugbaren Effizienz und der großen Verbreitung systemischer Beratung im Führungskräftecoaching kann man die Grenzen systemischer Arbeit möglicherweise dort sehen, wo sie für nicht alltägliche, schwerwiegende und langfristige Störungen nicht ausreichen mag (Gergen 2002), auch wenn dieser Nachteil in Unternehmen wohl nur selten zu Buche schlägt.

Grenzen systemischer Beratung

Die philosophische Hebamme

Sokrates, das Urgestein unserer abendländischen Philosophie, ist auch ein Vordenker der Systemtheorie. Ähnlich wie Protagoras hat er systemisches Denken vorbereitet, allerdings noch nicht systematisch zu Ende gedacht. Sokrates ist aber auch deshalb für die Systemtheorie so interessant, weil seine »Mäeutik«

Die sokratische Mäeutik

(griech. = Hebammenkunst) – die darauf zielt, einem Schüler durch geschicktes Fragen zu Erkenntnis zu verhelfen – bereits viele didaktische Ideen andenkt, die später in der systemischen Beratung nutzbringend aufgegriffen wurden.

Sokrates' berühmter Ausspruch »Ich weiß, dass ich nichts weiß« wurde zu Recht mit der neutralen Haltung des systemischen Coachs in Verbindung gebracht. Die sokratische Fragetechnik bringt im Befragten ein Wissen hervor, das immer schon in ihm gesteckt hat; der Fragende übernimmt dabei die Rolle einer Hebamme. Sokrates will nicht Nichtwissen aufdecken, während er selbst die Antwort kennt, denn das würde die Befragten brüskieren. Er versucht vielmehr, mithilfe seiner Fragetechnik herauszufinden, ob die Befragten selbst über Wissen verfügen. Da sich oft herausstellt, dass die Befragten nicht das Wissen haben, das sie zu haben glauben, endet die Befragung meist in einer Aporie.

Durch Fragen lehren

Sokrates hat den Befragten voraus, dass er sich zumindest darüber im Klaren ist, über kein Wissen des untersuchten Gegenstandes zu verfügen, was wiederum dennoch als Wissen gewertet wurde (die sogenannte sokratische »Ironie«). Diese pädagogische Methode des Sokrates – von Aristoteles beschrieben mit: »Sokrates fragte nur, aber er antwortete nicht« (Aristoteles 1922, 66) – führte später zu einem pädagogischen Verständnis, in dem der Lehrer dem Schüler nicht die fertigen Ergebnisse vorträgt, sondern ihn durch Fragen dahin führt, die Ergebnisse aus eigener Einsicht zu gewinnen.

Es ist offen, ob Sokrates selbst über Wissen verfügte, aber aufgrund eines pädagogischen Kunstgriffs Nichtwissen vortäuschte, oder ob er das Wissen selbst auch nicht hatte. Wenn man davon ausgeht, dass die zweite Ansicht richtig ist (Martin 1967), muss man sich allerdings fragen, wie zielgerichtetes Fragen möglich ist, ohne jeglichen eigenen Standpunkt. Wie ist es denkbar, dass Sokrates die Antworten der Befragten prüft, ohne selbst eine prüfende Position zu haben, von der aus die Stellungnahme getroffen wird?

Platon und Aristoteles jedenfalls hielten ihn keineswegs für unwissend. Platon nennt ihn an Einsicht nicht zu übertreffen, Aristoteles rühmt sein methodisches Wissen. Und Sokrates selbst bezeichnet sich in der Verteidigungsrede vor Gericht, das ihn zum Tode verurteilen wird, als den weisesten aller Griechen. (Platon, *Phaidon;* Aristoteles, *Metaphysik*)

Schlagen wir den Bogen zurück zur systemischen Beratung, beispielsweise zur »Therapie ohne hörbare Antworten«: Die Mäeutik des Fragens kann zwar inhaltlich unbestimmt bleiben, die Fragetechnik selbst aber schließt immer schon eine Zielgerichtetheit mit ein. Im sokratischen Sinne würde der systemisch-mäeutische Coach der Führungskraft sagen: »Ich weiß, dass du die Lösung weißt, und ich führe dich zielgerichtet dorthin.«

Zusammenfassung

- Die Lernforschung zeigt, dass selbstorganisatorisches, interaktives Lernen schon heute große Erfolge erzielt. Es wird im Rahmen globalisierter, virtueller Lernräume zunehmend Bedeutung erlangen. Ordnung, die sich in selbstorganisatorischen Gruppen bildet, ist nicht nur beständig, sondern kommt auch ohne die Kontrollfunktion externer Autoritäten aus. Denkt man das Konzept systemischen Lernens konsequent weiter, so wird man zum einen auf externe Maßstäbe verzichten und zum anderen auf zweckfreie, funktionsfreie Bildung setzen.

- Die »leblose« und standardisierte Bildungsware wird ad acta gelegt, stattdessen begeben sich Lehrende und Lernende im schöpferischen Dialog auf einen gemeinsamen Weg des Austausches. Dieser Weg ist stets ein individueller, mit individuellem Zugang und Lerngeschwindigkeit sowie maximal möglichem Freiraum der Gestaltung. Damit geht die Notwendigkeit einher, neue Formen von Leistungsmessung und -beurteilung zu finden.

- Die Abkehr von einer allzu funktional verstandenen (Berufs-) Ausbildung scheint vor dem Hintergrund einer sich immer schneller verändernden Wissensgesellschaft und der immer kürzeren Halbwertszeit von Wissen wenig erschreckend. Entscheidend für den zukünftigen wirtschaftlichen und technischen Erfolg von Unternehmen wird die Lern- und Veränderungsfähigkeit ihrer Mitarbeiter sein. Relevant wird sein, ob man gelernt hat, wie man lernt.

- Im Unternehmenskontext erweist sich die systemische Beratung als hocheffizient, da sie zukunfts- und lösungsorientiert und gleichzeitig kostengünstig ist. Im Sinne einer Hilfe zur Selbsthilfe begleitet der Coach die Führungskraft, ohne inhaltlich involviert zu sein. Systemisches Coaching im Rahmen von Organisationsentwicklung geht nicht davon aus, dass Veränderungsfähigkeit und Veränderungswille von außen an die Organisation herangetragen werden müssen, sondern immer schon vorhanden sind. Der systemische Change-Manager begleitet Organisationen dabei, selbst immer wieder neue tragfähige Ordnungen zu finden.

7. Wer wir sind

»Wieder bin ich, wie damals mit sieben Jahren, der Reisende ohne Fahrkarte: der Schaffner ist in mein Abteil gekommen und schaut mich an, weniger streng als einst. Er möchte am liebsten wieder hinausgehen, damit ich meine Reise in Frieden beenden kann; ich soll ihm nur eine annehmbare Entschuldigung sagen, ganz gleich welche, dann ist er zufrieden. Unglücklicherweise finde ich keine und habe übrigens auch keine Lust, eine zu suchen. So bleiben wir miteinander im Abteil, voller Unbehagen, bis zur Station Dijon, wo mich, wie ich genau weiß, niemand erwartet.«

JEAN-PAUL SARTRE, *DIE WÖRTER*

Kognitionsforschung und künstliche Intelligenz

Um die Funktionsweise unseres eigenen Gehirns bzw. unsere Vorstellungen davon zu verstehen, ist es hilfreich, einen Umweg über die Kognitionsforschung und die Forschung zur künstlichen Intelligenz zu nehmen. Denn in der Art und Weise, wie wir versuchen, künstliche Intelligenz in Analogie zur menschlichen Intelligenz zu schaffen, zeigt sich auch, wie wir unser eigenes Denken verstehen.

Nachahmung biologischer Prozesse

Die Forschung zur künstlichen Intelligenz (KI) ahmt biologische Prozesse nach, und zwar insbesondere die Funktionsweisen von Selbstorganisation und Selbstreplikation. Dieses KI-Design wird auch Bottom-up-Ansatz genannt. (Kurzweil 2006) Die Künstliche-Intelligenz-Forschung zeigt, dass die Berücksichtigung von emergenten, selbstorganisatorischen Prinzipien in Verbindung mit Hochgeschwindigkeitstechnologie hervorragende Ergebnisse bringt.

Selbstorganisation bei Computern

Die Idee der Selbstorganisation scheint inzwischen auch bei Computern verbreiteter zu sein, als es zunächst den Anschein hat. Software, Videospiele, Kaufberatungssysteme, Suchmaschinen, Stimmerkennung – emergente Systeme sind längst zur praktischen Anwendung geworden, mit noch ungeahnten Entwicklungsfolgen. Wir befinden uns in der Mitte des Informationszeitalters und steuern auf eine schier unbegrenzte Vernetztheit lebender und unbelebter Systeme zu. Die Frage scheint deshalb berechtigt, ob diese Systeme, wie etwa das World Wide Web, nicht auch beginnen, selbstorganisiert zu lernen und emergente Strukturen zu entwickeln: »Is the web itself becoming a giant brain?« (Johnson 2001, 114)

Intelligente Software

Bereits heute können wir absehen, dass sich Software-Applikationen dahingehend entwickeln, Theorien über uns und unsere Gedanken zu erzeugen, auf noch sehr fundamentaler Ebene beispielsweise in den Kauf- und Suchprofilen, die für Internetnutzer angelegt werden. Die nächste Generation emergenter Software wird vielleicht schon selbstorganisatorisch Modelle unserer Denkvorgänge entwickeln.

Dieses neue selbstorganisatorische Verständnis von Leben revolutioniert seit den 1970er-Jahren auch die Gehirnforschung. Während man bis dahin in den Kognitionswissenschaften noch vom »Computermodell« ausging, wonach Informationsverarbeitung zum einen nach linearen Regeln und zum anderen lokalisiert erfolge, ließ sich nun zeigen, dass das Gehirn beispielsweise nach Schädigungen in der Lage ist, anderen Arealen die ausgefallenen Funktionen zu übertragen. Die Annahme, dass sich kognitive Funktionen im Gehirn nicht lokal zuordnen lassen, hat sich immer wieder neurobiologisch bestätigt. Demnach sind komplexe kognitive Funktionen über zahlreiche verschiedene Hirnregionen verteilt. (Elger 2009)

Das Gehirn gleicht damit mehr einem selbstorganisierten, vernetzten Multifunktionsbausatz denn einer linearen Maschine. Als Wissenschaftler noch in den 1950er-Jahren Maschinenmodelle von binären Netzwerken bauten, zeigte sich, dass sich in den meisten Netzwerken nach einer kurzen Zeit der Willkür einige geordnete Muster einstellten, ein Vorgriff auf die spätere Chaosforschung. Dieses spontane Auftreten von Ordnung wurde als Selbstorganisation bezeichnet. In dem Bemühen der Kognitionswissenschaften, menschliche Intelligenz zu verstehen und zu beschreiben, wurde schnell klar, dass menschliche Intelligenz etwas ganz kategorial anderes ist als die künstliche Intelligenz der Maschinen.

Das Gehirn ist kein Computer

Das menschliche Nervensystem verarbeitet keine Informationen, sondern steht im Dialog mit der Umwelt, indem es ständig seine eigene Struktur moduliert. Das Gehirn als Daten verarbeitenden Computer zu sehen, im Sinne einer trivialen Maschine, wurde damit unangemessen. Während triviale Systeme analytisch bestimmbar, determiniert und damit voraussagbar arbeiten, sind nichttriviale Systeme analytisch unbestimmbar und nicht vorhersagbar. (Capra 1996)

In trivialen Systemen führt eine Information zu einer Operation des Systems und schließlich zu einem Ergebnis, das in Bezug zur Ausgangsinformation bleibt. Maschinen wie der Computer sind gerade deshalb für uns nützlich, weil die Ergebnisse der Operationen vorhersagbar und nicht willkürlich sind.

Lebende Systeme: unvorhersagbare Reaktionen

Lebende Systeme sind jedoch als nichttrivial zu verstehen. Um das uncharmante Beispiel von Gregory Bateson (1972) anzuführen: Es ist ein großer Unterschied, ob wir eine Billardkugel anstoßen oder einen Hund treten, denn im zweiten Fall ist die Reaktion nicht vorhersagbar. Gregory Batesons Denken wurde seinerseits sowohl von der Kybernetik als auch von der Informationstheorie Claude Shannons, der Spieltheorie John von Neumanns und der Typentheorie Bertrand Russells geprägt. (Lutterer 2005)

Verschmelzung von menschlichem und künstlichem Sein

Während man vor geraumer Zeit noch daran zweifelte, dass künstliche Intelligenz menschliches Denkvermögen in allen Bereichen übertreffen könnte, dreht sich die Debatte heute eher darum, ob zwischen beiden Kognitionsformen zukünftig überhaupt noch Unterschiede auszumachen sein werden. Dies gilt umso mehr, wenn man von einem Szenario ausgeht, das menschliches Denken nicht nur in selbstorganisierter Computerintelligenz nachahmt und dabei in seiner Leistungsfähigkeit potenziert, sondern auch biotechnische Entwicklungen umfasst. Der Mensch kann etwa durch die Implantierung von Nano-Software versuchen, die Grenzen biologischen Seins zu überwinden. Nanotechnik in unseren Körpern könnte das Wachstum von Krebszellen ebenso wie den Alterungsprozess bremsen oder unser geistiges Leistungsvermögen beschleunigen. Menschliches und künstliches Sein werden so möglicherweise zunehmend verschmelzen. (Kurzweil 2006)

Einer der Vorreiter des selbstorganisatorischen Kognitionsverständnisses war der Chilene Francisco Varela. Er setzt die Neuorientierung der Kognitionswissenschaften weg vom Inputsystem trivialer Maschinen hin zu selbstorganisierten Systemen mit der Abkehr von Theorien gleich, die eine erkenntnistheoretische Abbildtheorie der Umwelt verfolgen. Im Gegensatz zur darwinistischen Repräsentationstheorie betont er die Eigenaktivität des Gehirns, da in der Evolution nicht die Spiegelung der Außenwelt zähle, sondern letztlich nur die Frage, ob mit der jeweiligen Gehirnstruktur ein Überleben möglich ist. (Varela 1990)

Operationale Geschlossenheit des Nervensystems

Die eigentliche Herausforderung in diesem Paradigma sieht er vor allem in der Infragestellung der klassischen naturwissenschaftlichen Tradition des Realismus, also einer unabhängig vom Subjekt existierenden Welt. So kommt er mit seinem Kollegen, dem Neurobiologen und Philosophen Humberto Maturana, aufgrund der Untersuchungen zur Funktionsweise des Gehirns zu einem Kognitionsmodell, das sich mit dem bereits erwähnten Begriff der Autopoiese umschreiben lässt. Es behauptet die operationale Geschlossenheit des Nervensystems aufgrund der biologischen Selbstorganisation.

Varela zeigt am Beispiel unserer Farbwahrnehmung, was mit »biologischer Geschlossenheit unseres Nervensystems« gemeint ist. Demnach sehen wir die Farben eines Gegenstandes als Ergebnis des absorbierten Lichts, der auf das Auge treffenden Wellenlängen und der darauf einsetzenden neuronalen Gehirnaktivität. Mit anderen Worten: Unsere Wahrnehmung ist weit davon entfernt, wirkliche Farben zu erkennen. Vielmehr können wir lediglich sagen, unsere Wahrnehmung sei nützlich, da sie in irgendeiner Weise unser biologisches Überleben unterstützt hat.

Varela entkoppelt damit Repräsentation und Überlebensfähigkeit (Viabilität). Die autopoietische Kognitionslehre sieht das Nervensystem eine Welt hervorbringen, wobei es durch seine spezifische Identität erfolgreiches Überleben ermöglicht. Es liegt auf der Hand, dass es sehr vielfältige Möglichkeiten solcher erfolgreicher Identitäten geben kann, die mit einer optimierten und graduellen Anpassung an die Umwelt im darwinschen Sinne nichts mehr zu tun haben.

Abschied von der Idee des evolutionären Fortschritts

Damit fällt auch der teleologische Gedanke eines evolutionären Fortschritts. Zum Kriterium für biologische Überlebensfähigkeit wird letztlich die Replikationsfähigkeit. Stammesgeschichtliches Überleben (phylogenetische Viabilität) ist also gewährleistet, wenn die strukturelle Kopplung es den Organismen erlaubt, sich individuell (ontogenetisch) fortzupflanzen. Wenn aber autopoietische Systeme die Umwelt nicht mehr repräsentieren, wie ist dann das Verhältnis von Organismus und Umwelt zu denken? Maturana und Varela sehen beide Systeme in dauernder struktureller Kopplung, »Driften« genannt. (Maturana / Varela 1987) Das bedeutet: Organismen werden sowohl von ihrer Umwelt beeinflusst als auch umgekehrt. In diesem strukturellen »Drift« leben System und Umwelt nebeneinander her in Koevolution.

Perturbation: Störungen durch die Umwelt

Autopoietische Systeme sind also einerseits durch ihre operationale Geschlossenheit aufgrund ihrer Eigengesetzlichkeit gekennzeichnet. Zugleich sind sie – aufgrund ihres Stoffwechsels (Metabolismus) mit der Umwelt – strukturell offen. Im Sinne einer nichttrivialen Maschine kann man demnach nicht von einer linearen Informationsaufnahme von Umwelteinflüssen im System sprechen. Maturana und Varela ziehen es deshalb vor, nicht von Information zu sprechen, sondern von Perturbation (lat. perturbare = stören), da autopoietische Systeme von der Umwelt dabei gestört werden, ihrer Selbstorganisation nachzugehen.

Das Nervensystem versucht trotz ständiger Störungen durch die Umwelt, die Selbstorganisation aufrechtzuerhalten und dem ständigen Wandel von außen die Beständigkeit der inneren Ordnung entgegenzusetzen. Diese innere Ordnung bestimmt sich nicht durch die Art der Perturbation von außen, sondern durch die innere Struktur des Lebewesens, also durch seine operationale Geschlossenheit. Wenn auch große Teile des Gehirns in ihrer Struktur genetisch festgelegt sind, werden die konkreten individuellen Ausgestaltungen sowohl von der Umwelt als auch von den aktiven, selbstorganisatorischen Prozessen, die sich aus der angelegten Komplexität ergeben, geformt. (Damasio 2007) Das autopoietisch-neurobiologische Verständnis in der heutigen Kognitionsforschung und in der Forschung zur künstlichen Intelligenz entspricht in seinen philosophischen Grundlagen den Ergebnissen empiristischer Philosophie, wie sie insbesondere durch David Hume entwickelt wurden.

Die wahren Abenteuer sind im Kopf

Abschied vom Dualismus

Der englische Philosoph David Hume überwand Mitte des 18. Jahrhunderts die Trennung zwischen der geistigen und der materiellen Welt, wie sie sich im Dualismus des französischen Philosophen René Descartes ein Jahrhundert früher dargestellt hatte. Dieser Schritt war zugleich für die erkenntnistheoretischen Grundlagen der Systemtheorie sehr bedeutend. Dies scheint allerdings bis heute weitgehend unbeachtet geblieben zu sein: Vertreter der Systemtheorie verweisen, wenn es um unser Erkennen geht, immer wieder auf den Konstruktivismus.

Homo-Mensura-Satz

Ideengeschichtlich lässt sich die Verschränkung von Subjekt und Objekt schon vor dem Aufkommen des englischen Empirismus im 18. Jahrhundert finden. Wie bereits erwähnt, formulierte der griechische Sophist Protagoras im 5. Jahrhundert v. Chr.

mit seinem Homo-Mensura-Satz (»Der Mensch ist das Maß aller Dinge«) die Abkehr von allgemeingültigen Wahrheiten. Nicht einmal für ein und denselben Menschen könne dasselbe zu verschiedenen Zeiten wahr sein, denn zu verschiedenen Zeitpunkten sei der Mensch auch jedes Mal ein anderer. (Störig 1981; Vorländer 1990) Auch wenn Protagoras diese Gedanken noch unsystematisch äußert, begründet er mit seinem Relativismus schon zwei Grundaussagen der systemischen Lehre: zum einen, dass Aussagen über die Außenwelt stets vom aussagenden System abhängen, zum anderen, dass es keine durchgängige Identität gibt.

Der englische Empirismus als erkenntnistheoretische Basis

Später haben die englischen Philosophen John Locke, George Berkeley und David Hume diese Gedanken aufgenommen und systematisch weitergedacht. Auch wenn in diesem Rahmen kein Abriss der empiristischen Philosophie möglich ist, sollen doch die wesentlichen Aussagen skizziert werden, sodass klar wird, warum der englische Empirismus das verkannte erkenntnistheoretische Korrelat der Systemtheorie ist. In ihm kommt sowohl die Auflösung einer subjektunabhängigen Außenwelt im Sinne des Konstruktivismus zur Geltung als auch die Prozesshaftigkeit des Seins, das in der Auflösung einer durchgängigen Identität mündet.

Subjektivismus versus Objektivismus

Dabei kommt der englische Empirismus zunächst von einer dem Konstruktivismus entgegengesetzten Richtung. Konzipiert man den Konstruktivismus im Sinne der Erkenntnistheorie als Idealismus, so versteht sich der Empirismus als Realismus. In bester angelsächsischer Tradition hatte Hume nie vor, einen Subjektivismus oder Idealismus zu begründen. Vielmehr räumt die angelsächsische Tradition den sinnlichen Erfahrungen in der Wirklichkeit Priorität ein. Während der Subjektivismus (Idealismus) in der Philosophie immer schon vom Primat des Bewusstseins ausging und alles andere wie zum Beispiel Umwelt, Wirklichkeit und Mitmenschen im Extremfall des Solipsismus als Schöpfung desselben betrachtet, behauptet der Objektivismus (Realismus) eine unabhängig vom Subjekt bestehende und erkennbare Außenwelt.

Philosophische Richtungen wie Idealismus, Subjektivismus oder Solipsismus gehen davon aus, dass die das Subjekt umgebende Außenwelt durch das Subjekt selbst geschaffen wird oder sogar, wie im Solipsismus, nur im Subjekt existiert (nach Arthur Schopenhauer gehören allerdings die Vertreter des radikalen Solipsismus ins »Tollhaus«).

Empirismus: Wahrnehmungen

Soweit der Empirismus die Erkenntnis auf die sinnliche Erfahrung der Wirklichkeit gründet, ist er zunächst realistisch und objektiv. Es zeigt sich aber im weiteren Verlauf der Überlegung, dass bei der logischen Weiterführung die Gedanken wiederum in die Subjektivität führen und schließlich sogar zur Auflösung des Subjekts. Ähnlich wie Protagoras es bereits andeutet, bleibt so kein Ich mehr übrig, sondern nur noch ein fließender Prozess des Seins. Damit ist der Empirismus auch in seinen Folgerungen vom Idealismus zu unterscheiden, denn am Ende, wenn sich das Ich aufgelöst hat, bleiben nur Wahrnehmungen übrig. Wir könnten auch sagen, der Empirismus denkt den Idealismus konsequent zu Ende.

Anders aber als idealistische Philosophen, die von vornherein die Welt als Konstrukt des Subjekts verstehen, wie etwa Fichte, Leibniz oder Schopenhauer, ist die empiristische Philosophie auch deshalb so interessant, weil die Wendung in das Subjekt sozusagen notgedrungen erfolgt und nicht schon aufgrund von getroffenen Vorannahmen. Sie geschieht aufgrund der Stringenz der Gedanken und verfolgt in ihrem ursprünglichen Bemühen, Erkenntnis auf die sinnliche äußere Wahrnehmungswelt zu gründen, zunächst ein dem Idealismus entgegengesetztes Ziel: nämliche eine nüchterne, naturwissenschaftliche, realistische Betrachtung der Welt zu bieten, die sich auf Erfahrbares gründet. Wie kommt es nun inhaltlich zu dieser paradoxen Wendung vom Realismus zum Idealismus?

Sein und Identität

Eindrücke und Vorstellungen

Hume fragt sich zunächst, wie unser Denken entsteht. Dabei kann er zum einen Eindrücke (impressions) ausmachen, zum anderen Vorstellungen (ideas). Die Eindrücke unterteilt er in Sinneswahrnehmungen (sensations) und Selbstwahrnehmungen (reflections), was vor ihm auch schon John Locke getan hat. Vorstellungen unterscheiden sich nun von Eindrücken dadurch, dass Letzteren ein stärkerer Grad von Lebhaftigkeit zukommt. (Hume 1739) Das heißt nichts anderes, als dass sich Wirklichkeit und Traum demnach nur in ihrer Intensität unterscheiden lassen, qualitativ sind sie gleich. Hume nennt die Vorstellungen deshalb schwache Abbilder der sinnlichen Eindrücke.

Empirismus: Vorstellungen basieren auf sinnlichen Eindrücken

Für die Empiristen ist klar, dass sinnliche Eindrücke unseren Vorstellungen immer vorangehen. Demnach sind wir nicht imstande, etwas zu denken, was nicht auf sinnliche Eindrücke zurückgeht. Wenn wir beispielsweise an ein geflügeltes Pferd denken, verbinden wir hier lediglich zwei einzelne sinnliche Eindrücke, nämlich den Eindruck des Pferds mit dem von Flügeln, und setzen sie zusammen. Damit hat Hume gezeigt, dass all unser Denken aus unserer sinnlichen Wahrnehmung kommt.

Den Gedanken, dass wir mit unseren Sinnen keine materiellen Substanzen wahrnehmen, fasste bereits der irische Bischoff George Berkeley (1709), indem er darauf hinwies, dass uns Haptik und Optik in unserer Wahrnehmung widersprüchliche Daten liefern. Wir sehen und fühlen nie ein und dasselbe Objekt. Dies zeigt sich eindrücklich, wenn ursprünglich Blinde, denen später zu Augenlicht verholfen wurde, die taktilen Eindrücke nicht mit den neu erworbenen visuellen Eindrücken in Verbindung bringen können, sofern sie nicht in einem zeitlichen Zusammenhang stehen. (Berkeley 1709) Dieses Argument findet sich schon bei Molyneux und Locke (1690).

»Esse est percipi«

Nicht einmal wenn wir uns auf einen einzigen Sinneskanal verlassen, kann man den Sinnesdaten trauen, wie etwa Sinnestäuschungen taktiler (eine sehr kalte Hand empfindet etwas Lauwarmes bereits als heiß) oder auch visueller Art (zum Beispiel unser rein visueller Eindruck der Größe entfernter Objekte) zeigen. So schließt Berkeley, eine von unserem Wahrnehmen und Denken unabhängige Außenwelt existiere nicht, das Sein der Dinge bestehe nur in ihrem Wahrgenommenwerden. Sein Leitspruch lautet: »Esse est percipi« (lat. = Sein ist Wahrgenommenwerden).

Hängt die Wirklichkeit von unserer Wahrnehmung ab?

Berkeley nimmt in diesem Gedanken übrigens eine grundlegende Thematik der modernen Quantenphysik vorweg, wonach erst durch eine Messung (i.e. Wahrnehmung) der Ort eines Photons angegeben werden kann, der bis dahin unbestimmt bleibt. So wie die quantenphysikalische Auffassung der klassischen Physik widerspricht, steht Berkeleys Philosophie dem zeitgenössischen Common Sense ebenso wie unserem heutigen Alltagsverstand entgegen. Wenn die Wirklichkeit nur von unserer Wahrnehmung abhinge, so würde sie ja jedes Mal, wenn sie keiner wahrnähme, verschwinden bzw. bei jeder Wahrnehmung neu aus dem Nichts erschaffen werden.

Berkeley löste dieses Problem durch die Einbeziehung Gottes, der stets gegenwärtig sei. Durch diesen unabhängigen Beobachter schafft er einen Garanten durchgängiger Wahrnehmung. Damit war das philosophische Konstrukt einer jedes Mal neu vergehenden und entstehenden Wirklichkeit aus dem Nichts (»creatio ex nihilo«) nicht mehr notwendig.

David Hume

David Hume, der nicht Gott als Erklärung heranziehen wollte, hat den Empirismus konsequent zu Ende gedacht. So kommt er nicht nur zur Auflösung der Wirklichkeit im eigenen Geist, sondern auch der eigenen Identität. Denn wenn wir Dinge, Substanzen und Menschen durch unsere sinnliche Wahrnehmung nicht verbürgen können, muss das auch für die Wahrnehmung von uns selbst gelten. Wenn wir uns strikt an unsere Wahrnehmung halten, können wir von uns selbst nicht als zeitlich stabile Substanz mit Identität sprechen. Was wir wahrnehmen, ist lediglich eine ständige Flut von wechselnden sinnlichen Eindrücken. Aus diesen »bauen« wir einfache Vorstellungen zur komplexen Vorstellung unserer Identität zusammen.

Was bleibt, ist die Wahrnehmung von Sinnesdaten

So bleibt am Ende weder die Wirklichkeit, wie sie ist (Realismus), noch die Wirklichkeit, wie sie uns scheint (transzendentaler Idealismus), noch die Wirklichkeit in unserem Kopf (Solipsismus) noch wir selbst (Empirismus). Wir nehmen nur einen ständigen Prozess wechselnder Sinnesdaten wahr, die nicht mehr als durchgängiges Selbst oder als stabile Identität zu verstehen sind. Will sich der Konstruktivismus an dieser Diskussion beteiligen, dann muss er sich entscheiden, zu welcher Erkenntnisphilosophie er sich rechnen will. Manche Konstruktivisten haben sich implizit dem transzendentalen Idealismus, wie ihn beispielsweise Kant, Varela und Maturana vertreten haben, verschrieben.

Sind auch Wahrnehmungen konstruiert?

In der philosophischen Erkenntnistheorie ist zu Recht darauf hingewiesen worden, dass diese Position nicht widerspruchsfrei zu halten ist. Zu wissen, dass wir nur Teile der Wirklichkeit erkennen, die Dinge, wie sie »an sich sind«, aber unerkennbar bleiben, karikiert das Erkenntnisvermögen, das diese Aussage trifft, wie schon John Locke erkannte. Auch lässt sich diese Annahme aus unserer Wahrnehmung nicht ableiten: Welche Wahrnehmungen würden auf die Wirklichkeit verweisen, welche wären von uns konstruiert?

Manche Konstruktivisten vertreten, oft ohne es zu wissen, den Solipsismus. Schon der multiple Solipsismus (wonach die Welt nur im Kopf existiert, allerdings in vielen Köpfen) läuft Gefahr, in Berkeleys Falle zu geraten. Nimmt man hier keine Zuflucht bei einem unbewegten Beweger – oder in unserem Fall: einem unbeobachteten Beobachter –, so wird die Welt ständig vernichtet und neu geschaffen, abhängig von den vorhandenen Wahrnehmungen.

Konzeptionell lässt sich ein multipler Solipsismus auch deshalb nicht halten, weil uns niemand verbürgt, dass der andere nicht auch nur in unserem Kopf existiert. Ist die ganze Welt aber nur in meinem Kopf vorhanden (klassischer Solipsismus), so bleibt unklar, wie wir zwischen Außen- und Innenwelt unterscheiden können. Unsere Wahrnehmung gibt uns keinen Anlass, zwischen beiden sinnvoll unterscheiden zu können, wie Hume schlüssig gezeigt hat. Damit kommen wir notwendig zur einzigen erkenntnistheoretischen Lösung, die widerspruchsfrei gedacht werden kann: zum Empirismus in der Form von David Humes Erkenntnisphilosophie.

Widersprüche im Empirismus?

Wir können uns fragen, ob die Logik der empiristischen Argumentation in sich stimmig ist: Denn einerseits behaupten die Empiristen, wir müssten von der sinnlichen Wahrnehmung ausgehen, um Erkenntnis zu erlangen, andererseits wird kurz darauf bewiesen, dass gerade diese Erfahrung widersprüchlich ist, und damit die Auflösung der materiellen Welt eingeleitet. Allerdings muss man dem Empirismus zugutehalten, dass dieses Ergebnis zunächst nicht intendiert ist und anders als im Subjektivismus nicht schon im Ausgangspunkt angelegt wird. Vielmehr ergeben sich die Schlussfolgerungen aus dem Bemühen, die Daten aus der Außenwelt für repräsentativ zu nehmen und zu sehen, wie weit sie uns Gewissheit geben können.

Wahrnehmungstäuschungen – ein Widerspruch in sich

Ein anderes stichhaltiges Argument, das jede Art von Reduktionismus (also auch Konstruktivismus und Empirismus) trifft, zielt auf die Wahrnehmungstäuschungen, um die Grenzen der subjektiven Welterkenntnis festzumachen. Entweder ist der Begriff der Wahrnehmungstäuschung ein Oxymoron, denn die Wahrnehmung wird durch die Tatsache der Täuschung konterkariert. Oder die Täuschung ist keine echte, wenn der Begriff als erkenntnistheoretische Stellungnahme verstanden wird, von der aus die Wahrnehmung als Täuschung klassifiziert wird. Sie markiert dann keine Erkenntnisgrenze mehr, wie schon Karl Popper feststellt, weil »wir diese Phänomene ja als Täuschungen zu durchschauen imstande sind« (Ditfurth 1987, 262).

Schon auf sprachlicher Ebene sind wir demnach nicht in der Lage, ohne einen Subjekt-Objekt-Dualismus auszukommen. Nun könnte man dem Empirismus zugutehalten, dass in der reinen Analyse der Wahrnehmungsinhalte keine Bewertung liege. Der extreme Empirismus David Humes beispielsweise prüfe lediglich, was diese Daten enthalten. Dieser Einwand ist sicherlich richtig. Der Empirismus macht den »reduktionistischen Bruch« aber bereits früher, indem er nämlich nur die

Sinneswahrnehmung als »wahr« anerkennt. Damit wird jedoch eine erkenntnistheoretische Vorentscheidung getroffen, die aus der Annahme eines epistemologischen Dualismus heraus erfolgt. Im Konstruktivismus bleibt, je nach Spielart, entweder der Dualismus dauerhaft weiter bestehen (so im Solipsismus oder im Konstruktionismus) oder er muss erkenntnistheoretisch konsequent zum Empirismus werden.

Hume als Wegbereiter systemtheoretischer Annahmen

Auch andere Gedanken der Systemtheorie wurden durch David Hume vorbereitet, so etwa die Prozesshaftigkeit und Eigengesetzlichkeit lebender Systeme. Wie Dirk Baecker feststellt, gilt weder für die Kybernetik noch für das Paradigma der Autopoiesis, »dass sie mit empirisch bestätigten Hypothesen starten« (Baecker 2005, 56). Dies trifft allerdings nur zu, wenn man Autopoiesis nicht mit Empirismus in Zusammenhang bringt. Gerade der Empirismus stützt sich auf die sinnliche Wahrnehmung, während der Konstruktivismus rein idealistisch konzipiert ist. Auch die Operation von autopoietischen Systemen in der reinen Gegenwart, ohne Vergangenheit oder Zukunft miteinzubeziehen, die reine Fokussierung auf den Prozess, das heißt auf ständige Zustandsänderungen (Krohn / Cruse 2005, 284) in der Wahrnehmung, entspricht der empiristischen Erkenntnistheorie David Humes.

Identität trotz Wandel der Materie

Im Zusammenhang mit der Frage nach Wirklichkeit und Sein stellt sich auch die nach Identität. Wie ist es möglich, dass die Materie autopoietischer lebender Systeme ständig erneuert und ausgetauscht wird und trotzdem die operationale Struktur erhalten bleibt, wenn diese wiederum von der ausgetauschten Materie abhängt? Mit anderen Worten: Wie bleibt der Eindruck unserer Identität über die ständig wechselnden Eindrücke und materiellen Austauschprozesse in der Zeit hinweg bestehen, und woher rührt die selbstorganisatorische Ordnung, die für diesen Eindruck der Identität verantwortlich ist? Denken wir beispielsweise an die ständige Erneuerung unserer Zellen: Wird die Ordnung von vorhandenen Zellen im Rahmen des Stoffwechselprozesses auf neue übertragen? Wenn ja, welche Kraft ist es, die diese (immaterielle) Ordnung überträgt? Die Widersprüche weichen auf, wenn man Selbstorganisation als ontogenetisches Prinzip, das schon auf der Ebene der Gene wirkt, versteht, wie wir in den Ausführungen zur Evolutionsbiologie gesehen haben. Somit ist in jedem individuellen Lebensprozess eine generelle Ordnung, welche die jeweilige Selbstorganisation schafft, von Lebensbeginn an vorhanden. Auch Stoffwechselprozesse ändern daran nichts, da das genetische Grundsubstrat nicht wechselt.

Fritjof Capra (2000) hat darauf hingewiesen, dass sich im Buddhismus ein morgenländisches Pendant zum systemtheoretischen Identitätsverständnis findet: im Zustand des Individuums als »Maya«. Demnach wird die Verwechslung von Begriffen mit der Wirklichkeit, also der »Landkarte mit dem Gelände«, um ein Bild des Semantikers Alfred Korzybski zu verwenden, als Illusion bezeichnet. Diese Auffassung könnte zunächst als Analogie zu Kants Epistemologie verstanden werden, weil sie keine Illusion generell, sondern vielmehr die Trennung von Phänomen und Wirklichkeit »an sich« konstatiert.

Buddhismus: Verneinung des beständigen Subjekts

Die buddhistische Lehre geht aber in ihren erkenntnistheoretischen Aussagen, sofern man diese überhaupt so nennen darf, noch weiter, indem das Selbst als beständiges Subjekt verneint wird. Dieser Gedanke erinnert nun schon sehr stark an das humesche Konzept, da das »Bodhisattwa-Ideal« (Mensch auf dem Weg zum Buddha) kein individuelles Selbst mehr kennt. Im Buddhismus wird also, ebenso wie in der empiristischen Erkenntnistheorie, keine materielle Substanz mehr, die als Selbst gelten kann, zugelassen. Auch ein Selbst, das wechselnde Erfahrungen macht, ist nach buddhistischer Auffassung nicht anzunehmen. Damit bleibt aber – in Übersetzung auf westliche Philosophie – nur der ständige Wechsel von Eindrücken als »Wirklichkeit«.

Nicht nur unsere Introspektion zeigt uns, dass wir aufgrund unserer Empfindungen in der Wirklichkeit auf keine durchgängige Identität schließen können. Auch neurophysiologisch lässt sich dies belegen, da sich keine Gehirnregion ausmachen lässt, die simultan Repräsentationen aller Sinne verarbeiten kann. Vielmehr werden die Vorstellungsbilder für jede Sinnesmodalität von uns in anatomisch getrennten Hirnregionen erzeugt und dann zeitlich synchronisiert. So setzt sich auch unser Selbst bzw. das, was wir darunter verstehen, aus ständig neu erzeugten neurobiologischen Zuständen zusammen. »Unsere individuelle Identität wurzelt in dieser Insel von illusorischer, lebendiger Konstanz, vor deren Hintergrund uns der ständige Wechsel unzähliger anderer rund um den Organismus befindlicher Dinge bewusst wird.« (Damasio 2007, 213) Mit anderen Worten: Es gibt im Gehirn keinen festen Ort, an dem das Ich gespeichert ist. (Elger 2009)

Ein Gefühl für die richtige Entscheidung

Notwendig: ein emotionaler Impuls

Schon David Hume weist darauf hin, dass Entscheidungen nicht aus Verstandesgründen getroffen werden können, sondern einen emotionalen Impuls brauchen. Ein Gedanke allein kann uns nicht zu einer Handlung motivieren. Entscheidend für jede Motivation, ebenso wie für jede Entscheidung, ist ein dahinterstehender Antrieb, der unsere Wahl in eine bestimmte Richtung fallen lässt. Die reine Ratio kann dies nicht leisten, wie sich sehr schön an der mittelalterlichen Geschichte von »Buridans Esel« verdeutlichen lässt. Ein Esel, der vor zwei gleichwertigen Heuhaufen steht, verhungert, weil er sich aufgrund der Gleichwertigkeit beider Möglichkeiten nicht entscheiden kann.

So zeigt sich die Unmöglichkeit einer rationalen Entscheidung zwischen gleichwertigen Lösungen. Der Verstand gibt uns keinen Anhaltspunkt, um bei gleichwertigen Argumenten zu einer Wahl zu kommen. Diese Entscheidung muss, wie überhaupt jedes Tun, aus Neigungen und Leidenschaften erwachsen, wie David Hume (1748) in seiner Ethik ausführt. Die Tatsache, dass Rationalität immer schon von einer Absicht getragen wird, hat interessanterweise auch Charles Darwin bereits ausgeführt, indem »alles Beobachten für oder gegen eine Auffassung geschehen muß, wenn es irgendeinen Nutzen haben soll« (Darwin 1993/1887, 184).

Entscheidungen: erst emotional, dann rational

Die psychologische Forschung stützt heute die Annahmen Humes, indem menschliches Verhalten auf Entscheidungen beruhend verstanden wird, die emotional und nicht rational getroffen werden. Ein Entschluss rührt »zuallererst aus schnellen, automatisierten emotionalen Einschätzungen« und »nur in zweiter Linie aus langsameren Bewusstseinsvorgängen« (de Waal 2008, 24; vgl. Bargh / Chartrand 1999). Rein rational, ohne emotionale Gewichtung, blieben wir in einer Schleife der Endlosbewertung von rationalen Argumenten und Gegenargumenten stecken. (Damasio 2007; de Waal 2008) Und so ist es vielleicht gut, dass »das Herz seine Gründe hat, die der Verstand nicht kennt«, wie es der französische Philosoph Blaise Pascal ausdrückte.

Limbisches System: Ort für Entscheidungen

Unsere Gefühle, Triebe, Begierden sind dabei nicht nur für zu treffende Entscheidungen relevant, ohne sie wäre unser Leben nicht möglich. (Boldt 2009) Der Kortex ist der Ort für schnelles Lernen, doch die eigentlichen Entscheidungen werden im limbischen System gefällt, also im Bereich des Unbewussten und Emotionalen: »Das limbische System beinhaltet die Summe aller im Laufe des individuellen Lebens gelernten Bewertungen. Alle Handlungsentscheidungen, die wir treffen, werden durch dieses Bewertungssystem überprüft und entweder verworfen oder akzeptiert. Menschliches Handeln ist hochgradig emotional und intuitiv. Rationale Begründungen lösen häufig nur den Konflikt nach der Entscheidung.« (Kruse 2009, 182)

Empfindungen geben Orientierung

Auch die Hirnforschung zeigt, dass unsere Entscheidungsfähigkeit erheblich von unserer Empfindungsfähigkeit abhängig ist. Die Empfindungen und Gefühle sind evolutionär entstanden, um uns Orientierung zu geben. Dabei bildet die Möglichkeit, Körperzustände als angenehm oder unangenehm zu empfinden, überhaupt erst die Grundlage für unser gesamtes Erleben. Schon rein gedanklich zeigt sich die synonyme Verwendung von Denk- und Entscheidungsvermögen als trügerisch. Um zu entscheiden, müssen wir urteilen, um zu urteilen, nachdenken. Und um nachzudenken, entscheiden, worüber wir nachdenken wollen.

Darüber hinaus fragt sich, wie der Denkprozess ein Ende finden soll, insbesondere bei schwierigen, komplexen oder auch logisch gleichwertigen Argumenten: »Im besten Falle wird Ihre Entscheidung ungebührlich viel Zeit in Anspruch nehmen, weit mehr Zeit, als vertretbar ist, wenn Sie sich an diesem Tag noch irgend etwas anderes vorgenommen haben. Im schlimmsten Falle kommen Sie mit der Entscheidung überhaupt nicht zu Rande, weil Sie sich in den Verästelungen ihrer Berechnung verlieren. Warum? Weil es Ihnen nicht leicht fallen wird, die vielen Gegenüberstellungen von Verlust und Gewinn im Gedächtnis zu behalten, die Sie vergleichen müssen.« (Damasio 2007, 236) Damasio vergleicht deshalb reine Rationalisierungsstrategien, wie sie etwa in der Philosophie Immanuel Kants zum Ausdruck kommen, mit der suboptimalen Art, wie erfahrungsgemäß Patienten, die eine präfrontale Gehirnschädigung erlitten haben, an Entscheidungen herangehen.

Der Verstand kann nicht motivieren

Auch der Neurowissenschaftler Christian Elger (2009) erklärt, dass Motivation und Entscheidung nicht rational begründet werden können. Um zu einer Entscheidung zu gelangen, müssen wir emotional involviert sein. Das Gleiche gilt für die Motivation. Unser Verhalten wird also durch unsere Gefühle gesteuert, unser Verstand kann uns zu keiner Handlung motivieren. Wir können ebenso viele Gründe finden, nicht zu handeln. Entscheidend ist, dass wir etwas wollen. Die Gründe werden erst nach unserer Entscheidung hinzugefügt. Wir ziehen also durchaus Begründungen für unsere Entscheidungen heran, nämlich um die Entscheidung nachträglich zu legitimieren. Reine Fakten ohne Emotion aber gibt es nicht, weil schon das Gehirn alle eingehenden Informationen interpretiert und automatisch emotional einfärbt. Motivation ist also in erster Linie Emotion.

Emotionale Intelligenz

Ein sehr populäres Konzept, das die Idee vom Primat des Gefühls vor dem Intellekt am Ende des 20. Jahrhunderts in eine Führungsphilosophie übersetzt hat, ist dasjenige der »emotionalen Intelligenz« des amerikanischen Psychologen Daniel Goleman: »Wir sollten uns hüten, den Intellekt zu unserem Gott zu machen. Er hat natürlich kräftige Muskeln, aber keine

Persönlichkeit. Er kann uns nicht führen, er kann uns nur dienen.« (Goleman et al. 2007, 48)

Wie Motivation entsteht

Motivation kommt von innen

Auch (Mitarbeiter-)Motivation hat also nicht am Verstand, sondern am Gefühl anzusetzen. Dabei wird Motivation von vielen Einflussfaktoren bestimmt, etwa von spannenden Aufgaben, Kollegen, Vorbildern, Führungskräften oder vom Umfeld. Obwohl Motivation insbesondere in der Führungsliteratur häufig noch als Aufgabe der Führungskraft verstanden wird, sollte man nicht übersehen, dass Motivation nicht von außen erzeugt werden kann. Motivieren kann sich jeder nur selbst, wie inzwischen auch neurobiologisch belegt ist: »Was die meisten Führungskräfte, Ausbilder, Lehrer und Erzieher ständig versuchen, nämlich andere Menschen zu motivieren, ist hirntechnischer Unsinn. Dieses Vorgehen führt nicht in die Selbstverantwortung und Selbstgestaltung, sondern erzeugt bestenfalls Dressur- und Abrichtungsleistungen, also erzwungene Anpassungen an die Wünsche oder Anordnungen des jeweiligen Dompteurs. Wer also andere zu motivieren sucht, will sie genau genommen nach seinen Vorstellungen bilden, erziehen, einsetzen. Das hat mit Ermutigung und Inspiration zu eigener Potenzialentfaltung nichts zu tun.« (Hüther 2009, 160)

Menschen müssen zu Entwicklung und Veränderung nicht getrieben werden, das menschliche Gehirn hat diese Bedürfnisse selbst, wie wir aus der Hirnforschung wissen. (Elger 2009; Rock 2009; Schwartz 2003)

Zusammenfassung

- Die Künstliche-Intelligenz-Forschung zeigt, dass die Berücksichtigung von emergenten, selbstorganisatorischen Prinzipien der menschlichen Intelligenz am besten entspricht. Analog zu den Ergebnissen in der Evolutionsbiologie ist unser Gehirn nicht auf darwinistische, graduelle Repräsentation, sondern auf Überlebensfähigkeit aufgrund individueller Selbstorganisation ausgelegt. Umwelteinflüsse sind als Störungen unserer Selbstorganisation zu verstehen.

- Die Hirnforschung zeigt ein Bild unseres Selbst, das der empiristischen Philosophie entspricht: Demnach setzt es sich aus ständig neu erzeugten neurobiologischen Zuständen zusammen. Auch die neurobiologische Tatsache, dass Entscheidungen nie rational getroffen werden, sondern immer schon emotional begründet sind, geht auf den Empirismus zurück.

- Ähnliches gilt für die Motivation: Auch sie beruht auf Gefühlen. Motivation entsteht im Menschen selbst, Entwicklungs- und Veränderungsfähigkeit sind immer schon im Menschen vorhanden und können nicht von außen an ihn herangetragen werden.

- Der Konstruktivismus ist keine Erkenntnistheorie oder zumindest keine, die der Systemtheorie adäquat wäre. Hier bietet sich der Empirismus an. Führt man die philosophischen und neurobiologischen Überlegungen der Verknüpftheit und Interdependenz von Vernunft, Gefühl und Physis weiter, so kommt man zum systemischen Postulat einer ganzheitlichen Entwicklung all dieser Fähigkeiten, in Abgrenzung etwa von einer einseitigen Fokussierung auf geistige Fähigkeiten.

- Die Abhängigkeit von Beobachter und Beobachtetem lässt sich sowohl in der Quantentheorie als auch in der Relativitätstheorie sowie der Philosophie finden. Der Mensch als die sich selbst betrachtende Natur relativiert sich selbst in der Relativierung seines eigenen Erkennens. Um diesen Standpunkt zu validieren, müssten wir einen Standpunkt außerhalb unseres Standpunktes einnehmen, und das ist nicht möglich. Damit bleibt uns nur die Kuriosität der Feststellung, dass unser Erkennen wohl so geartet ist, dass es an sich selbst zweifelt, ohne inhaltliche Gewähr dafür bieten zu können. Über diesen Gedanken hinaus bietet sich erkenntnistheoretisch aber kein Mehrwert, wenn man die Bedeutung dieser Relativierung weiter verfolgt. Wir können sie demnach auch sein lassen, insbesondere wenn wir im Auge haben, wohin uns die empiristische Erkenntnistheorie letzten Endes führt.

- Bleibt uns am Ende also nur die Rückkehr zum banalen Realismus? Eine Rückkehr ist es, banal ist sie nach den erfolgten relativierenden Exkursen aber nicht mehr. Oder um es mit Heinrich von Kleist zu sagen: »Mithin, sagte ich ein wenig zerstreut, müßten wir wieder von dem Baum der Erkenntnis essen, um in den Stand der Unschuld zurückzufallen? Allerdings, antwortete er; das ist das letzte Kapitel von der Geschichte der Welt.« *(Über das Marionettentheater)*

8. Was wir erkennen

»Die wahren Abenteuer sind im Kopf,
und sind sie nicht im Kopf,
dann sind sie nirgendwo.
Die Wirklichkeit, die Wirklichkeit trägt wirklich ein
Forellenkleid und dreht sich stumm,
und dreht sich stumm nach anderen Wirklichkeiten um.«
ANDRÉ HELLER

Wie Darwin den Baron aus dem Sumpf zieht

Identität von Untersuchungsobjekt und -subjekt

Die Probleme, mit denen sich die Erkenntnistheorie auseinandersetzt, liegen in ihr selbst begründet. Sie möchte einen Gegenstand untersuchen, der sie selbst ist, sich also im Sinne des Barons Münchhausen am eigenen Schopf aus dem Sumpf ziehen. Sobald wir anfangen, unsere Erkenntnis zu hinterfragen, tun wir das bereits mit unserer eigenen Erkenntnis. Wir setzen also schon voraus, was wir eigentlich erst untersuchen wollen.

Zwingend: die Subjektivität des Erkennenden

Diese »Subjektivität« ist aber nicht nur in der Erkenntnistheorie vorzufinden. Reine Objektivität können auch die Naturwissenschaften nicht mehr für sich beanspruchen. Wie wir gesehen haben, ist man sich auch in der Physik der Tatsache bewusst, dass die Untersuchung der Welt stets aus der Perspektive eines betrachtenden Bewusstseins erfolgt. Damit kann aber das Bewusstsein seinerseits nicht ohne Zirkelschluss erklärt werden. Das macht moderne Naturwissenschaft nicht unmöglich, relativiert aber ihre Aussagekraft.

Wir sollten dabei darauf achten, dass wir nicht Theorien menschlichen Erkennens mit Erkenntnistheorie als philosophischer Disziplin verwechseln. (Mittelstaedt 1971) Das heißt für den Konstruktivismus, diesen nicht mit einer präzisen Epistemologie zu verwechseln, und für die evolutionäre Erkenntnistheorie, dass diese notwendigerweise nach einer zu erkennenden Realität verlangt und damit wesentliche Teile ihrer selbst schon vorausbestimmt. (Diettrich 1989) Auch naturwissenschaftliche Theorien müssen sich die Relativierung im Rahmen ihrer funktionalen Bedeutung für den Menschen gefallen lassen. Ungeachtet der immer möglichen zirkulären Relativierung einer Theorie erhebt die evolutionäre Erkenntnistheorie dabei zumindest den Anspruch einer absoluten Geltung, der jedoch immer nur immanent und nicht im Rahmen einer präzisen philosophischen Erkenntnistheorie eingelöst werden kann.

Systemtheorie und Empirismus

Versucht man, der Systemtheorie ein geeignetes erkenntnistheoretisches Korrelat zu vermitteln, so scheint mir die empiristische Philosophie der einzige geeignete Kandidat zu sein. Das ist so lange gültig, wie man die Systemtheorie ihrerseits nicht weiter ableitet. Begründet man die Systemtheorie konstruktivistisch, lässt sich dies nicht halten, wie wir gesehen haben. Begründet man sie empiristisch, so bleibt sie zwar widerspruchsfrei, die Aussagen verlieren aber in ihrer Relativität zugleich an Bedeutung. Wenn man die Systemtheorie nicht in sich selbst begründet, sondern eine der vielen Einzelwissenschaften, welche die Systemtheorie in sich vereint, zur Grundlage macht, mischen sich die Karten wiederum neu.

In meiner Konzeption einer evolutionären Systemtheorie wird die Evolutionsbiologie als grundlegende Wissenschaft für die Systemtheorie verstanden. Dementsprechend muss auch die entsprechende erkenntnistheoretische Grundlage der Systemtheorie die evolutionäre Erkenntnistheorie sein.

Evolutionäre Erkenntnistheorie

Die evolutionäre Erkenntnistheorie baut auf dem Gedanken auf, dass unsere kognitive Ausstattung das Resultat evolutionärer Anpassungsprozesse ist. Kenntnis wird nicht nur vom Individuum in Form von Alltagserfahrung gewonnen, sondern befindet sich bereits durch die universellen Evolutionsfaktoren der Mutation und Selektion in unserer genetischen Ausstattung. Wenn Leben als Erkenntnis gewinnender Prozess gesehen wird, folgern einige Vertreter der evolutionären Erkenntnistheorie, dass es eine strukturelle Ähnlichkeit zwischen biologischen Phänomenen und menschlichen Erkenntnisleistungen geben muss, auch »Äquivalenzpostulat« genannt. (Wagner 1987) Diese teleologische Annahme ist jedoch nicht notwendig für eine evolutionäre Erkenntnistheorie, und die Systemtheorie zeigt eine mögliche Alternative. Bevor wir uns der evolutionären Erkenntnistheorie näher zuwenden, sollten wir prüfen, welche Grundlagen Erkenntnis im Allgemeinen haben kann.

Mögliche Begründungen für Erkenntnis

Möglichkeiten der Begründung unseres Erkennens

Der evolutionäre Erkenntnistheoretiker Gerhard Vollmer (2002) nennt drei Möglichkeiten der Begründung unseres Erkennens: 1. den infiniten Regress, 2. den logischen Zirkel und 3. den Abbruch des Begründungsverfahrens an einem beliebigen Punkt. Der infinite Regress verschiebt die Begründung auf einen immer wieder anderen Standpunkt, sodass die Begründung damit praktisch unmöglich wird. Der logische Zirkel im Sinne des Münchhausen-Dilemmas ist ebenfalls selbstredend ein Fehler. So bleibt nur der Abbruch des Verfahrens an einer bestimmten Stelle. Wir können dies auch die Glaubensprämisse eines jeden (auch wissenschaftlichen) Standpunktes nennen.

In der Begründung unserer Erkenntnis durch die Evolutionsbiologie würde beispielsweise das Verfahren dort abgebrochen, wo wir keine lückenlosen Beweise der Theorie mehr vorlegen können. Das können wir auch heute noch nicht, wenngleich die Wissenschaftsgeschichte zeigt, dass unsere Wissenslücken sich fortwährend füllen.

Evolutionsgeschwindigkeit

Manche Kritiker fürchten um die Vormachtstellung des Menschen, wenn wir uns in die Ableitung von Spezies aus der Evolution einreihen. Doch gibt es nicht nur emotionale Widerstände von außen. Auch innerhalb der Evolutionstheorie zweifelte man beispielsweise lange Zeit, ob die Evolutionsgeschwindigkeit groß genug sei, um die Artenvielfalt allein durch zufällige Mutationen, insbesondere rezessive, zu erklären. Heute wissen wir, dass die Erde sehr viel älter ist, als man vor hundert Jahren noch annahm, und so klärt sich diese Frage auf.

Man kann demnach an die Evolutionstheorie glauben oder nicht. Wenn man es aber tut, muss unser Alltagsverständnis auch trotz offener Punkte an eine unabhängig von uns existierende Außenwelt im Sinne von Karl Poppers Falsifikationsprinzip »glauben«: Die Hypothese wird so lange als nützliche Theorie aufrechterhalten, bis sich herausstellt, dass die Annahme nicht zu halten ist.

Was wäre die Alternative? Nach dem oben erwähnten Begründungspostulat entweder der infinite Regress, der nie zu einer Aussage führen wird und uns damit handlungsunfähig macht. Oder der Weg des Zirkels, den auch der Konstruktivismus einschlägt. Die zirkuläre Rückführung der Erkenntnis auf uns selbst ist dabei zwar logisch fehlerhaft, qualitativ aber nicht von der Alternative des Begründungsabbruchs hinsichtlich des Wahrheitsanspruchs zu unterscheiden. Unabhängig vom nicht zu klärenden Wahrheitsanspruch hat die dritte Möglichkeit aber einen Vorteil. Mögen auch die naturwissenschaftlich-evolutionären Gründe der Beweisführung keine größere Geltung haben als die der Selbstreferenz, so haben sie dennoch diese Begründungen als Bedingung und werden so vor Beliebigkeit bewahrt. Oder mit anderen Worten gefragt: Was bewahrt den Konstruktivismus davor, jedes beliebige Konstrukt als Erkenntnis zu behaupten? Schon bei Nietzsche können wir lesen, dass es dann »zwischen Wachen und Träumen keinen wesentlichen Unterschied gibt« (Nietzsche KSA 3, 113).

Vom phylogenetischen Aposteriori zum ontogenetischen Apriori

Olaf Diettrich skizziert als Programm einer evolutionären Erkenntnistheorie folgende Punkte: »(1) Erkenntnisfähigkeit und Intelligenz … sind nicht nur in ihrem Ausmaß artspezifisch. Vielmehr sind auch viele der verwendeten Methoden, Programme und Mittel, wozu auch die Kategorien des Denkens und die

Formen der Anschauung gehören, durch vererbte cerebrale Organisationsformen bestimmt (›built-in-software‹). (2) Erkenntnisfähigkeit, soweit sie durch cerebrale Strukturen repräsentiert ist, unterliegt einer Evolution, die sich in nichts von der anderer biologischer Strukturen unterscheidet ... Die aktuellen Kategorien unseres Denkens sind Produkte dieser Evolution. Sie sind stammesgeschichtlich erworben. Für das Individuum jedoch sind sie apriorisch in dem Sinne, wie Kant dies für die Kategorien von Raum und Zeit annimmt: Raum und Zeit sind notwendige Vorstellungen a priori, die allen äußeren Erscheinungen zu Grunde liegen.« (Diettrich 1989, 21) Apriorische Strukturen wie unsere Sprache können damit nur begrenzt Wirklichkeitsbeschreibungen liefern. Vollmer nennt sie eine »Haushaltserfindung« (2002, 154), die unter Umständen korrigiert, erweitert oder durch andere, künstliche Sprachen ersetzt werden müsse.

Historische Entwicklung

Die Entstehung der evolutionären Erkenntnistheorie lässt sich insbesondere aus den Naturalisierungstendenzen der Philosophie Ende des 20. Jahrhunderts erklären, auch »Naturalistic Turn« genannt. (Irrgang 1993) Vor dem 20. Jahrhundert war die Erkenntnistheorie die zentrale und grundlegende Disziplin der philosophischen Neuzeit. Das änderte sich im 19. Jahrhundert allmählich mit dem Aufschwung der empirischen Wissenschaften, den damit einhergehenden wissenschaftstheoretischen Fragestellungen und der abnehmenden Faszination für transzendentale Fragestellungen. Dabei zeigt sich, dass bereits vorhandene philosophische Theoreme mit neuen Namen geschmückt wurden, die Inhalte aber auf bekannte und bereits intensiv diskutierte epistemologische Standpunkte zurückgehen, auch wenn diese Zusammenhänge oft nicht bekannt waren und zum Teil immer noch nicht sind.

Ursprung der Erkenntnis aus der Evolution

Die philosophische Disziplin der Erkenntnistheorie will Ursprung, Gewissheit und Umfang sowie Geltung menschlicher Erkenntnis bestimmen. Die evolutionäre Erkenntnistheorie leitet den Ursprung der Erkenntnis aus der Evolution ab. Konrad Lorenz formulierte es einmal so, dass der Weg zum Verständnis des Menschen genauso über das Verständnis des Tieres führe, wie der Weg zur Entstehung des Menschen über das Tier geführt habe. (Lorenz 1992)

Naturwissenschaften versus Philosophie

Da hier mit den Naturwissenschaften und der Philosophie zwei Disziplinen beteiligt sind, stellt sich, wie bei jedem interdisziplinären Forschungsprojekt auch, die Frage nach der Leitdisziplin. Während die meisten Naturwissenschaftler hier aufgrund des Begründungsanspruchs die Evolutionslehre als maßgeblich betrachten, sehen viele Philosophen sowohl erkenntnistheoretische (epistemologische) als auch ethische Fragestellungen als nicht relativierbar und ableitbar. Dies ist durchaus nachvollziehbar, weil hierbei den Philosophen ihr ureigenstes Gebiet streitig gemacht wird und auch abhanden kommt. Als Hauptargumente werden in diesem Kompetenzstreit dabei immer wieder zum einen die Zirkularität von Erkenntnis, zum anderen etwa die Nichtableitbarkeit ethischer Normen aus der Natur, also die Ableitung eines Sollens aus dem Sein, angeführt.

Miteinander von selbstorganisatorischen und evolutionären Prozessen

In den 1980er-Jahren setzte ein Umbruch in der evolutionären Erkenntnistheorie ein, der durch Biologie und Neurophysiologie eingeleitet wurde. Bereits durch Gregory Bateson erfolgte eine Umdeutung des darwinistischen Selektionsparadigmas im Sinne der Systemtheorie, indem an die Stelle von Versuch und Irrtum die Selbstregulation von Systemen tritt. Dabei wird das Miteinander von selbstorganisatorischen und evolutionären Prozessen nicht immer widerspruchsfrei gedacht. Geht man aber einmal vom Primat der Evolution aus, so kann man etwa Denken, Wissenschaft und Kunst nicht als selbstreferenzielle Prozesse bezeichnen, die nicht mehr arterhaltend seien, so wie Roth das tut. (Roth 1987; Irrgang 1993)

Für Gerhard Vollmer (2002) bedeutet die evolutionäre Erkenntnistheorie eine echte kopernikanische Wende, da hier der Mensch nicht mehr als Mittelpunkt der Welt verstanden wird. Die Annahme der biologischen Bedingtheit und Genese unserer Erkenntnisstrukturen hat dabei eine lange Geschichte und kennt viele Vertreter. Auf philosophischer Seite sind etwa Nietzsche, Spencer, Peirce, Russell oder Popper zu nennen, auf physikalischer Seite Mach, Poincaré und Helmholtz. Für die Biologie sind Darwin, Haeckel, von Bertalanffy, Lorenz und Monod zu nennen, darüber hinaus Piaget auf dem Gebiet der Entwicklungspsychologie oder auch Chomsky im Bereich der Sprachwissenschaften.

Insbesondere Popper kommt das Verdienst zu, die einzelwissenschaftliche Diskussion aufgegriffen und gebündelt zu haben. (Popper 1972) Geht man wie die Philosophen Descartes, Geulincx oder auch Leibniz davon aus, dass es eine prästabilierte Harmonie gibt (also eine von Gott garantierte Übereinstimmung von Mensch und Welt), ist schnell erklärt, warum es angeborene Prinzipien der Erkenntnis gibt und vor allem warum sie auf die Welt passen. Genügt uns diese metaphysische Annahme nicht, so müssen wir die Erkenntnisfähigkeit in ihrer biologischen Genese erklären. Bereits Konrad Lorenz hat aus der Verhaltensforschung heraus unsere Erkenntnisfähigkeit als angeborene Weltbildapparatur bezeichnet, die in der Stammesgeschichte der Menschen entwickelt worden sei und eine tatsächliche Annäherung an die außersubjektive Wirklichkeit darstelle.

Geltung

Überwindung des Regresses

Die evolutionäre Erkenntnistheorie kann als Ergebnis der Rückwirkung der biologischen Evolutionstheorie auf die Epistemologie gesehen werden. Oeser sieht hier aber die Zirkularität des Schlusses durchbrochen, »indem man nicht mehr auf dieselbe Ebene zurückkehrt« (Oeser 1987, 41). Damit wird Erkenntnistheorie im philosophischen Sinne revolutioniert und »niemals mehr das sein, was sie vorher war« (Oeser 1987, 41). Das heißt aber dann auch, dass Erkenntnistheorie in ihren biologischen Ursachen den Regress beendet und den »unbewegten Beweger« endlich gefunden hat. Notwendigerweise sieht sich die evolutionäre Erkenntnistheorie mit diesem Anspruch nicht nur allen evolutionsbiologischen Gegnern, sondern auch einer Vielzahl von Philosophen gegenüber, die nunmehr eine ihrer ureigensten Teildisziplinen verlieren.

Evolutionäre Erkenntnistheorie: abhängig von Evolutionsbiologie

Zusätzlich bedeutet dies auch eine Abhängigkeit der Erkenntnistheorie von der Evolutionsbiologie. Erwiese sich die Evolutionslehre als falsch, »dann kann man sozusagen auch die Evolutionäre Erkenntnistheorie einpacken« (Oeser 1987, 63). Daran ändert auch Robert Spaemanns Einwand nichts, dass das Gespräch zwischen Philosophie und Wissenschaft, also das »Nachdenken über das Nachdenken«, immer selbst als Philosophie zu verstehen sei. (Spaemann 1987, 178)

In diesem Sinne formuliert Spaemann ein Verständnis von Systemtheorie als philosophischem, weil interdisziplinärem Diskurs, der zwischen den Disziplinen vermittelt, Synergien schafft und als Metaebene fungiert. Machten wir das nicht, dann hieße das, uns selbst verbieten, »über unsere wissenschaftlichen Modelle auf eine nicht schon vorher programmierte Weise zu reflektieren. Es liefe sozusagen auf die Forderung heraus, unsere Hände nicht mehr zu benutzen, weil wir Maschinen haben, und unsere Füße nicht mehr, weil wir Fahrzeuge besitzen. Es hieße, unsere Organe durch Prothesen zu ersetzen.« (Spaemann 1987, 178) Die Philosophie wird somit zu einem metasprachlichen Werkzeug der interdisziplinären Vermittlung, das seinerseits aber durch die Einzelwissenschaften begründet bleibt. Eine Vorherrschaft der Philosophie, wie Spaemann sich das als Philosoph wünscht, lässt sich daraus allerdings nicht ableiten.

Metaphysische Ebene

Spaemann führt den Gedanken weiter, indem er die Annahme einer metaphysischen Ebene sogar als Grundbedingung fürs menschliche Zusammenleben sieht: »Wenn Sie annehmen, ich habe wirklich Zahnschmerzen, weil ich mich darüber beklage, dann kann ich nur hoffen, daß Sie in dieser Hinsicht doch bereit sind zur Metaphysik. Sonst würde jedes menschliche Zusammenleben unmöglich gemacht werden, wenn wir nicht Wirklichkeit annehmen, die unserer eigenen Erfahrung unzugänglich wäre, sondern nur der Erfahrung eines anderen.« (Spaemann 1987, 233)

Dagegen erklärte Franz Wuketits (1987), dass die Anerkennung subjektiver Phänomene keiner metaphysischen Begründung bedürfe, sondern durchaus allein durch Analogieschluss, ausgehend von der eigenen Erfahrung, begreifbar sei. Offen bleibt hier jedoch der Fall, wo kein Analogieschluss möglich ist, weil die eigene Erfahrung fehlt. Das würde dazu führen, dass wir anderen einen Zustand absprechen, weil wir ihn nicht nachvollziehen können.

Analogieschluss von der eigenen Erfahrung

Will man Spaemanns metaphysische Lösung vermeiden, bleiben wahrscheinlich nur zwei Alternativen. Zum einen wäre dies das Vertrauen in die Geltung der innersubjektiven Wirklichkeit. Wir vertrauen also darauf, dass die uns geschilderte Wirklichkeit sich für den anderen auch so darstellt. Damit ist aber auch jeder Art von Fantasterei Tür und Tor geöffnet, und es scheint im Extremfall schwierig zu sein, dieses Vertrauen mit unserem »gesunden« Menschenverstand zu vereinbaren.

Oder wir führen, analog zum Common Sense, eine quasi objektive Ebene ein, die sozusagen als Reality-Check für die Aussagen des anderen dient. Diese Annahme scheint unserem Alltagsverständnis noch am nächsten zu kommen, indem wir subjektive Aussagen, insbesondere, wenn sie uns übertrieben scheinen oder unseren Erfahrungshintergrund sprengen, mit unserem Common Sense abgleichen und dann hinsichtlich ihres »Wahrheitsgehalts« bewerten. Es versteht sich von selbst, dass wir damit über die Hintertür aber auch die Annahme einer objektiven Realität hereingelassen haben.

Spaemann: Bedürfnis nach Metaphysik

Spaemann führt ein weiteres Beispiel für unser Bedürfnis nach Metaphysik an. Er argumentiert, dass (metaphysische) Bedürfnisse, sofern sie evolutionsbiologisch funktional erklärt werden, ihre Befriedigung und damit auch ihre Funktionalität verlieren: »Gäbe es ein solches Bedürfnis, dann würde die funktionale Interpretation dieses Bedürfnisses zugleich das, was hier funktional interpretiert wird, beseitigen, denn man kann unmöglich gleichzeitig daran festhalten. Das ist, wie wenn der Ethnologe die Regentänze der Hopi-Indianer interpretiert und sagt, sie seien sehr wichtig für ihren Stammeszusammenhalt – Regen machen sie natürlich nicht. Wenn dieser Ethnologe darüber mit den Hopi-Indianern spricht und ihnen sagt, sie sollen das ruhig weitermachen, weil das sehr wichtig ist, dann werden sie das natürlich nicht mehr tun, denn sie hofften, Regen zu machen.« (Spaemann 1987, 233)

Genesis ersetzt nie die Geltung

Hier kann man erwidern, dass die wissenschaftliche, objektive Erklärung eines Ethnologen erstens nicht verändernd in das Leben von Völkern eingreifen und zweitens auch nicht an der Lebenswirklichkeit der studierten Völker etwas ändern soll. Mit anderen Worten, und das ist ein Argument Spaemanns an anderer Stelle selbst: Genesis ersetzt nie die Geltung, schon gar nicht, wenn von verschiedenen Lebenswirklichkeiten ausgegangen wird.

Aber auch innerhalb der gleichen Lebenswirklichkeit lassen sich Genesis und Geltung versöhnen: »Objektives Wissen muß also nicht subjektive Bedürfnisse, Ängste, Nöte, subjektives Leid oder subjektive Freude aufheben.« (Wuchterl 1987, 237) Ein charmantes Beispiel dafür ist Niels Bohr, der an seinem Haustor ein Hufeisen hängen hatte. Von Besuchern gefragt, ob er denn abergläubisch sei, antwortete Bohr: »Das nicht, aber vielleicht hilft es trotzdem.«

Funktionalitäten können sich ändern

Wenn wir uns dem Problem von einer ernsthafteren Seite noch einmal zuwenden, lassen sich durchaus noch andere Aspekte finden, die Spaemanns Argument entkräften. Sein Argument war ja, eine funktionale Erklärung (Genesis) eines Bedürfnisses (Geltung) hebe dieses sozusagen auf. Man könnte aber auch argumentieren, selbst wenn das so wäre, würde dies entwicklungsgeschichtlich sowie ontologisch einem prozessualen Fortschritt entsprechen. Mit anderen Worten: Funktionalitäten können sich ändern, auch durch eigene Reflexion. Die Einsicht in die Funktionalität eines Bedürfnisses kann ein erster Schritt sein, um das Bedürfnis abzuschaffen, wie jeder Psychotherapeut (zu nutzen) weiß.

Der hypothetische Realismus

Beziehung zwischen Erkenntnisstruktur und Außenwelt

Der »hypothetische Realismus«, den viele evolutionäre Erkenntnistheoretiker vertreten, geht von einer realen Welt aus, die unabhängig vom Bewusstsein existiert und deren Strukturen zumindest teilweise erkennbar sind. Er wendet sich somit gegen die idealistischen Epistemologiekonzepte, wie sie beispielsweise von Berkeley, Fichte, Schelling, Vaihinger oder Mach vertreten werden. Um den hypothetischen Realismus zu verstehen, muss man das Grundproblem der Erkenntnisphilosophie verstehen, das darin liegt, die Beziehung zwischen Erkenntnisstruktur und Außenwelt zu benennen. Auf diese Fragestellung laufen auch das »Leib-Seele-Problem« und der »Rationalismus-Empirismus-Streit« hinaus, ebenso die Diskussion darüber, ob synthetisch-apriorische Aussagen möglich sind. Analytische Aussagen werden rein aus logischen Definitionen und Ableitungen gewonnen. Sie gelten a priori, das heißt unabhängig von jeder Erfahrung. Synthetische Aussagen hingegen entspringen empirischer Beobachtung, man nennt sie a posteriori. Analytisch-empirische Aussagen gibt es demnach nicht. Gibt es aber Aussagen, die a priori und zugleich synthetisch sind?

Synthetisch-apriorische Aussagen

Für den hypothetischen Realismus der evolutionären Erkenntnistheorie gibt es sie, da die apriorischen Strukturen des angeborenen menschlichen Erkenntnisvermögens als stammesgeschichtlich erworben, unabhängig von der individuellen Erfahrung, verstanden werden. So wird das phylogenetische Aposteriori in der Evolution zum ontogenetischen Apriori. Mit anderen Worten: Unsere angeborenen Anschauungsformen und Kategorien passen deshalb auf die Welt, weil sie sich in evolutionärer Anpassung an die Welt gebildet haben. Die Wirklichkeitserkenntnis ist demnach zwar hypothetisch, aber die strukturierte Außenwelt ist teilweise erkennbar und verstehbar über Wahrnehmung, Denken und eine intersubjektive Wissenschaft. (Vollmer 2002, 34)

Als wesentliches Kriterium für den hypothetischen Realismus, der ja auch unserem Alltagsverstand entspricht, gilt die Bewährung im popperschen Sinne. Schon Einstein war der Überzeugung, dass der Glaube an eine vom wahrnehmenden Subjekt unabhängige Außenwelt die Basis unserer Naturwissenschaft bildet. Gerhard Vollmer fasst die Grundaussagen einer hypothetisch-realistischen und evolutionären Erkenntnistheorie folgendermaßen zusammen: »Unser Erkenntnisapparat ist ein Ergebnis der Evolution. Die subjektiven Erkenntnisstrukturen passen auf die Welt, weil sie sich im Laufe der Evolution in Anpassung an diese reale Welt herausgebildet haben. Und sie stimmen mit den realen Strukturen teilweise überein, weil nur eine solche Übereinstimmung das Überleben ermöglichte.« (Vollmer 2002, 102)

Anpassung des Erkenntnisapparates

Vollmer versteht die Passung des menschlichen Erkenntnisapparates auf dessen Mesokosmos als Bestätigung der Anpassungstheorie, für die sich viele Beispiele finden lassen. Erwähnt sei nur unser Zeitempfinden bzw. dessen Ausprägung im subjektiven Zeitquant, das beim Menschen etwa eine Sechzehntelsekunde beträgt, bei Bienen beispielsweise aber sehr viel kürzer ist. Ein Filmprojektor, der in einem »Bienenkino« seinen Dienst verrichten würde, müsste also sehr viel schneller arbeiten, damit die Bienen den Wechsel der Bilder als zusammenhängenden Film erkennen. Der hypothetische Realismus begründet die Ausbildung der sensorischen Systeme der Tiere damit, dass die jeweilige Form es ihnen ermöglicht, diejenigen Informationen zu erhalten, die für das Überleben der Art relevant sind.

Hinreichend realistische Erkenntnisstrukturen

Falsche Hypothesen über die Außenwelt werden demnach in der Evolution sehr schnell eliminiert: »Der Affe, der keine realistische Wahrnehmung von dem Ast hatte, nach dem er sprang, war bald ein toter Affe – und gehört daher nicht zu unseren Urahnen.« (Simpson 1963, 21) Als logische Folge schließt der hypothetische Realismus aus der Tatsache, dass wir noch leben, darauf, dass wir anscheinend genügend angepasst sind und »unsere Erkenntnisstrukturen hinreichend realistisch sind« (Vollmer 2002, 104).

Dabei fällt auf, dass Vollmer die Passung durchaus ambivalent und damit widersprüchlich darstellt. Am Beispiel eines Pantoffeltierchens beschreibt er, wie der Einzeller nach dem Stoß an ein Hindernis die Richtung wechselt. Das Pantoffeltierchen habe »keine genaue Einsicht in seine Umgebung, aber doch darin ›recht‹, dass da etwas ist, dem man ausweichen muss« (Vollmer 2002, 119). Daraus leitet Vollmer eine lediglich »partielle Isomorphie« ab, also eine teilweise Strukturgleichheit von Organismus und Außenwelt.

Diese Richtungsänderung lässt sich systemtheoretisch widerspruchsfrei erklären, nämlich ohne strukturelle Isomorphie. Die Außenwelt muss in ihrer Struktur weder ganz noch teilweise vom Organismus erkannt werden, es reicht ein erfolgreiches Driften. Dies kann also auch durch Koexistenz, mit einem überlebensdienlichen Irrtum, was die Abbildung der Außenwelt angeht, erreicht werden – ein Gedanke, der sich übrigens schon bei Nietzsche findet. (Irrgang 1993)

Erkenntnis der Unvollkommenheit des Erkenntnisapparates ebenfalls hypothetisch

Auch an anderer Stelle bleibt die Konzeption des hypothetischen Realismus unbestimmt. Vollmer konzediert sehr wohl, dass die Erkenntnisse unseres Erkenntnisapparates über seine eigene Unvollkommenheit ebenfalls nur hypothetisch sind: »Wie gut unsere Erkenntnisse die Wirklichkeit treffen, lässt sich im hypothetischen Realismus und in der evolutionären Erkenntnistheorie niemals genau und beweisbar angeben. Der Grad der Übereinstimmung der von der theoretischen Erkenntnis konstruierten Welt mit der wirklichen Welt bleibt uns unbekannt, auch dann, wenn er vollkommen ist.« (Vollmer 2002, 137) Ein Übereinstimmungsverhältnis (gleich welchen Grades) lässt sich dann aber auch nicht behaupten. Meines Erachtens geht es Vollmer hier jedoch auch nicht um logische Widerspruchsfreiheit, sondern vielmehr um ein pragmatisches, evolutionäres Epistemologiekonzept.

Mesokosmos

Zwischen Mikrokosmos und Makrokosmos

Unsere Wahrnehmungswelt ist die Welt der »mittleren Dimensionen« (Bertalanffy), sie ist also ein »Mesokosmos« (Vollmer). In diesem Sinne sichert uns die Wahrnehmungswelt unseres Mesokosmos unser Überleben, lässt »uns aber im Stich, wenn wir die Grenzen des Mesokosmos überschreiten und Objekte zweiter Art konstruieren, deren reale Existenz nur indirekt erschlossen werden kann« (Oeser 1987, 45).

Für Oeser besteht die Leistung der evolutionären Erkenntnistheorie nun darin, dass sie die unreflektierte Position eines wissenschaftlichen Realismus zu einem kritischen hypothetischen Realismus erweitere. Damit sei gerade ein Weg zur methodologischen Erweiterung des Mesokosmos geschaffen, indem die evolutionäre Erkenntnistheorie nachweise, dass »zum Überleben nicht wirklichkeitsgetreue Abbilder, sondern nur richtige Reaktionen notwendig sind« (Oeser 1987, 45).

Irrtum nicht ausgeschlossen

Dabei muss man kritisch anmerken, dass die evolutionäre Erkenntnistheorie weder einen Nachweis erbracht hat noch von »Richtigkeit« im Sinne realistischer Passung gesprochen werden kann. Wir können uns immer vor Augen halten, dass auch ein »Realitätsirrtum« denkbar wäre, solange wir überleben. Percy Löwenhard, ein weiterer Vertreter der evolutionären Erkenntnistheorie, war sich dieses Unterschieds bewusst und formulierte bereits eine Synthese aus systemtheoretischer und evolutionsbiologischer Erkenntnistheorie: »Veränderte ökologische Bedingungen bieten dabei den äußeren Zwang zur adaptiven Selbstorganisation lebender Systeme. Es ist dabei zu beachten, daß dieser Prozeß sowohl eine konservierende Komponente, die Erhaltung erfolgreicher Entwicklungsstufen, als auch eine adaptive Komponente enthält.« (Löwenhard 1987, 105)

Aber auch Löwenhard sieht noch nicht, dass die Widerspiegelung von Eigenschaften der physikalischen Umwelt, in der die Organismen entstanden sind, nicht notwendigerweise eine Anpassungsleistung sein muss. Beide, Organismus und Umwelt, können durchaus als Träger derselben Struktur verstanden werden. Logischerweise ähneln sich die Strukturen auch nach ihrer Trennung noch, auch wenn sich auf beiden Seiten ein Milliarden Jahre alter Veränderungsprozess ereignet hat.

Kriterium für evolutionären Erfolg

Gerhard Vollmer rollt die Frage nach evolutionärem Erfolg und entsprechender Passung von hinten auf, indem er festhält, dass das Kriterium für evolutionären Erfolg nicht Wahrheit, sondern Fitness sei: »Ob die angeborenen Ideen eines Lebewesens, ob seine genetisch bedingten kognitiven Strukturen korrekt sind, ob sie angemessen sind, nicht nur mit der Realität einig zu werden, sondern eine (partiell isomorphe) interne Rekonstruktion der Welt zu liefern, kann nicht nach seinem Überleben allein beurteilt werden.« (Vollmer 1987, 149) Obwohl Vollmer in seinem hypothetischen Realismus zumindest von einer teilweisen Anpassung ausgeht, weist er auf einen wesentlichen Punkt in der Frage nach evolutionärer Anpassung hin: Überlebensfähigkeit ist ein notwendiges, aber kein hinreichendes Merkmal für Anpassung. Andersherum formuliert heißt das aber auch: Es kann ebenso ein Überleben ohne Anpassung geben. Damit wären wir abermals bei einer systemtheoretischen Deutung evolutionärer Erkenntnistheorie.

Anpassung und Telos

Ergebnis und Regeln der Evolution sind offen

Verfolgt man den Gedanken der »biologischen Wahrheit« weiter, so müsste es demnach optimale Spezies geben, die sich in ihrer Umgebung auf Dauer durchsetzen. Diese ständig wachsende Anpassung enthält damit einen teleologischen Zug. Will man diesen Gedanken nicht weiterspinnen, muss es zu einem Abgesang eines jeden möglichen Wirklichkeits- und Wahrheitsanspruchs kommen. Es ist heute wissenschaftlicher Konsens, dass Evolution zu jedem Zeitpunkt hinsichtlich Ergebnis und Spielregeln offen ist. Oder man verweist wie Diettrich im Konnotator der Evolutionstheorie selbst gar nicht mehr auf das Konnotat Welt, sondern bezeichnet diese lediglich als eine »Theorie der Evolution von Theorien (TET)« (Diettrich 1989, 13).

Hierbei kann man sich aber durchaus fragen, welche Bedeutung eine Theorie dann noch haben kann bzw. wie sich unsere Erkenntnis durch diese skeptizistische Annahme verbessert. Im skeptizistischen, aber durchaus pragmatischen Weltbild Diettrichs zeigt sich eine Lösung insofern, als die Objektivierbarkeit als angeborene Kategorie menschlichen Denkens verstanden werden kann und demnach am evolutionären Nutzen für den Träger zu messen ist. Dieser Vorschlag macht durchaus Sinn, wenn er auch einem epistemologischen Beweis, ebenso wie alle anderen Theorien, fernbleibt.

Realismuskritische Systemtheorie und Evolutionstheorie

Dabei darf nicht übersehen werden, dass das Konzept der Realität durchaus als Immunisierungskonzept einer einmal gewonnenen Erkenntnis gesehen werden kann. Allerdings muss sich dieses Konzept ständig in seiner Überlebensfähigkeit bewähren. Wir können uns also fragen, wie sich Realismuskritik auf die Evolution berufen kann und zugleich die Existenz dieser Evolution relativiert. Wie kann sie sich auf etwas berufen, was sie zugleich infrage stellt? Oder mit anderen Worten: Wie können realismuskritische Systemtheorie und Evolutionstheorie zusammen überhaupt widerspruchsfrei gedacht werden? Wie kann eine adäquate Theorie hierfür aussehen?

Teleologie und Teleonomie

Vollmer (2002) spricht sich in Anlehnung an Pittendrigh (1958) dafür aus, die Zielgerichtetheit der Natur mit dem säkularisierten Begriff der »Teleonomie« zu bezeichnen, der sich zur Teleologie ebenso verhalte wie die Astronomie zur Astrologie. Während teleologisch die Evolution als Ganzes ein vorbestimmtes Ziel habe, ist eine Struktur teleonomisch nur zu dem Zeitpunkt zweckmäßig zu nennen, zu dem sie auftritt. Während der Begriff der Teleonomie in Anlehnung an seine biologische Herkunft einen programmgesteuerten, systemerhaltenden Prozess meint (Mohr 1987, 112), drückt sich in der »Teleologie« ein Finalismus aus, der auf einen Endzustand ausgerichtet ist. Auch Jacques Monod hat vorgeschlagen, das Konzept der Teleologie durch die Teleonomie zu ersetzen; und der Wiener Physiologe Ernst Brücke verglich die Teleologie mit einer Frau, ohne die der Biologe nicht leben könne, mit der er sich aber schäme in der Öffentlichkeit gesehen zu werden.

Wie Henri Atlan bereits 1979 gesehen hat (Miermont 2005), wird das Problem bzw. die Erklärung damit aber nur verschoben. Die Lage scheint vergleichbar der praktischen Unmöglichkeit quantentheoretischer Bestimmung, die theoretisch aber durchaus eine Determination als möglich zulässt. Mit anderen Worten: Der Gedanke der Teleonomie entspricht zunächst durchaus dem systemtheoretischen Verständnis unmittelbarer Viabilität einer Art, in einem bestimmten Zeitraum etc., ohne gleich eine evolutionäre Finalität annehmen zu müssen, wie es der Darwinismus tat.

Differenzierung unnötig

Wenn wir Leben im Sinne der Selbstorganisation begreifen und damit die Entstehung von Ordnung bereits vor der Selektion ansetzen, dann lässt sich fragen, woraus diese Organisation (im Sinne der Teleonomie: temporäre Organisation) ihrerseits entstand. In diesem Sinne lässt sich eine Teleologie der Evolution durchaus theoretisch denken, wenn wir über alle Ordnungsvariablen unterrichtet wären. Gesetzmäßigkeiten, die sich in einer Mutationsphase zeigen, wären demnach immer schon weit über die Teleonomie, bis hin zum Urknall und sogar darüber hinaus, angelegt. Eine Differenzierung zwischen Teleonomie und Teleologie ist unnötig.

Ungerichtetheit der menschlichen Evolution

Wenn unser evolutionäres Erfolgsgeheimnis vor allem in unserer Vielseitigkeit und unserer lebenslangen Neugier liegt, so spricht dies gegen eine Anpassungstheorie. Eine »Spezialisierung auf Nichtspezialisiertsein« scheint doch schwer durch Festlegung auf die Struktur der Außenwelt aufrechterhalten werden zu können. Vollmer begreift jede Mutation als »eine Hypothese über die Struktur der Außenwelt« (Vollmer 2002, 153). Damit wird aber gerade der heuristische Mehrwert, den ungerichtete, zufällige Mutationsmerkmale haben, missachtet. Schließlich muss sich die Adaptionstheorie immer fragen lassen, welchen evolutionären Mehrwert Adaption per se hätte. Selbstorganisation sowie ungerichtete zufällige Mutation wären beides Prinzipien, die einer solchen adaptiven Spezialisierung entgegenwirken und die Ungerichtetheit der menschlichen Evolution erklären.

Trial and Error

Poppers Version einer evolutionären Erkenntnistheorie

Karl Poppers Version einer evolutionären Erkenntnistheorie hebt sich nach eigenen Aussagen gerade darin vom Mainstream ab, dass sie das Moment der Aktivität, das in Versuch und Irrtum steckt, betont: »Meine Theorie des Wissens oder der Erkenntnis ist darin also ganz revolutionär und dreht alles um, was meine Vorgänger bisher gesagt haben. Wir sind aktiv, wir probieren dauernd aus, wir arbeiten dauernd mit der Methode von Versuch und Irrtum.« (Popper 1987, 35)

Popper kommt dem Verständnis selbstorganisatorischer Evolution noch näher, indem er die Umwelt lediglich als limitierenden Faktor bestimmt, ähnlich der systemischen Viabilität: »Die Empirie ist das, was nein sagt. Jene Versuche, die nicht erfolgreich sind – also die Irrtümer –, werden ausgeschaltet.« (Popper 1987, 35) Popper wird aber trotz dieser Ähnlichkeiten noch kein Systemtheoretiker, da er seinen objektiven Wahrheitsbegriff nicht fallen lässt: »Wäre die Wahrheit nicht absolut und objektiv, so könnten wir uns nicht irren. Oder unsere Irrtümer wären so gut wie unsere Wahrheit.« (Popper 1987, 36)

Zudem hält Popper noch an einer Passung zwischen Organismus und Umwelt fest, was ihn allerdings vor das Problem stellt, wieso es überhaupt Passung gibt: »Warum sollte es [Leben] dann gerade so entstehen, daß es zufällig mit der Umgebung, in der es entstanden ist, irgendwie übereinstimmt? Ein überaus schwieriges Problem.« (Popper 1987, 37) Ein Problem, das die Systemtheorie lösen kann, Organismus und Umwelt tragen dieselbe selbstorganisatorische Struktur in sich.

Emergenz versus Fulguration

Die Entstehung neuer Eigenschaften wird innerhalb der Systemtheorie durch »Emergenz«, beim hypothetischen Realismus durch »Fulguration« erklärt. Der Unterschied besteht darin, dass der Gedanke der Emergenz etwas zum Vorschein bringt, was potenziell schon in der Struktur vorhanden ist, während bei der Fulguration (lat. fulgur = Blitz) etwas Neues auftritt, das vorher auch nicht in Andeutungen vorhanden war. Ähnlich wie der »chaostheoretische Fehlschluss« die Determination komplizierter Variablen ausschließt, scheint die Theorie der Fulguration hier auf ein praktisches Prinzip zu verweisen, denn theoretisch bleibt der Determinismus, und mit ihm die durchgängige Bestimmbarkeit aller Elemente, auch für die Fulguration ein wesentlicher Einwand. Die Tatsache, dass die Wirkursachen, die zu einer Fulguration zu einem bestimmten Zeitpunkt führen, nicht bekannt sind, heißt nicht notwendigerweise, dass diese quantitativen Ursachen nicht potenziell für die ausgelösten qualitativen Veränderungen verantwortlich sein können.

Wie die evolutionäre Erkenntnistheorie selbst postuliert, überleben in der Wissenschaft nur solche Theorien, die sich in der Erfahrung bewähren. Wie werden sehen, ob die evolutionäre Erkenntnistheorie überlebt und sich somit die evolutionäre Nützlichkeit ihrer Aussagen beweist.

Zusammenfassung

- Erkenntnistheorie hat immer das Problem, die eigenen Voraussetzungen begründen zu wollen. Wenn sich Erkenntnis nie zweifelsfrei begründen lässt, dann ist die Annahme eines hypothetischen Realismus ebenso konsequent. Wenn man einmal an die Evolutionslehre »glaubt«, so muss sich auch jede andere Theorie auf ihre biologischen Grundlagen zurückführen lassen. Auch unsere Erkenntnis ist dann evolutionär geprägt.

- Eine systemisch-evolutionäre Erkenntnistheorie verfolgt wie die klassische evolutionäre Erkenntnistheorie die Annahme eines hypothetischen Realismus und verbindet das Paradigma der Selbstorganisation mit ihrer biologischen Herleitung. Allerdings unterscheidet beide, dass die systemisch-evolutionäre Erkenntnistheorie nicht mehr die Annahme einer Anpassung der Erkenntnisstrukturen an die Umwelt braucht – und damit vermeidet sie viele Widersprüche der klassischen evolutionären Erkenntnistheorie.

9. Was wir tun sollen

»Was ist der Haken an der Kultur? – Es sollte einen wirklich misstrauisch machen, dass sie nur bei einer einzigen Art auftritt.«
PETER J. RICHERSON / ROBERT BOYD

Ist der Mensch schlecht?

Hobbes: Menschen sind egoistisch

Obwohl es aus dem 17. Jahrhundert stammt, prägt das Menschenbild des englischen Philosophen Thomas Hobbes auch heute noch unsere Auffassung von der Natur des Menschen, insbesondere in der Ökonomie. Zwar scheinen die Lebensumstände, wie sie in der Mitte des 17. Jahrhunderts von Hobbes als »unangenehm«, »einsam«, »arm«, »brutal« und »kurz« beschrieben wurden (Hobbes 1651), heute nicht mehr zutreffend, insbesondere wenn man den Lebensstandard und den technologischen Standard in den entwickelten Industrienationen betrachtet. (Kurzweil 2006) Doch Hobbes' Menschenbild ist auch heute in Institutionen und Unternehmen präsent, wenn der Mensch als »isoliert«, »misstrauisch« sowie »auf seinen eigenen Vorteil bedacht« und »in Konkurrenz« zu anderen stehend skizziert wird. (Gergen 2002)

Ursprung der Konkurrenz

Dabei ist interessant, wie noch Hobbes selbst die Entstehung von Konkurrenz erklärt. Grundsätzlich hält er alle Menschen hinsichtlich ihrer physischen und psychischen Fähigkeiten zunächst für gleich ausgestattet und damit vergleichbar. Aus dieser Gleichheit entsteht Unsicherheit und aus der Unsicherheit Krieg. Wenn zwei das Gleiche verlangen, aber nicht zugleich in den Genuss dieser Sache kommen können, werden sie Feinde.

Die Ziele des Menschen bestehen vornehmlich in Selbsterhaltung und Vergnügen. Aus der Natur des Menschen ergeben sich Hobbes zufolge drei Hauptursachen für Konflikte, nämlich Konkurrenz, Unsicherheit und Ruhmsucht. Außerhalb von Staatswesen herrscht deswegen immer der Krieg eines jeden gegen jeden (»war of every man against every man«, Leviathan, Kap. XIII). Gemütsbewegungen, welche die Menschen zum Frieden geneigt machen, sind zum einen die Furcht vor dem Tod, das Verlangen nach Dingen für ein angenehmes Leben und die Hoffnung, diese durch Fleiß zu erlangen.

Keine Kooperation

Auch wenn Hobbes um die Funktion von Kooperation in der Natur beispielsweise bei Bienen und Ameisen weiß, schließt er sie für das gemeinschaftliche Zusammenleben der Menschen aus. Er nennt dafür mannigfaltige Gründe, so etwa die ständige Konkurrenz des Menschen um Ehre und Würde oder etwa die menschliche Freude daran, sich mit anderen zu vergleichen, um selbst herausragen zu können.

Die Annahme einer »schlechten« Natur des Menschen, wie sie von Hobbes oder am Ende des 19. Jahrhunderts auch von Thomas Huxley behauptet wurde, traf schon bei seinen Zeitgenossen auf profunde Kritik, beispielsweise in den Ausführungen des Russen Kropotkin (siehe Kapitel 2). Auch in der späteren Geschichte finden sich zahlreiche stichhaltige Argumente für den Stellenwert der Kooperation in der Evolution (Trivers 1971), die aber offenbar in der öffentlichen Wahrnehmung nie dieselbe Aufmerksamkeit fanden wie das Menschenbild von Hobbes. (de Waal 2008)

In der weiteren Geschichte findet sich die hobbessche Argumentation auch in der Vertragstheorie, bis hin zu John Rawls' Gerechtigkeitstheorie. Demnach werden Verträge geschlossen, wenn die Aussicht besteht, dass eine Kooperation für alle vorteilhaft ist.

Im Lichte unseres heutigen Wissens über die Evolution hält der amerikanische Primatologe Frans de Waal diese Ansicht für unhaltbar. Unsere Geschichte zeige vielmehr, dass wir schon

Frans de Waal: Kooperation als Überlebensstrategie

immer in Gruppen und kooperativen Zusammenschlüssen lebten: »Wir entstammen einer langen Ahnengalerie von hierarchischen Tieren, für die das Leben in Gruppen keine Option, sondern eine Überlebensstrategie war. Jeder Zoologe würde unsere Art als notwendigerweise gesellig klassifizieren.« (de Waal 2008, 22) Die einmal unterstellte Vorherrschaft des hobbesschen Krieges aller gegen alle hätte den menschlichen Primaten nur den Untergang gebracht. (Kohn 1989)

Peter Singer

Wie der australische Bioethiker Peter Singer (2004) ausführt, war Hobbes' Behauptung der ständig kämpfenden menschlichen Natur zwar falsch, setzte sich aber dennoch durch und wurde zur kapitalistischen Haupttugend. Singer leitet von ihr ausgehend eine ganze Kulturkritik ab, denn Habgier kennzeichne nicht nur die kapitalistische Wirtschaftsweise, sondern führte auch zur Ausbeutung der Natur. Demnach interpretieren wir fälschlicherweise den Verbrauch unserer natürlichen Ressourcen und die hierbei entstehenden Abfallprodukte als Zeichen des Wohlstandes und nicht als Zeichen schwindender und zerstörter Möglichkeiten. Ebenso werden Tiere nicht als empfindende Mitlebewesen betrachtet, sondern als Maschinen zur Erfüllung unserer Interessen. Die Möglichkeit, den Welthunger abzuschaffen, steht als ethischer Wert hinter westlichem Konsumhunger zurück.

Die Historie der empiristischen Philosophie, die mit Hobbes, Locke und Hume startet und später im englischen Utilitarismus sowie im amerikanischen Pragmatismus eine Fortsetzung findet, geht auf die Annahme zurück, dass der Mensch ethisches Handeln nur aus einem Eigeninteresse ableiten kann und will. Hobbes nannte das die Selbstsucht des Menschen. Der antike, abendländische Vorläufer dieser Ethik ist Epikur und seine Konzeption des Hedonismus, die missverstanden wurde und noch heute jenen als Credo gilt, denen es vor allem um ihre Selbstsucht geht, etwas, was Epikur gerade nicht im Sinn hatte.

Kollektivismus oder Individualismus

Oft wird als Korrektiv individualistischer Kultur das Beispiel des kollektivistischen Asiens angeführt, was auch im japanischen Sprichwort »Der Nagel, der heraussteht, soll hineingeklopft werden« zum Ausdruck kommt. Allerdings wird einem alles zum Nagel, wenn man nur einen Hammer hat. Die morgenländische Kultur des Kollektivismus zeigt, dass die völlige Zurücknahme von Individualität in der Gruppe auch nur möglich wird durch die Ausgrenzung anderer Gruppen, Unternehmen etc. Dennoch zeigt sich im asiatischen Modell eine praktische Alternative, die kooperatives, gruppendienliches Verhalten belohnt, im Gegensatz zu den individualistischen Incentives der westlichen Welt.

Erich Fromm

Die moderne Gesellschaft ist durch unzählige Dogmen gekennzeichnet, so der Sozialphilosoph Erich Fromm, der vor allem mit seiner Unterscheidung zwischen der Existenzweise des »Habens« und der des »Seins« bekannt geworden ist. Ein Dogma bestehe in der Annahme, der Mensch sei von Natur aus faul und passiv. Dieses Dogma lasse sich auf gesellschaftliche Erziehungs- und Arbeitsmethoden zurückführen; es sei ein Klischee ohne faktische Grundlagen. Und es diene dazu, Macht über Schwache und Hilflose auszuüben. Demgegenüber sind nach Fromms Anthropologie sowohl die Existenzweise des Habens als auch die des Seins Möglichkeiten der Äußerung menschlicher Natur.

Selbstsucht wurde in der Industriegesellschaft zur Regel

Durchaus auch unter dem Einfluss der stark vorherrschenden milieutheoretischen und behavioristischen Annahmen der 1970er-Jahre betont Fromm die lebenslange Entwicklung des Charakters, der auch noch nach der Kindheit entscheidend verändert werden könne. Im Sinne der vorhandenen natürlichen Anlagen ist Fromm überrascht, dass »Akte der Selbstsucht in der Industriegesellschaft schließlich zur Regel und Akte der Solidarität zur Ausnahme wurden« (Fromm 1987, 105), und fordert in seinem Humanismus eine von Grund auf veränderte sozioökonomische Struktur. Demnach soll die ökonomische Produktion den Bedürfnissen des Menschen und nicht den Erfordernissen der Wirtschaft entsprechen. Solidarität solle gefördert, menschliches Leiden vermindert werden.

Das Verhältnis von Mensch zu Natur müsse zugunsten eines Wechsels hin zu Kooperation und weg von Ausbeutung erneuert werden. Nicht maximaler, sondern vernünftiger Konsum fördere das menschliche Wohl. Der Mensch muss aus der Verurteilung zu einer Existenz als »Homo consumens« befreit werden, und das heißt, dem Zwang zu entrinnen, »die Industrie durch pathologisch übersteigerten Konsum auf Touren zu halten ... in der eine gesunde Wirtschaft nur um den Preis kranker Menschen möglich ist. Unsere Aufgabe ist es, eine gesunde Wirtschaft für gesunde Menschen zu schaffen.« (Fromm 1987, 169)

Bedürfnisse erforschen

Eine rein verbraucherorientierte Produktion greift aber für Fromm auch zu kurz, da dies noch nichts über den Inhalt und die Art des Verbrauchs aussagt. Für ihn kann die Lösung nur in »vernünftigem und menschenwürdigem Konsum« (Fromm 1987, 172) bestehen. Da es für ihn als liberalen Humanisten aber ebenfalls ausgeschlossen ist, dass staatliche Instanzen die »richtigen« Bedürfnisse bestimmen, fordert er eine wissenschaftliche Grundlagenforschung über die Natur menschlicher Bedürfnisse, welche lebensfördernde und lebensschädigende Merkmale identifiziert: »Wir werden differenzieren müssen, welche Bedürfnisse unserem Organismus entspringen; welche das Ergebnis des kulturellen Fortschritts sind; welche einen Ausdruck individuellen Wachstums darstellen; welche synthetisch sind und dem Menschen von der Industrie aufgezwungen werden; welche aktivieren und welche passiv machen; welche in Krankheit und welche in psychischer Gesundheit wurzeln.« (Fromm 1987, 170)

Deswegen hält Fromm es für vielversprechend, die Gesetze der Tier- und Menschenwelt im Zusammenhang von biologischer und kultureller Evolution zu untersuchen, um sie zu verstehen. Die dabei gefundenen Gesetzmäßigkeiten dürfen sich nicht widersprechen, sollen sie als allgemeingültiger Bauplan, der sich als roter Faden durch die Evolution zieht, gelten. Fromm entwirft damit bereits das Programm einer modernen, evolutionär geprägten Systemtheorie.

Fromm: Extreme Einkommensunterschiede abschaffen

Fromm spricht sich ebenso gegen Vulgärkapitalismus wie -kommunismus aus, soweit sich dieser individualpsychologisch im Wesentlichen auf Neid gründet. Denn die Forderung, niemand solle mehr haben als man selbst, schützte lediglich vor dem Neid, den man in diesem Fall empfände. Richtig verstandener Sozialismus, oder im Sinne Fromms: Humanismus, heißt, sowohl Luxus als auch Armut zu verhindern. Gleichheit wird damit nicht als naive, quantitative Gleichverteilung materieller Güter verstanden, sondern als Abschaffung von extremen Einkommensunterschieden, die nebenbei auch zu extrem divergenten Lebenserfahrungen in den entstehenden sozialen Schichten führen. In diesem Gedanken geht Fromm auf Marx zurück, der diesen Aspekt als die »Negierung der Persönlichkeit des Menschen« bezeichnet hat (Marx 2008/1844, 591).

Fromm kommt durch seine anthropologischen Untersuchungen zu dem Schluss, dass der prähistorische Mensch als Jäger und Sammler in Sippenverbänden ein Minimum an Destruktivität und ein Optimum an Bereitschaft zur Kooperation und zum Teilen gezeigt hat. Erst mit der wachsenden Produktivität und Arbeitsteilung, der Bildung von Staaten und Hierarchien entstanden Destruktivität und Grausamkeit, und zwar mit fortschreitendem Ausmaß.

Die menschliche Natur: weder gut noch böse

Die Behauptung, die menschliche Natur sei böse, treffe deshalb genauso wenig zu wie die Aussage, der Mensch sei gut. (Fromm 1991/1973, 489) Wissenschaftliche Gründe für die Annahme einer angeborenen »bösen« menschlichen Natur ließen sich nicht finden. Die Tendenz, lebensfördernde, »gute« Verhaltensweisen zu zeigen und auch gesellschaftlich zu etablieren, liegt für Fromm in der Vereinigung der menschlichen Kräfte von kritischem und rationalem Denken, gepaart mit der für ihn kostbarsten Eigenschaft des Menschen, der Liebe zum Leben.

Charakter = evolutionärer Ersatz für Instinkte

Charakter ist für Fromm die zweite Natur des Menschen. Er dient als evolutionärer Ersatz für die nur noch schwach entwickelten Instinkte und ist damit als soziobiologische Kategorie zu verstehen. Ob die beherrschende Leidenschaft eines Menschen sich zur Liebe oder zum Zerstörungsdrang hin wendet, hängt weitgehend von den sozialen Umständen ab. Trotz dieser Konzession an die weitverbreitete Milieutheorie seiner Zeitgenossen lehnt Fromm jedoch die Annahme einer unbegrenzt formbaren, undifferenzierten Psyche ab. Der Entwurf des »neuen Menschen«, wie Fromm ihn sich vorstellt, kann für ihn nur gelingen, wenn der durch Profit und Macht bestimmte »Marktcharakter« abgelöst und durch einen »produktiven«, »liebesfähigen« Charakter ersetzt wird. (Fromm 1991 / 1973, 192)

Glück

Bereits die alten Griechen formulierten die »Paradoxie des Hedonismus«, wonach Glück sich gerade dann nicht einstelle, wenn man es suche. Ein mechanistisches, rein kybernetisches Verständnis von Glück, das beispielsweise durch das Angeschlossensein an eine Glücksmaschine imaginiert werden kann, würde unserem Selbstverständnis widersprechen (die sogenannte »Hedonismusfalle«). Außerdem gewährt jedes neu erreichte Niveau von Bequemlichkeit oder Luxus gegenüber dem vorherigen Zustand bald keine starke Befriedigung mehr. Interessanterweise lässt sich auch empirisch zeigen, dass Wohlstand und Glück nur schwach korrelieren; permanentes Wirtschaftswachstum erzeugt vielmehr ständig neue Bedürfnisse. (Singer 2004) Soziologisch lässt sich diese angenommene Korrelation auf eine Zeit zurückführen, die sich noch nicht mit den Schattenseiten des Wachstums und mit Ressourcenschwund auseinandersetzen musste. Heute spiegelt das Bruttosozialprodukt jedenfalls nicht zwangsläufig das Glück der Bevölkerung wider. So müssen wir Wohlstand heute neu definieren.

Gewinnenwollen ist antrainiert

Während Aristoteles ebenso wie das Frühchristentum die Vermehrung von Geld durch Geld als unnatürlich bezeichnete, ist sie für den Kapitalismus gerade wesentlich. Diese moderne Einstellung zu Geld und Erwerb, wie sie uns heute als selbstverständlich erscheint, war dabei in mehr als drei Vierteln der Geschichte des Abendlandes noch stigmatisiert. Der amerikanische Psychologe Alfie Kohn beschreibt den Wettbewerb als erlerntes Phänomen, wonach gewinnen zu wollen unter dem Einfluss von Erziehung und Arbeit erst hart trainiert werden müsse: »Erst werden wir systematisch darauf abgerichtet zu konkurrieren … und dann wird das Ergebnis als Beweis für die Unvermeidlichkeit des Wettbewerbs angeführt.« (Kohn 1989, 30)

Alles nur Fassade?

Moralisches Verhalten – nur Fassade?

Wenn die Natur des Menschen im Grunde schlecht sein soll, dann wäre moralisches Verhalten nur »Fassade«. Dies wurde treffend formuliert als: »Kratz einen Altruisten und ein Heuchler wird bluten.« (Ghiselin 1974, 274) Diese Argumentation setzt aber ihrerseits voraus, dass die Quelle dieser Fassade bestimmt werden kann, und das kann sie gerade nicht. (Ober / Macedo 2008) Der Verhaltensforscher Frans de Waal (2008) bemüht sich, durch empirische Fakten zu belegen, dass die »Fassadentheorie« falsch ist, und sieht seine Ansicht auch durch die moderne Neurowissenschaft bestätigt. Demnach versteht de Waal die menschliche Natur als sozial und die Wurzeln der Ethik schon in den Eigenschaften und Verhaltensmustern der Primaten begründet.

Moralsystem als Aufbau auf unser biologisches Erbe

Auch Peter Singer führt unsere Ethik auf ihre evolutionären Ursprünge zurück. Allerdings stellt sich für Singer nicht die Frage, ob die Fassadentheorie zutrifft oder nicht, sondern vielmehr, in welchem Grade sie zutrifft, wie weit also Moralität bereits evolutionär verankert ist und wie weit sie erst später aufgesetzt wird. In diesem Sinne versteht de Waal unser Moralsystem als Aufbau auf unser vorhandenes biologisches Erbe mit einer pragmatischen Betonung der gemeinsamen Grundlage, ohne die Behauptung absoluter Geltung: »Würden wir unsere gemeinsame Grundlage mit den Primaten vernachlässigen und die evolutionären Wurzeln der menschlichen Moral bestreiten, wäre dies, als würden wir an die Spitze eines Turms gelangen, nur um dann zu verkünden, dass der Rest des Gebäudes belanglos sei, dass der wichtige Begriff des Turms seiner Spitze vorbehalten werden sollte ... Sind Tiere moralisch? Schließen wir einfach, dass die Tiere mehrere Stockwerke im Turm der Moral belegen. Die Ablehnung selbst dieses moderaten Vorschlags kann nur zu einem verkümmerten Begriff von dem Gebäude als Ganzem führen.« (de Waal 2008, 200) In diesem Sinne macht es dann aber nur noch wenig Sinn, die »Fassade« einer Fassadentheorie aufrechtzuerhalten.

Peter Singer (2008) lehnt, wie aus seinem Engagement für Tiere heraus deutlich wird, eine Stufung unserer moralischen

Verpflichtung ab. Lässt man den Rückbezug auf unsere biologischen Wurzeln einmal zu, so kann es auch keine moralische Sonderstellung des Menschen geben. Die Forderung nach Gleichbehandlung aller Lebewesen entspricht einer Haltung, die ihn konsequenterweise letztlich zum Vegetarismus führt.

Wie kann das Gute gefördert werden?

Ethik und Gemeinschaftsstruktur können sich nach Singer in eine positive Richtung entwickeln, ebenso können sich aber auch negative Normen bilden. (Singer 2004) In diesem Sinne geht er mit Erich Fromm konform, der lebensfördernde sowie lebenshemmende Maßnahmen als Katalysator ethischer bzw. unethischer Verhaltensweisen bestimmt. Der Mensch ist von Natur aus weder im rousseauschen Sinne gut noch im hobbesschen Sinne böse, er ist beides. Die Frage ist, wie die gute Seite durch ethische Verhaltensregeln im Sinne einer ethisch-kulturellen Evolution gestützt werden kann.

Ursprung ethischen Verhaltens

Wenn man diesem Konzept folgt, stellt sich allerdings die Frage, woher die ethische Begründung ihrerseits stammt. Sie beruht dann nicht auf der Natur, denn auch unethisches Verhalten wäre natürlich zu nennen. Warum sollten wir aber gut handeln, wenn wir gar nicht (oder zumindest nicht nur) so geschaffen sind? Rein praktisch bietet uns Aristoteles darüber hinaus eine pragmatische Vorgehensweise an, wie wir ethisch werden: Die Menschen lieben ihre Gewohnheiten. Indem wir uns ethisches Handeln zur Gewohnheit machen, werden wir dann auch zwangsläufig ethisches Handeln lieben. Doch auch dieses Argument schafft uns keinen Ausweg aus dem Dilemma, da wir uns immer noch fragen können: Warum sollten wir uns ethisches Verhalten zur Gewohnheit machen? Mit anderen Worten: Warum sollen wir das Sollen wollen?

Die Systemtheorie kann mithilfe der evolutionsbiologischen Forschung hier eine Antwort bieten, die Kooperation und Koevolution als die durchaus überlebensfähigere Variante – und damit der menschlichen Natur nähere – bestimmt. Es ist zu kurz gedacht, die Natur als einen Kampf auf Leben und Tod aufzufassen, in dem alle Lebewesen, auf ihre eigene Nahrung, Sicherheit und Fortpflanzung bedacht, andere ausrotten wollen. Diese Lehre lässt sich aus dem Studium der Evolutionsbiologie nicht ziehen. (Singer 2004)

Aggressionen

Kriegslust steigt mit Zivilisationsgrad

In Erich Fromms Anthropologie finden sich zwei bestimmende Determinanten, nämlich auf der einen Seite die abnehmende Determinierung des menschlichen Verhaltens durch Instinkte und auf der anderen Seite die geistige Selbstbestimmung des Menschen. (Fromm 1987) Je höher ein Tier auf der evolutionären Stufenleiter steht, umso weniger würde es demnach durch phylogenetisch programmierte Instinkte festgelegt. Wenn Aggression eine natürliche menschliche Anlage wäre, so müssten die Primaten noch kriegslüsterner als zivilisierte Gesellschaften gewesen sein. Es zeigt sich aber gerade, dass primitive Menschen die am wenigsten kriegerischen waren und die Kriegslust mit der Zivilisation zunimmt.

Demnach handelt es sich beim Hang des Menschen zum Krieg offensichtlich nicht um einen Instinkt, sondern um einen hochentwickelten kulturellen Komplex. Fromm weist nach, dass die meisten Kriege nicht durch aufgestaute Aggression verursacht wurden, sondern durch die instrumentalisierte Aggression der militärischen und politischen Eliten. Dies zeigt sich auch bei einem quantitativen Vergleich: Je primitiver eine Zivilisation ist, umso weniger Kriege führt sie. (Wright 1965)

Gutartige und bösartige Aggressionen

Fromm stellt sich damit gegen Anthropologen wie Konrad Lorenz oder dessen Schüler Irenäus Eibl-Eibesfeldt, die Aggression im Wesentlichen als biologisch notwendigen, evolutionären Impuls betrachteten. Er widerlegt Lorenz' Annahme vom Krieg als natürlichem Zustand des Menschen als ungeprüft übernommenes hobbessches Klischee. Dabei führt er unter anderem ein ähnliches Argument wie Kropotkin an, nämlich die fragliche Viabilität von aggressiven Individuen: Aufgrund ihrer kriegerischen Dezimierung wären die Aggressiven in Bezug auf die Selektion doch gerade benachteiligt. Fromm unterscheidet »gutartige« Aggressionen, die als biologisch notwendige Abwehr gegen Angriffe durchaus angeboren sein können, und »bösartige« Aggressionen wie menschliche Grausamkeit und Destruktivität, die erworben sind. So stellt er die Analogieschlüsse, die Lorenz anhand des Verhaltens mancher Tiere auf das Verhalten von Menschen zieht, grundsätzlich infrage. (Fromm 1973)

Aggressionen und Sport

Auf Konrad Lorenz geht auch die Empfehlung zurück, aggressive Anlagen durch sportliche Tätigkeiten zu sublimieren. Der Wettkampfcharakter, der dabei entsteht, wird oft als Argument dafür verwendet, im Menschen eine angeborene Konkurrenz zu behaupten. Konkurrenz und Aggression seien demnach nicht ökonomisch verursacht, sondern zeigten sich schon in Sport und Spiel. Die Reduzierung von Aggression durch Sport (Katharsistheorie) ist aber nicht nur umstritten, sondern es ist sogar naheliegender, dass Sport – in bestimmten Formen, insbesondere im Profisport bzw. in Form von Wettkämpfen – gerade Aggressionen schürt und die Schwelle für Gewaltbereitschaft absenkt.

Kommerzialisierung des Sports

Erich Fromm (1973) weist darauf hin, dass der Wettkampfcharakter im Sport gerade durch die Kommerzialisierung gesteuert wird und dazu tendiert, konkurrierende Aggression und Nationalstolz zu steigern.

Wenn ökonomische Konkurrenz durch die Analogie zum Sport legitimiert werden soll, werden die unterschiedlichen Konsequenzen, die der Wettkampf in Sport und Wirtschaft jeweils hat, oftmals ausgeblendet. Sport dient dem spielerischen Vergleich. Nicht das Ergebnis, sondern das Spiel selbst ist der Zweck. Auch wenn die Begriffe häufig synonym verwendet werden, zeigt sich, dass Wettkampf und Spiel völlig verschieden voneinander sind. (Kohn 1989) Selbst bei häufigen »Niederlagen« kann das Spiel Spaß machen und auch der Vergleich mit anderen. Nicht der Vergleich an einem dritten Maßstab (dem sportlichen Ergebnis) ist entscheidend, sondern die Motivation, die eigene Leistungsfähigkeit zu entwickeln, angespornt durch die Leistung anderer.

Ganz anders verhält es sich mit dem ökonomischen Wettkampf. Der Ausgang ist hier entscheidend für das eigene Überleben, und damit wird nicht der Weg, sondern das Ziel entscheidend. Konkurrenz im kapitalistischen Sinne entfacht weder die höchste Leistungsfähigkeit noch die Motivation der Menschen und entspricht auch nicht unseren natürlichen Anlagen. Die Rechtfertigung rein kapitalistischen Wirtschaftens mit der Behauptung, Konkurrenz, Neid, Gewinnsucht oder Egoismus seien angeborene menschliche Charakterzüge, entbehrt des Beweises.

Ökonomischer Wettkampf: andere Konsequenzen

So mag es sein, dass Sport auf das Leben vorbereitet, allerdings auf ein Leben als Kampf. Sport spiegelt nicht nur die herrschende Wettbewerbsstruktur der Gesellschaft wider, sondern erzeugt sie auch selbst. Anstatt Sportler auf der Grundlage ihrer eigenen Fähigkeiten zu beurteilen, wird ständig der Vergleich mit anderen bemüht.

Dass Wettbewerb dabei als eine Form von Aggression verstanden wird, ist nicht zuletzt auf Sigmund Freud und Konrad Lorenz zurückzuführen. Beide gingen davon aus, dass die Ersatzbefriedigung des Wettkampfs Aggression abbaue, wobei Lorenz seine Ansicht später selbst in Zweifel zog. Bis heute fehlen für die Katharsistheorie empirische Beweise.

Einfluss von Freud und Lorenz

Vieles spricht dafür, dass die Beobachtung aggressiven Verhaltens in Computerspielen, Filmen und auch im Sport Aggressivität nicht abbaut, sondern vielmehr als Vorbildverhalten wirkt. (Kohn 1989) Paradoxerweise halten wir schon unsere Kinder zum ausgeprägten Wettbewerb an, um diejenigen aggressiven Gefühle zu stärken, die den Wettbewerb tragen. Und tabuisieren zugleich Aggression als kulturelle Eigenschaft. (Bettelheim 1980)

Die enthemmende Wirkung sportlicher Konkurrenz zeigt sich eindeutig aufseiten der Fans, beispielsweise in den Ausschreitungen aggressiver Fußballfans. Es gibt so viele Fälle, in denen konkurrierende Fans in die Gewalttätigkeit abgleiten, dass »wir uns fragen müssen, warum sich die Vorstellung so hartnäckig behauptet, bei den Zuschauern sinke, während sie das Spiel be-

Gewalttätige Fans

trachten, der Aggressionspegel. Offenbar ist vergessen worden, diesen Fans zu sagen, die ausgeprägt konkurrenten und/oder aggressiven Sportveranstaltungen müßten ihre aggressiven Neigungen dämpfen.« (Orlik 1982, 92)

Sport ist keine Alternative zum Krieg

Sport ist also gerade keine Alternative zum Krieg, indem er als Ventil für akkumulierte Aggressivität dient: »Wenn die Katharsistheorie zuträfe, müßten Sport und Krieg negativ korrelieren; das Gegenteil aber ist der Fall.« (Kohn 1989, 176) So mag es nicht verwundern, dass schon Eisenhower es als die wahre Mission des Sports sah, »die jungen Menschen auf den Krieg vorzubereiten« (Warner 1979).

Soziobiologie versus Konkurrenz

»Moralanaloges« Verhalten bei Tieren

Versucht man, eine der systemisch-evolutionären Lehre adäquate Ethik zu bestimmen, so liegt es nahe, die moralischen Eigenschaften auf ihre Entstehungsbedingungen (den Überlebensprozess) zurückzuführen und demnach auch in dieser Funktionalität zu erklären. Zahlreiche Autoren haben die Bildung »moralanalogen« Verhaltens bei Tieren wie Gewissen, Gattentreue, Gemeinschaftssinn, Opfergeist, Mut, Tapferkeit, Brutpflege oder Kinderliebe betont. (Schaefer/Novak 1989; Vollmer 2002) So wie die unzähligen Mittel der Friedenserhaltung bei höheren Tieren unterbewertet worden sind, ist die biologische Aggressivität des Menschen fast immer übertrieben worden. (Bruner 1997)

Man kann insbesondere die neodarwinistische Theorie der evolutionären Konkurrenz an vielen Punkten infrage stellen. Fast alle unsere lebenswichtigen Fähigkeiten machen nur im sozialen Kontext Sinn und dienen auch nur in der Gemeinschaft dem Überleben. Diese Überlebensfähigkeit wird dabei institutionell garantiert und abgesichert. Individuelle Konkurrenz als Grundlage der Selektion durch gegenseitige Verdrängung scheint hier als erfolgreiche Strategie inmitten sozialer Gefüge wenig sinnvoll. (Diettrich 1989) Auch in der Natur findet Selektion durch individuellen Verdrängungswettbewerb nur singulär statt. Im Bereich sozialen menschlichen Miteinanders macht es noch viel weniger Sinn, von autonomen, unabhängigen Subjekten zu sprechen, die im individuellen Wettstreit zueinander stehen.

Das soziobiologische Konzept

Diettrich skizziert zwei mögliche Überlebensstrategien innerhalb der Evolution: zum einen die Erhöhung der eigenen Fitness und zum anderen die Reduzierung des Anpassungsdrucks durch Aufbau geeigneter Kooperationen. Er weist auf die prinzipielle Verschiedenheit der darwinistischen Schule und der soziobiologischen Schule hin. Fähigkeiten und Eigenschaften können für solitäre Organismen durchaus Nutzen bringen, sich im Kollektiv aber als kontraproduktiv erweisen. So ist die Fruchtbarkeit bei Mitgliedern kultureller Organisationen nicht zentrales Kriterium, dies ist vielmehr die Durchsetzung von Gruppenzielen mithilfe von organisierten, spezifischen Einzelleistungen.

Wenn wir also schon von »Konkurrenz« sprechen wollen, dann konkurrieren Menschen heutzutage durch die Erfüllung gesellschaftlich anerkannter Normen, im Sinne wirtschaftlicher, sozialer und kultureller Leistungen. Kinderreichtum oder Krieg mit andersartigen Rassen sind keine dominanten Überlebensstrategien: »Funktional gesehen sind Menschen längst nicht mehr rein biologisch, sondern soziokulturell definierte Wesen und nur noch einige Triebe und Verhaltensweisen wie Selbsterhaltungs-, Fortpflanzungstrieb und Egoismus erinnern uns an eine stammesgeschichtliche Vergangenheit, in der das physische Überleben sehr viel stärker als heute eine Frage autonomer Fähigkeiten des Einzelnen war.« (Diettrich 1989, 153)

Reiner Wettbewerb ist nicht zukunftsfähig

Das Fehlen von Wettbewerb mit einem Mangel an Zielorientierung, Motivation oder Leistungsfähigkeit gleichzusetzen, ist unsinnig. Das wird deutlich, wenn wir uns vor Augen halten, dass der Gedanke des Wettbewerbs zur Erreichung eines Ziels nichts hinzufügt, sondern nur etwas verhindert, nämlich andere daran hindert, ihre Ziele zu erreichen. Zur Entwicklung unserer eigenen Fähigkeiten trägt die Konkurrenz nichts bei, wir müssen sie deshalb mehr als destruktives denn als produktives

Element begreifen: »Die Konkurrenz deprimiert uns, vergiftet unsere Beziehungen, mindert unsere Leistung und ist psychisch destruktiv. Aber es wäre schmerzhaft, das anzuerkennen, und wir wären gezwungen, unser Leben radikal zu verändern. Stattdessen erfinden und übernehmen wir lieber Rationalisierungen für den Wettbewerb: Er ist Teil der menschlichen Natur, er ist produktiver, er bildet Charakter.« (Kohn 1989, 140) Es gibt längst zahlreiche Studien in den verschiedensten Feldern, von der Lernforschung (Yager et al. 1985) bis hin zur Flugindustrie (Helmreich et al. 1986), die zeigen, dass kooperative Gruppen konkurrierenden Gruppen in der Leistungsfähigkeit überlegen sind.

Das weitverbreitete Vorurteil, dass kooperierende Teams sich in einer Komfortzone ohne Leistungsanspruch bewegen, wird bereits in der Praxis deutlich widerlegt. Wie sich gezeigt hat, besteht sogar die Gefahr der Überforderung einzelner durch Gruppendruck. (Becker 2010)

Die Wettbewerbsanalyse wird zwar immer ein wichtiger Bestandteil einer unternehmerischen Strategie bleiben. Sie allein kann aber keine Innovation und Zukunftsfähigkeit bringen. Analysen und Best-Practice-Studien vermitteln im besten Fall den Status quo. Im eigentlichen Sinne sind sie vergangenheitsorientiert. Sie zeigen, welcher Standard sich in der Vergangenheit herausgebildet hat. Damit wird ein Fallnetz nach »unten« geschaffen, um den Abfall von bereits erreichten Standards zu verhindern. Eine Sicht nach »oben«, nach »vorne«, dorthin, wo noch niemand sich vorgetastet hat, lässt sich daraus nicht ableiten. Innovation entsteht nicht durch Vergleich. (Otto 2010)

Egoismus und Altruismus

Kooperation aus Eigeninteresse

Kooperation steht Egoismus nicht entgegen. Vielmehr ist der Vorteil der Kooperation darin zu sehen, dass der mittel- oder langfristige Nutzen durchaus größer ist als individuelle oder konkurrierende Strategien. Es macht demnach keinen Sinn,

Kooperation mit Nächstenliebe oder Altruismus zu verwechseln. Bereits Darwin leitet altruistische Tendenzen aus unseren sozialen Instinkten ab. (Darwin 1871) Dabei wurde vielfach diskutiert, ob eine evolutionär entstandene Moral letztendlich mit Altruismus gleichgesetzt werden kann, wie es Philip Kitcher etwa David Hume oder Adam Smith unterstellt (Kitcher 2008), oder ob man eine evolutionäre Moral nicht einfach als lebensdienliches Instrument verstehen muss. De Waal fasst den Begriff »Altruismus« durchaus in diesem letzten Sinn, indem er darauf hinweist, dass solche Anthropomorphisierungen der Tierwelt wohl nur schlecht gerecht werden. Das Beispiel der Biene, die den Menschen am Bienenstock sticht, ist demnach kein »Bienenaltruismus«, sondern vielmehr Feindseligkeit, welche dem Gruppenerhalt nützt. (de Waal 2008)

Den evolutionären Nutzen des Altruismus kann man sich schnell verdeutlichen, wenn man sich vor Augen führt, wie sich eine Population ohne altruistische Dispositionen entwickeln würde. Macht man eine Kosten-Nutzen-Rechnung auf, wäre ein reiner Egoist im Vorteil, da er von den Artgenossen profitiert, ohne selbst Kosten zu tragen. Geht man davon aus, dass er in der Folge selbst mehr Nachkommen hat als die anderen und die Individuen ohne altruistische Disposition irgendwann die Mehrheit der Population ausmachen, würde dies wiederum wahrscheinlich bewirken, dass sich die Überlebenswahrscheinlichkeit infolge von Egoismus und Aggressivität verringert. (Osten 2008; Rudolph 2003) Somit würde sich reiner Egoismus in der Evolution mittel- und langfristig weniger rentieren als altruistisches Verhalten.

Natürliche Selektion fördert Kooperation

Selbst in Richard Dawkins' Konzept schließen sich Egoismus der Gene und Kooperation nicht aus. Natürliche Selektion fördert demnach Gene, die im Organismus kooperieren, und zwar zu ihren eigenen Gunsten. (Dawkins 2005) Ein Beispiel dafür wäre ein parasitärer Plattwurm, der in Schnecken lebt und sie dazu veranlasst, dickwandigere Gehäuse auszubilden, wodurch sie selbst auch besser geschützt sind, etwa vor Vögeln. Plattwurmgene, die diesen Prozess begünstigen, sind demnach gute Replikatoren. Diese Kooperation erfolgt aber für das eigene Interesse der Plattwürmer. (Blackmore 2005) Es finden sich zahlreiche Beispiele für Kooperation in der Natur, wie »soziale« Insekten, Vampirfledermäuse, die ihre Blutmahlzeit teilen, bis hin zu altruistischem und sozialem Verhalten beim Menschen. In all diesen Fällen macht es keinen Sinn, die Relation zum eigenen Nutzen zu leugnen.

Philosophische Ethikdebatte

Auch in der philosophischen Ethikdebatte ist die mögliche Rückführung von Ethik und Moral auf egoistische Triebfedern unbestritten. Beispiele hierfür finden sich in den Schulen der Kyrenaiker, Hedonisten und Empiristen. So führt die englische Psychologin Susan Blackmore mit Recht an, dass »nicht nur moralisches Empfinden, sondern auch der Wunsch nach Recht und Gerechtigkeit auf die Evolution des reziproken Altruismus« zurückzuführen sei. (Blackmore 2005, 244; vgl. Ridley 1999; Wright 1996)

Systemische Ethik

Abgesang auf die »Goldene Regel«

Wenn man die ethischen Folgerungen aus einer Tit-for-Tat-Strategie betrachtet (vgl. Kapitel 2), so ergibt sich ein Abgesang auf die »Goldene Regel«, also den Satz »Behandle andere so, wie du selbst behandelt werden möchtest«. Auch »die andere Wange hinzuhalten«, bietet spieltheoretisch den Anreiz zur Ausbeutung und kann damit nicht nur dem Spieler selbst schaden, sondern in der Folge auch dem Umfeld.

Auge um Auge?

Das zunächst martialisch anmutende Auge-um-Auge-Prinzip, dem die Spieltheorie folgt, wird in seiner hart wirkenden Gerechtigkeit jedoch gelindert, wenn wir es alltäglich-konkreter betrachten. Die zentrale Staatsautorität mit Sanktionscharakter, wie wir sie kennen, duldet als angemessene Bestrafung eines Vergehens nicht analoge Strafvergeltung. Vielmehr kommen rechtsstaatliche Alternativen zur Anwendung. Eine angemessene Bestrafung eines Vergehens muss demnach nicht unbedingt so schmerzhaft sein wie das Vergehen selbst. Das Sichtbarwerden von Konsequenzen kann unter Umständen genügen, wie auch alle Eltern wissen, die mit ihren Kindern liebevoll, aber konsequent umgehen. Gesellschaftlichen und staatspolitischen Erfordernissen ist nicht allein durch Belehrung der Akteure darüber, dass sie mit Kooperation mehr als mit Defektion erreichen, Genüge getan. Es ist, um mit den Worten Axelrods zu sprechen, »auch eine Frage der Interaktionsmerkmale, so dass auf lange Sicht eine stabile Evolution von Kooperation ablaufen kann« (Axelrod 2009, 126).

Keine einseitige Kooperationsstrategie

Auch wenn sich die Kooperation als dominante Überlebensstrategie in der Evolution gezeigt hat, dürfen wir nicht vergessen, dass eine einseitige Kooperationsstrategie bzw. reiner Altruismus keine erfolgreiche Überlebensformel darstellt. Wir müssen, zumindest punktuell, an entscheidenden Prozessschritten, fähig sein, auch unser kämpferisches, konkurrentes, aggressives Potenzial einzusetzen: »Ein Mensch, der kein Aggressionspotential in sich hätte, wäre eine traurige Erscheinung, ein Mensch, der sich angesichts von Unrecht nicht empören kann, hat einen Defekt, und umgekehrt ist das Mitleid auch nicht ausreichend, denn der Chirurg z.B. oder auch jeder Mensch, der einem anderen, der in einen Unfall verwickelt ist, hilft, muß in sich etwas überwinden, er muß dem anderen z.B. Schmerzen zufügen und muß dabei seine Hemmschwelle überwinden, um ihm zu helfen.« (Spaemann 1987a, 255)

Aggressionen sind Bestandteil des Lebens

Es kann also nicht um ein einseitiges Plädoyer gegen Aggression und für Kooperation gehen. Die Kultivierung von Aggression muss aber nicht zwangsläufig in destruktives und gewaltsames Verhalten münden, wie sich auch in der Sublimation solcher Verhaltensweisen zu Disziplin, Durchsetzungskraft oder auch Durchhaltevermögen zeigt. So nutzt etwa Mahatma Gandhis Einsatz durch Fasten, Mutter Teresas Kampf für Benachteiligte wie überhaupt jede Willensbehauptung gegenüber internen oder externen Widerständen aggressive Elemente. In einem weiteren Sinne sind Aggression und auch Zerstörung gar nicht zu vermeiden. Um selbst zu leben, müssen wir Tiere oder Pflanzen töten. Tod, Aggression und Zerstörung sind ebenso Bestandteil unseres Lebens wie Geburt, Wachstum und Regeneration, also im hegelschen Sinne dialektisch aufeinander verwiesen.

Während Darwin den Kampf des Daseins überbetonte und die Kooperation vernachlässigte, kann man beispielsweise Kropotkin unter das umgekehrte Vorzeichen stellen, da er seine Ausführungen in den Dienst seiner Konzeption eines politischen Anarchismus und einer staatenlosen, herrschaftsfreien Ordnung stellte. (Gräfrath 1997)

Eine Spieltheorie der Moral

Die wesentlichen spieltheoretischen Ergebnisse lassen sich also folgendermaßen transferieren: Wenn sich in einer Gruppe alle freundlich verhalten, profitieren alle. Wenn sich in einer Gruppe alle missgünstig verhalten, geht es allen schlecht. Wenn in einer Gruppe Kooperative immer kooperativ sind und die Unkooperativen nicht, so haben die Letzteren einen Vorteil. Da sie aber profitieren, ohne etwas zu geben, haben sie einen Vorteil, der im Zuge der Fortpflanzung dazu führt, dass es irgendwann nur noch Unkooperative gibt. Generelle Nichtkooperation ist aber nicht nur ineffizienter für die Gruppe, sondern führt langfristig auch zum Aussterben.

Die Folgerung daraus ist klar: Die Kooperativen kooperieren, aber nur solange auch andere kooperieren. Andernfalls zeigen sie sich auch unkooperativ. Singer nannte diese Folgerung aus Axelrods empirischen Versuchen die »experimentelle Widerlegung der berühmten Lehre Jesu, die andere Wange hinzuhalten« (Singer 2004, 159). Kooperation ist demnach nur dann das strategisch erfolgreichste Verhalten, wenn die kooperierenden Akteure immer auch die Möglichkeit haben, Nichtkooperativen die Stirn zu bieten. Wenn die Klügeren immer nachgeben, regieren irgendwann die Dummen die Welt. Zumindest bis zu ihrem eigenen Untergang.

Relativistische Ethik

Schon Maturana hat gesehen, dass das Autopoiesiskonzept aufgrund seines erkenntnistheoretischen Relativismus auch auf eine relativistische Ethik zulaufen muss. Dieser Zusammenhang ergibt sich auch in der Philosophie, die beide Disziplinen, Erkenntnistheorie und Ethik, beheimatet. Wenn die Basis persönlicher Erfahrung nicht verlassen werden kann, kann es auch keine absoluten, sondern nur relative Werte geben. Eine systemische Ethik würde demnach auf dem individuellen Relativismus basieren. (Krohn / Cruse 2005) Hier gilt es, die bereits vorhandenen philosophischen Traditionen relativistischer Ethik wie Hedonismus, Evolutionismus oder empiristische Ethik auf ihre systemtheoretische Kompatibilität zu prüfen.

Wenn systemische Ethik relativ ist, wie lässt sich dann noch ein moralischer Standpunkt formulieren? Diese Frage tangiert jede Art relativistischer Ethik, die sich nicht auf absolute, deontologische Satzungen stützen kann. Oder wie Gergen formuliert: »Was könnten Konstruktionisten gegen den Holocaust sagen?« (Gergen 2002, 285) Dabei geht es hier um die theoretische Fundierung. Aus pragmatischer Sicht wissen wir, dass auch die Annahme verbindlicher, objektiver moralischer Standards weder Unrecht noch Kriege verhindern konnte.

Bruner folgt Richard Rorty, wenn er feststellt, dass die Folge relativistischer Ethik für den Konstruktivismus nicht zwangsläufig zum »anything goes« führe, sondern vielmehr zu einer Bewusstmachung und Differenzierung eigener Verpflichtung. (Bruner 1997, 45) Demnach kann man nicht bei der Feststellung stehen bleiben, dass sich im »systemisch-konstruktivistischen Denken allerdings keine Ethik etwa der Gerechtigkeit und speziell keine Ethik der Solidarität« finde. (Schlippe / Schweitzer 2007, 272 f.)

Vom Sein zum Sollen

Evolutionsbiologie als Grundlage der Ethik

Ernst von Glasersfeld sprach sich noch dafür aus, aus dem Konstruktivismus keine Ethik abzuleiten. Er betont, dass ihm auch keine Erkenntnistheorie bekannt sei, aus der sich eine Ethik ableiten ließe. (Glasersfeld 1997) Gerade weil der Konstruktivismus keine präzise Erkenntnistheorie darstellt, lassen sich aus ihm in der Tat auch keine ethischen Folgerungen ableiten. Legt man jedoch die der Systemtheorie zugrunde liegenden Epistemologien wie Solipsismus oder Empirismus zugrunde, so kommt man folgerichtig zu einer relativistischen Ethik. Legt man eine systemisch-evolutionäre Form zugrunde, so lässt sich die Ethik, ebenso wie schon die Erkenntnistheorie, auf die Evolutionsbiologie zurückführen. Kann eine systemisch-evolutionäre Ethik dann aber noch dem naturalistischen Fehlschluss entgehen, der das, was wir tun sollen, aus dem ableitet, was ist?

Grundsätzliche Unterscheidung von Sein und Sollen

Wie Irrgang (1993) feststellt, lässt sich ohne die Annahme eines teleologischen Evolutionsprozesses schwer eine evolutionäre Ethik aufstellen, die den naturalistischen Fehlschluss, also die Ableitung von Normen aus Fakten, vermeidet. Das Verbot des normativistischen Fehlschlusses, wie er von George Edward Moore 1936 formuliert wurde, hat seinen Ursprung bei David Hume (1751), der bereits die grundsätzliche Unterscheidung von Sein und Sollen in der Ethik forderte, ohne die Ableitung selbst bewerten zu wollen. Zimmerli kehrt diesen Einwand später wieder um und richtet ihn gegen eine evolutionäre Ethik, indem er argumentiert: »Allein durch die Darstellung ihrer Genese kann keine einzige Norm in ihrer Geltung begründet werden. Es bedarf dazu mindestens noch der Rückführung auf eine … in ihrer Geltung bereits vorgegebene Basisnorm.« (Zimmerli 1979, 203)

Argument der Zirkularität

Hier wird wieder das bereits erwähnte philosophische Argument der Zirkularität angewandt, das, ähnlich wie in der Erkenntnistheorie, jede Begründung außerhalb des Begründenden zunichte macht. Man kann diese Argumentation aber ebenso gegen jede philosophische Begründung selbst richten und macht damit jede Aussage hinfällig, weil sie auf den immanenten fehlerhaften Zirkel verweist. So wird aber jede Aussage hinfällig und das theoretisch durchaus stichhaltige Argument zu einem »Praxiskiller«.

Wie kann aber evolutionäre Ethik begründet werden, wenn wir einerseits eine normative, metaevolutionäre Begründung vermeiden und andererseits nicht alles als Ethik bezeichnen wollen, was vorfindbar ist? Im zweiten Fall würde sich – auch wenn man den naturalistischen Fehlschluss wertfrei betrachten würde – die Frage nach Ethik nicht mehr stellen. Es wäre nicht so, dass das, was sein soll, nicht aus dem, was ist, abgeleitet werden *dürfte*, vielmehr kann keine Ableitung mehr stattfinden, denn alles was ist, ist gut, weil es überlebt hat. Damit löst sich Ethik aber in Biologie auf. Welche Möglichkeit einer evolutionären Ethik gibt es aber dann?

Ist evolutionäre Ethik überhaupt eine Ethik?

Von vielen Philosophen wird der Anspruch einer evolutionären Ethik, überhaupt als Ethik zu gelten, abgelehnt (Vossenkuhl 1983), da er über die deskriptive Weise, die Entstehung von Ethik zu rekonstruieren, hinausgeht. So könne man nicht biologisch adaptives Verhalten zu moralisch richtigem Verhalten erklären. Und umgekehrt könne man nicht moralisch falsches Verhalten deshalb als falsch bezeichnen, weil es von negativem Selektionswert sei. Evolutionäre Ethik wird deshalb im philosophischen Sinne oftmals nicht als Alternative zur philosophischen Ethik gesehen, sondern als Versuch zur Erklärung des Ursprungs der Moral. Umgekehrt könnte man allerdings auch anführen, dass sich aus philosophischer Ethik noch keine Verpflichtung für menschliches Überleben finden lässt. (Gräfrath 1997)

So wie in der evolutionären Erkenntnistheorie die Genesis als notwendiges, aber nicht hinreichendes Element der Geltung verstanden werden kann, so können wir für eine systemisch-evolutionäre Ethik aus dem »Ist« nicht erschließend das »Soll« ableiten. Dieser Einwand ist für eine »konstruktivistische Ethik« nicht trivial. Denn was für die evolutionäre Erkenntnistheorie »der Zirkelverdacht ist, ist für die evolutionäre Ethik der naturalistische Fehlschluß« (Oeser 1987a, 275). Insbesondere wenn konstruktivistisches Erkennen und moralisches Handeln nicht voneinander zu trennen sind, fragt sich, woher die Begründung der Normen kommen soll, wenn nicht aus dem jeweiligen subjektiven Erkennen. Wie aber ist dann eine Objektivierung subjektiver moralischer Geltung noch möglich, bzw. welche Möglichkeit intersubjektiver moralischer Verständigung, wie sie in universellen Normen wie beispielsweise den Menschenrechten versucht wird, gibt es dann noch?

Jérôme Bruner: Betonung der Kultur

Jérôme Bruner etwa betont die kulturelle Bedeutung gegenüber den biologischen Determinanten. Biologie versteht er demnach nicht als Ursache menschlichen Handelns, vielmehr sieht er in ihr »einschränkende Bedingungen« (Bruner 1997, 39). Im Rückgriff auf Wilhelm Dilthey spricht er sich für eine Sichtweise aus, in der wir Kultur als Möglichkeit verstehen können, diese einschränkenden Bedingungen zu lockern. Bruner stellt sich hier in die Erklärungstradition der Idealisten und Konstruktivisten, indem er auch die biologische Welt dem Ich unterordnet: »Es gibt nicht nur eine einzige ›Erklärung‹ des Menschen, ob eine biologische oder eine andere. Auch die stärkste kausale Erklärung der menschlichen Existenz kann keinen plausiblen Sinn ergeben, wenn sie nicht im Lichte der symbolischen Welt interpretiert wird, die die menschliche Kultur konstituiert.« (Bruner 1997, 145) Warum diese ethische Position schon erkenntnistheoretisch nicht haltbar ist, wurde bereits ausgeführt.

Peter Singer (2008) weist darauf hin, dass eine Ableitung der Moral aus evolutionären, instinktiv und emotional entstandenen Wurzeln nicht bedeutet, dass diese dann unumstößlich wäre; sie könne durch Kultur und Vernunft beeinflusst werden. Um mit Antonio Damasio zu sprechen: »Nur das zu tun, was sich natürlich ergibt, kann nur den Menschen gefallen, die unfähig sind, sich bessere Welten und bessere Verhältnisse vorzustellen, die glauben, wir lebten bereits in der besten aller möglichen Welten.« (Damasio 2007, 335)

Sein und Sollen: zwei Seiten einer Medaille

Auch Friedrich August von Hayek betont, dass sowohl die biologische als auch die kulturelle Selbstorganisation keine von Menschen geschaffene ist, »sondern die Schöpfung eines unpersönlichen Entwicklungsprozesses« (Mohr 1987a, 241), der also bereits in unserer Natur angelegt ist. Ähnlich wie im systemischen Sinne Selbstorganisation und Umwelt in ihren Ordnungsprinzipien verwandt sind, wären so Sein und Sollen nicht als Gegensätze zu begreifen, sondern als die zwei Seiten derselben Medaille.

Ethik und Selbstorganisation

Keine externen Ansprüche

Erich Jantsch setzt sich mit der Frage auseinander, wie eine evolutionäre, universelle Ethik gestaltet sein müsste, die Selbstorganisation mit den Kriterien von »Offenheit« und »Ungleichgewicht« miteinbezieht. So wie er auf politischer Ebene ein universelles Geltungsprinzip ablehnt, so plädiert Jantsch auch in ethischer Sicht für eine Stärkung der selbstorganisatorischen Verantwortung, die als »schöpferische Teilnahme an der Gestaltung der Menschenwelt« zu verstehen sei. (Jantsch 1992, 359) Wenn wir uns in Erinnerung rufen, dass die Systemtheorie Motivation, Selbstorganisation und Kooperation als immer schon vorhanden versteht, lässt sich schnell begreifen, dass eine systemische Ethik keine Pflichtethik im Sinne externer Ansprüche sein kann, sondern nur eine Pflichtethik, die diesen Anspruch aus sich selbst heraus entwickelt. Eine Pflichtethik ist sie aber im eigentlichen Sinne auch nicht mehr, denn »Pflicht«, die sich freiwillig und selbstorganisatorisch bildet, widerspricht nicht dem Hedonismus.

Ethische Selbstorganisation

Ethisch wäre im systemischen Sinne damit alles, was ein Individuum – aufgrund seiner Selbstorganisation – ohnehin tut. Alles, was ist, soll auch sein, und wir begingen damit erneut den naturalistischen Fehlschluss. Wir können jedoch guter Dinge sein, dass sich auch die ethische Selbstorganisation lebensfördernd, kooperativ, koevolutiv ausgestaltet. Wir finden zumindest in der Evolution und den lebenden Systemen keine Gründe, die dagegen sprechen. Will man Ethik nicht zu vollzogener Rechtsprechung degradieren, ist sie auf eine aktive und verantwortliche individuelle Mitgestaltung angewiesen. Zwang von außen führt nach den Regeln der Systemtheorie nicht zum Erfolg, nach den Gesetzen der Ethik verliert der Inhalt durch Zwang seinen Wert. Nach allem, was wir über lebende Systeme wissen, können wir aber begründete Hoffnung haben, dass sich die Selbstorganisation lebender Systeme im Sinne oben genannter Kriterien verhält.

Auf der Grundlage des selbstorganisatorischen Paradigmas lehnt Jantsch auch eine zentralistische Weltregierung ab. Dem-

Keine zentralistische Weltregierung

nach können globale Probleme nur dezentral gelöst werden. Dies steht für ihn nicht in Widerspruch zur Kooperation dezentraler, selbstorganisatorischer Einheiten. Vielmehr richtet er sich gegen die Behauptung universeller Werte und Richtlinien, gegen »Weltregierung und Weltkultur« (Jantsch 1992, 116). Dabei ist ihm klar, dass Dezentralisierung auch bedeutet, Ungleichgewicht zuzulassen.

Die Idee einer Weltregierung als eines stabilen zentralen Entscheidungs- und Kontrollorgans ist nach Jantsch noch im alten physikalischen Gleichgewichtsdenken des 19. Jahrhunderts verhaftet. So sehe etwa Karl Marx die kommende Weltrevolution »als letzten Schritt zu einer dauerhaften, klassen- und spannungslosen Gesellschaft, die auch den Endzustand der Evolution des Menschen und seines Bewußtseins markieren würde« (Jantsch 1992, 345). Dieses Verständnis von Marx nimmt allerdings seine Dialektik nicht wahr, ein Gedanke, den bereits der analytische Philosoph Georg Henrik von Wright formuliert, indem Dialektik als kybernetische Rückkopplung verstanden wird, die immer wieder zu neuen Gleichgewichtszuständen führt.

Vom Gen zum Mem

Kulturelle Überlebensfähigkeit

Evolutionstheorie muss heutzutage viele Faktoren berücksichtigen. Wir erkennen und heilen heute Krankheiten, die unter natürlichen Umständen zum Tode führen und somit unsere Replikationsmöglichkeiten einschränken würden. Dadurch werden aber nachteilige Gene nicht mehr so häufig aus der menschlichen Population eliminiert. Wir kontrollieren die Fortpflanzung und variieren dadurch ebenfalls die Selektionsbedingungen. Die kulturelle Evolution spielt überhaupt eine große Rolle, indem sie die Überlebensregeln neu definiert und die Gewichtung organischer Auslesekriterien zugunsten kultureller verschiebt. Kulturelle Überlebensfähigkeit spielt demnach heute für uns eine mindestens so große Rolle wie biologische Viabilität, wenn sie diese in ihrer Bedeutung nicht schon längst überholt hat. (Vollmer 2002)

Der Mensch greift in die eigene biologische Evolution ein, indem er sich durch die Kultur immer stärker den natürlichen Evolutionsmechanismen entzieht. (Schwemmler 1991) Betrachtet man den Bereich der kulturellen Evolution, so fällt insbesondere Richard Dawkins' Idee der »Meme« auf, die nicht auf genetischem Weg, sondern als Kulturelemente weitergegeben werden. (Dawkins 2005) Susan Blackmore führt seinen Ansatz zu einer neuen Theorie der Meme weiter, der sogenannten »Memetik«.

Mem: kulturelles Pendant zum Gen

Dawkins trifft am Ende seiner Ausführungen zu den »egoistischen Genen« (Dawkins 1989) die Feststellung, dass wir uns aufgrund unseres menschlichen Alleinstellungsmerkmals gegen die Herrschaft der egoistischen Gene (die er selbst zuvor eingeführt hatte) auflehnen können. Die entstehenden kulturellen Verhaltensweisen, die sich in einer Population ausdehnen, nennt Dawkins in Anlehnung an die Gene »Meme«. Zuerst erfinden wir in der kulturellen Evolution die Meme und im Nachgang haben wir selbst diesen Kategorien zu entsprechen. (Dawkins 1987) Susan Blackmore spricht in diesem Zusammenhang sogar von der »Versklavung« der Menschen durch die Meme. Dawkins bezeichnet die Meme als die »neuen Replikatoren der Evolution« (Dawkins 2001, 304).

Ausbreitung der Meme

Während sich die Gene für ein »exquisites, digitales Hifi-Kopiersystem« in Form der DNA entschieden hätten (Blackmore 2005, 331), steht die Entscheidung für ein bevorzugtes Trägermodell der Meme noch aus. Dawkins bezeichnet beispielsweise Religionen als Memgruppen mit hoher Überlebensfähigkeit, die ganze Gesellschaften mit einem Glauben an Gott oder ein Leben nach dem Tod »infizieren«. Meme können Kleider, Gebräuche, Technologien oder auch Gedanken sein, die dadurch verbreitet werden, dass Menschen sie bei anderen sehen, nachahmen und im Gehirn, in Büchern oder Ähnlichem speichern. Meme zeichnen sich, ebenso wie Gene, durch den Egoismus aus, sich überall zu verbreiten, wo sie nur können.

Blackmore weist darauf hin, dass Dawkins mit seiner Konzeption »egoistischer Gene« keine Humanisierung im Auge hatte.

Gene hätten keinen Willen im eigentlichen Sinne, sondern seien chemische Anweisungen, die kopiert werden können. Und es gibt nur zwei relevante Zustände für Gene, nämlich erfolgreich oder nicht erfolgreich in der Weitergabe zu sein. Gene als Replikatoren brauchen zur Weitergabe »Vehikel« oder auch »Interaktoren«, welche die Replikatoren mit sich tragen und dabei auch schützen. Die Vehikel selbst fungieren dabei nur zu diesem Zweck, was dem »Vehikel« Mensch durchaus befremdlich erscheinen mag. Meme fragen demnach ebenso wie Gene nicht, was dem Vehikel nützt, sondern nur, was ihnen selbst nützt, und Meme können auch Genen gegenüber sowohl als Freund als auch als Feind gegenüberstehen.

Die Theorie der Meme geht dabei in ihrem kreativen Kern weder auf Blackmore noch auf Dawkins zurück, sondern findet sich bereits bei Popper, Eccles oder auch Marx. Popper gesteht Theorien ein Eigenleben zu (Popper/Eccles 1977) – und diese Theorien können auch sterben. Bei Karl Marx finden wir die Rückwirkung der geschaffenen ökonomischen Strukturen auf den Produzenten sowie ihr Eigenleben im Mechanismus des Geldes. (Marx 1867) Insbesondere der Rückbezug der ökonomischen Mechanismen auf die Bedürfnislage der Menschen, den Marx mit »Entfremdung« bezeichnete, führt uns zu der Frage, welchen Nutzen Meme hätten, die sich vom Nutzen für ihren Träger emanzipiert hätten.

Rückbezüglichkeit der Gene und Meme auf den Träger

Auch Hegels »Weltgeist« (Hegel 1807), der zunächst dem Konzept der Memetik zu ähneln scheint, bleibt immer in der Relation zu einem Bewusstsein und somit einem Träger verhaftet. Bei den genannten Autoren liegt also stets die Rückbezüglichkeit der Gen- resp. Memträger vor, während sie sich bei Blackmore oder Dawkins auflöst. Weder agieren demnach Meme im Dienste der Gene noch Gene im Dienste der Träger. Vielmehr verfolgen sowohl Gene als auch Meme nur ihr ureigenstes Interesse. Hier kann man sich fragen, wie sinnvoll dieses Konstrukt sein kann. Auch wenn man eine anthropozentrische oder in diesem Falle eine trägerzentrierte Argumentation zu vermeiden sucht, kommt man nicht umhin, Gene oder Meme ohne jedweden Träger als nicht überlebensfähig zu sehen. Und doch geht

Blackmore so weit, die Möglichkeit in Betracht zu ziehen, dass Meme »unsere Spezies völlig auslöschen, weil unsere Energien von den Genen« abgezogen werden. (Blackmore 2005, 236)

Wie kommt das Neue in die Welt?

Einen diesbezüglichen Einwand des »Cui bono« haben Soziobiologen bereits 1981 formuliert (Lumsden / Wilson), bekannt als »Kulturgen«-Theorie. Demnach führen die Gene die Kultur an der Leine (Cavalli-Sforza / Feldman 1981) und eine Kulturentwicklung ohne Nutznießer ließe sich nicht denken. Es lässt sich noch ein weiterer Einwand finden: Wenn Imitation das entscheidende Mittel der Replikation für Meme ist, wie werden dann Kreativität oder neu entstehende Gedanken mit der Theorie erklärt? Meme selbst können dies nicht leisten, denn das Wesen des Mems ist es, zu kopieren bzw. kopiert zu werden. Aber von wem? Es scheint schwer, den Bezug zu Genen bzw. Genträgern aufzugeben.

Nicht nur aus Gründen des Cui bono ist die Kulturgen-Theorie plausibel, sondern auch wenn man sich Blackmores Überlegungen zur künstlichen Intelligenz vor Augen führt: Demnach ist der wesentliche operative Prozess der Roboter die Imitation. Blackmore (2005) nennt sie deshalb auch »Copybots« statt »Robots«. Copybots imitieren über ihr sensorisches System sowohl die Umwelt als auch andere. Die Muster, die sich hieraus mit der Zeit bilden, sind symbolische Referenzen, die aus der Nachahmung entstanden sind. Wie kann aber hier je Neues entstehen? Statt »Creatio« gäbe es nur noch »Imitatio« und diese kann schwerlich die Entstehung neuer Gedanken erklären.

Kopiboter

Systemisch gesprochen, schließt Blackmore außer Impulsen jede Organisation lebender Systeme aus, die Störung bzw. der Impuls ersetzt die Kognition, und es entstünden, einmal von den Kopierfehlern auf Ebene des Phänotyps abgesehen, lauter Klone. Im Beispiel der »Kopiboter« entstünde also Memetik lamarckistisch, durch Kopieren des Phänotyps. Die Kopie der Anweisung, die Kopiboter selbst und ihre spezifische Struktur des sensorischen Systems beispielsweise sind jedoch immer schon vorausgesetzt. Dabei wäre es gerade interessant, den Aufbau der Kopiboter selbst, noch vor jeder Imitation, zu erklären. Nur so würde das Bild der Replikation komplett und könnte Kognition erklären.

Insgesamt ist Blackmores Memetik-Theorie keine Einheitlichkeit zu bescheinigen, wenn sie »in einigen Aspekten des Lebens vorwiegend Gene als Triebfeder« (Blackmore 2005, 192) wirken sieht und in anderen Fällen den Mem-Replikator als Antreiber bezeichnet. Da Blackmore eine naturwissenschaftliche Ableitung der Memetik nicht zulässt, ist die Theorie idealistisch: »Meiner These nach ist das menschliche Gehirn ein Beispiel dafür, dass Meme Gene zwingen, immer bessere memverbreitende Maschinen zu konstruieren. Das Gehirn war gezwungen, sehr viel schneller und unter Inkaufnahme viel höherer Kosten zu wachsen, als aufgrund des biologischen Vorteils allein zu erwarten wäre, und deshalb sticht es bei jedem Gehirn/Körpermasse-Vergleich so offensichtlich heraus. Theorien, die nur auf dem biologischen Vorteil beruhen, können nicht erklären, warum die Gene gezwungen waren, einen so hohen Preis zu bezahlen, was den Energieverbrauch und das Geburtsrisiko angeht. Theorien, die auf dem memetischen Vorteil basieren, können es.« (Blackmore 2005, 198)

Warum setzt sich der evolutionäre »Schmarotzer« nicht durch?

Nach der Theorie der egoistischen Gene von Dawkins zielt Evolution schon deshalb nicht auf die Erhaltung der Art ab, weil Individuen, die ihre Gruppe ausnutzen, sich verstärkt vermehren und demnach nicht im Sinne des Gruppenziels handeln. Die Memetik liefert hier eine Theorie, die erklären kann, warum der evolutionäre »Schmarotzer« sich nicht durchsetzt: weil seine Meme nicht imitiert werden.

»Stellen Sie sich zwei frühe Jäger vor, die mit Pfeil und Bogen, Lederköcher und in Häute gekleidet ausziehen und beide mit Fleisch zurückkommen. Einer – nennen wir ihn Kev – teilt sein Fleisch großzügig mit den Leuten rundum. Er tut dies, weil Verwandtschaftsselektion und wechselseitiger Altruismus ihn mit Genen für zumindest ein gewisses altruistisches Verhalten ausgestattet haben. Gav hingegen behält sein Fleisch für sich und seine eigene Familie, weil er dank seiner genetischen Disposition etwas weniger großzügig veranlagt ist. Welches Verhalten wird eher kopiert werden? Natürlich das von Kev. Er kommt mit mehr Leuten zusammen, diese Leute mögen ihn und kopieren ihn häufig. Daher werden sein Köchertyp, seine Art, sich zu kleiden, und seine Art, sich zu verhalten, eher weitergegeben als Gavs – einschließlich des altruistischen Verhaltens selbst. Deshalb ist Kev das frühe Äquivalent einer Memquelle, und er verbreitet Meme aufgrund seines altruistischen Verhaltens.« (Blackmore 2005, 254)

Biologische oder kulturelle Evolution?

Bei der Betrachtung von biologischer und kultureller Evolution und auch der Frage nach ihrem Verhältnis zueinander ist entscheidend, welches Primat man setzt. Blackmores Memetik nimmt die Kultur als Ausgangspunkt. Versteht man dagegen die biologische Evolution als grundsätzlich, so müssen sich Kunst, Kultur oder Wissenschaft immer auch im Sinne der Überlebensfähigkeit verstehen lassen. Wenn damit die Grenzen nicht nur innerhalb von Kultur, sondern auch von Kultur und Natur verschwimmen, etwa bei den »ästhetisch vollendeten Paarungstänzen der streng monogamen nordaustralischen Bolger-Vögel«, den »spielerischen Figuren von Delphinen« oder der »Eleganz wilder Pferde« (Jantsch 1992, 242), so ist die kulturelle Evolution zwar immer als Koevolution zu verstehen und auch der Mensch ist in Koevolution zu sich selbst zu denken. (Jantsch 1992, 220) Kulturelle Evolution bleibt aber immer ursächlich durch biologische Evolution bestimmt.

Identität als Memplex

Keine Schaltzentrale im Kopf

Blackmore ist sich darüber im Klaren, dass David Humes philosophischer Empirismus die letztmögliche logische Rückführung in der Erkenntnistheorie darstellt. Demzufolge können wir weder von einem Selbst noch von einem Gehirn oder einem Ich sprechen: »Wir haben vielleicht das Gefühl, es gebe einen zentralen Ort im Inneren unseres Kopfes, in den alle sensorischen Empfindungen einfließen und von dem aus wir bewusst Entscheidungen fällen. Aber dieser Ort existiert einfach nicht.« (Blackmore 2005, 26) Auch in der modernen Kognitionsforschung nahm man immer weiter Abstand von der Vorstellung, es gäbe einen zentralen Ort im Gehirn, wo alle Eingangssignale zusammenlaufen und Befehle ausgegeben werden.

Das Libet-Experiment

Auf der Grundlage des humeschen Empirismus beruhen auch neuzeitliche Untersuchungen, unter anderem die empirischen Untersuchungen des Neurochirurgen Benjamin Libet zur vermeintlichen Willensfreiheit. (Libet 1985) Beim später so genannten Libet-Experiment untersuchte er den Ablauf von bewussten Handlungsentscheidungen. Dazu versah er Probanden mit Elektroden an Handgelenk und Kopfhaut.

Libet konzentrierte sich auf drei Momente: auf den Beginn der Handlung, auf den Entscheidungsmoment sowie auf das Bereitschaftspotenzial, das als Gehirnwellenmuster auftrat. Das Bereitschaftspotenzial tritt vor jeder komplexen Handlung im Gehirn auf und ist mit der Planung von Bewegungen verknüpft, die ausgeführt werden sollen. Es zeigte sich, dass das Bereitschaftspotenzial 550 Millisekunden, der Entschluss zu handeln jedoch erst 200 Millisekunden vor der Handlung einsetzte. Libet folgerte daraus, dass der Entschluss zu handeln nicht am Beginn stand. In der Folge konnten diese Ergebnisse bestätigt werden: »Die Hand wird von der Flamme zurückgezogen, bevor wir uns des Schmerzes bewusst werden. Wir schlagen den Tennisball zurück, bevor uns bewusst geworden sein kann, dass er auf uns zufliegt … Bewusstsein folgt später. Dennoch haben wir stets das Gefühl, dass wir diese Dinge bewusst getan haben.« (Blackmore 2005, 356 f.)

Das Selbst – eine »gutartige Benutzerillusion«?

So vertreten viele Autoren die Ansicht, dass das Bewusstsein nur ein Mechanismus sei, um Geschichten über ein Selbst zu konstruieren. (Claxton 1997) Glück sei ein Zustand, der sich gerade im Flow dann einstelle, wenn wir unser Selbstbewusstsein verlören (Csíkszentmihályi 2010), das Selbst sei eine »gutartige Benutzerillusion« (Dennett 1994). Auch die Memetik argumentiert mit einem evolutionären Vorteil, wenn Meme »sich mit dem Selbstkonzept einer Person verbinden« (Blackmore 2005, 365), wiewohl dieser Vorgang nicht weiter erklärt werden kann. Blackmore nennt das Selbst einen »riesigen Memplex« bzw. »Selbstplex«, der unsere »Erfahrungen und all unser Denken« durchdringt, sodass »wir nicht in der Lage sind, ihn als das zu sehen, was er ist – ein Bündel Meme« (Blackmore 2005, 364).

Blackmore betreibt hier die gleiche Vermengung, die ihr bereits beim Konstrukt der Kopiboter unterläuft, nämlich die Vermengung von Wahrnehmung und Wahrnehmungsapparat. Zwar führt sie die Gleichsetzung eines fehlenden Selbstkonzepts mit dem Empirismus ins Feld, vergisst dabei aber, dass im Empirismus der Wahrnehmungsapparat selbst zu einer Auflösung des Selbst hin zu einem stetigen Wechsel der Wahrnehmungen führt.

Memetik: idealistisches Konzept

Ausgangspunkt ist also zunächst ein erkenntnistheoretischer Sensualismus, der gerade von der Bedingtheit geistiger Strukturen durch Materie ausgeht. Erst in der Folge wandelt sich diese Position durch die Tatsache, dass wir kein Selbst wahrnehmen können, in eine philosophische Position, die fälschlicherweise mit Idealismus oder auch Konstruktivismus gleichgesetzt wurde. Die Memetik ist demnach von der empiristischen Erkenntnistheorie zu unterscheiden, da Erstere in der Leugnung der biologisch-materiellen Bestimmtheit der Meme durch Gene bereits mit einem idealistischen Konzept beginnt. Anders auch als David Humes agnostizistische Position laufen Blackmores Behauptungen Gefahr, ideologisch zu werden, weil sie das Selbstkonstrukt als Lüge und die Memetik als »Wahrheit« postuliert. (Blackmore 2005, 385)

Lamarck und die kulturelle Evolution

Blackmore weist darauf hin, dass die gängige Unterscheidung der biologischen Evolution als darwinistisch und der kulturellen Evolution als lamarckistisch unzulänglich sei, da biologische und kulturelle Kriterien hier unzulässig vermischt würden. Lässt man eine Analogie zwischen Biologie und Kultur zu, so müsste man die Unterscheidung von Genotyp und Phänotyp der biologischen Welt in die Memetik übernehmen. In der Biologie sind die Gene die Anweisungen, die kopiert werden, nicht der Phänotyp, also das Produkt. Wenn wir ein Musikstück erlernen, indem wir es so lange vorgespielt bekommen, bis wir es (mit all seinen individuellen Veränderungen durch den Interpreten) selbst spielen können, erscheint dies lamarckistisch. Bekommen wir stattdessen die Noten ausgehändigt, erfolgt keine Kopie des Phänotyps, sondern der Anweisung selbst, also biologisch gesprochen, des Genotyps. Damit können wir aber nicht mehr von einer lamarckistischen Weitergabe sprechen.

Die Frage, ob kulturelle Evolution als lamarckistisch zu bezeichnen ist, mache demnach nur Sinn, »wenn man bestimmte strikte Analogien zwischen Genen und Memen zieht, doch solche Analogien sind nicht gerechtfertigt« (Blackmore 2005, 114). Die einzige zulässige Analogie zwischen Genen und Memen sei deshalb, dass beide Replikatoren sind. Blackmore verwendet also den Begriff des Mems unterschiedslos für alle memetischen Informationen. Diese können Ideen, Gehirnstrukturen, Verhaltensweisen, Bücher, Rezepte, Karten oder Noten sein. Entscheidend ist allein, dass sie kopiert werden können.

Kulturelle Evolution bedeutet Hightech-Kultur

Auch wenn Blackmore mit Recht darauf hinweist, dass die kulturelle Evolution unter biologischen Gesichtspunkten, wie es noch Friedrich August von Hayek und andere getan haben, nicht rein lamarckistisch verstanden werden kann (Medawar 1977; Diettrich 1989), bleibt die Übertragung erworbener Eigenschaften ein unschlagbarer Vorteil gegenüber der Evolutionsbiologie. Kopieren und Lernen kann sich verbal oder technisch in Sekunden abspielen. Organische Evolution braucht hingegen Generationen, bis die ganze Population informiert ist. Biologische Evolution kann sich zeitlich nur in eine Richtung abspielen, während die kulturelle Evolution auch mit der Vergangenheit in Kommunikation steht. Wir können heute durch die kulturelle Evolution tausendfach schnellere Entwicklungsprozesse durchlaufen, als die natürliche Evolution dies zuließe; und die Geschwindigkeit könnte sich noch vervielfachen, wenn wir die Verarbeitungsgeschwindigkeiten von Computern mit einbeziehen. (Kurzweil 2006) Trotzdem wird es notwendig bleiben, die Grundprinzipien lebender Systeme zu verstehen, denn sie bleiben die Hardware, auf die die Software neuer Technologien aufsetzt.

Zusammenfassung

- Unsere Geschichte zeigt, dass unsere Fähigkeit zu Kooperation und Zusammenarbeit in Gruppen immer schon ein Überlebensvorteil war. Kooperierende Gruppen haben sich konkurrierenden gegenüber vielfach als leistungsfähiger erwiesen. Umso erstaunlicher ist es, dass sich die Behauptung der einseitig kriegerischen und konkurrenten Natur des Menschen bis heute so hartnäckig gehalten und sich zudem als ökonomische Tugend durchgesetzt hat. Konkurrenz und Wettbewerb sind nicht in der menschlichen Natur angelegt, sondern müssen erlernt werden. Auch der oft angeführte Wettkampfcharakter im Sport ist dafür kein gegenteiliger Beleg. Vielmehr werden gerade im Wettkampfsport gezielt Aggression und Konkurrenzdenken gesteigert.

- Reine Kooperation wäre allerdings auch nicht überlebensfähig. Wir müssen ebenso fähig sein, unser kämpferisches, konkurrentes, aggressives Potenzial einzusetzen, um Nichtkooperativen bei Bedarf die Stirn zu bieten. Legt man der Systemtheorie die Evolutionsbiologie zugrunde, führt das nicht nur erkenntnistheoretisch, sondern auch ethisch zum Primat der Evolution. Damit lässt sich dem naturalistischen Fehlschluss kaum entgehen. Wir können jedoch begründete Hoffnung haben, dass sich auch die ethische Selbstorganisation in lebensfördernder, kooperativer und koevolutiver Weise zeigt. Zumindest gibt es keine Gründe, die auf biologischer Seite dagegen sprechen, und es liegt in unserer Hand, dies auf kultureller Seite zu unterstützen, sofern wir uns nicht als Sklaven der Meme betrachten. Der Mensch ist von Natur aus weder gut noch böse, er ist beides. Wenn wir uns dafür entscheiden, die gute Seite zu stützen, so können wir dies im Sinne einer ethisch-kulturellen Evolution ebenso wie durch eine entsprechend gestaltete Ökonomie tun. Letztlich bleibt als Grundlage für einen Appell an ethisches Verhalten so nur die Frage: Wie wollen wir die Welt gestalten, in der wir leben?

▶ »Ein Indianer des Ältestenrates beschrieb seine inneren Kämpfe einmal so:

In mir leben zwei Hunde.
Einer von ihnen ist gemein und böse.
Der andere Hund ist gut.
Der böse Hund kämpft die ganze Zeit gegen den guten.
Als er gefragt wurde, welcher Hund gewinnt,
überlegte er einen Augenblick und antwortete:
Der, dem ich mehr zu fressen gebe.«

GEORGE BERNARD SHAW

10. The Great Man

»Führung ist eines der meistbeobachteten und am wenigsten verstandenen Probleme auf der Erde.«
JAMES M. BURNS

Abgrenzung vom transformationalen Führungsansatz

Ab diesem Kapitel werden wir uns mit der Führungsforschung beschäftigen, wobei die interdisziplinären Ergebnisse der vorangegangenen Kapitel schließlich gewinnbringend für ein systemisch-evolutionäres Konzept von Führung eingebracht werden sollen. Zuvor wollen wir in diesem Kapitel jedoch noch auf einen populären Führungsansatz eingehen, den der transformationalen Führung, insbesondere um die systemische Führung in der Folge davon abzugrenzen. Wie nicht nur die Autoren selbst behaupten, hat der transformationale Ansatz inzwischen eine starke Verbreitung gefunden: »It is no accident that many excellently managed firms today contain a large proportion of transformational leaders.« (Bass/Riggio 2006, 131)

Im Fokus: die Führungskraft

Das transformationale Führungskonzept von Bernard M. Bass rückte gerade als Überwindung einer zunehmend rationalistisch und technisch gewordenen Wirtschaftswelt in den Blickpunkt. Dabei zeigt sich ein starker Fokus auf die Person des Führenden und deren Eigenschaften. Im Gegensatz zu den fähigkeitsorientierten Ansätzen nimmt ein eigenschaftsorientierter Ansatz die angeborenen Eigenschaften der Führungskraft als zentralen Ausgangspunkt. (Steinkellner 2007) Eigenschaftstheorien der Führung verfolgen im Wesentlichen die Aufrechterhaltung der »Great Man Theory«, wobei die Einflussmöglichkeiten der Führungskraft aus einem traditionellen Verständnis heraus als sehr hoch gesehen werden und Organisations- und Mitarbeiterhandeln in den Hintergrund treten. Eigenschaftstheorien der Führung gehen davon aus, dass eine Führungskraft eine Persönlichkeit sein müsse, und dies lasse sich nicht oder nur schwer erlernen. Verhaltens- oder fähigkeitsbasierte Führungstheorien dagegen verstehen Management, ebenso wie jede andere Profession auch, als erlernbaren Methodenmix.

Der amerikanische Leadership-Forscher Robert House hat den eigenschaftsorientierten Ansatz als »charismatische« Führung bekannt gemacht. Neuere Versionen dieses Ansatzes finden sich im Konzept der »transformationalen« Führung nach Bernard Bass et al.; und Robert House stützt seinen charismatischen Ansatz wiederum auf das Konzept der transformationalen Führung nach Bass. (Dorfman / House 2004)

Keine empirische Basis für eigenschaftsorientierte Führungstheorien

Viele Studien kommen zu dem Ergebnis, dass eigenschaftsorientierte Führungstheorien empirisch nicht gestützt werden können (Sadler 2003; Vaupel 2008), sodass sich die Frage stellt, wieso sich eigenschaftsorientierte Führungstheorien so hartnäckig halten (Wimmer 2009; Neuberger 2002). Wenn sich schon keine eindeutige empirische Fundierung ausmachen lässt, soll hier geklärt werden, wie stichhaltig die theoretische Begründung des Konzepts ist. Wir werden uns deshalb im Folgenden zunächst einige zugrunde liegende Argumente des transformationalen Führungskonzepts nach Bass et al. näher ansehen und ihre immanente Schlüssigkeit prüfen.

Von Transaktionen und Transformationen

Ein einziger Führungsstil genügt nicht

Das Konzept der transformationalen Führung (Transformational Leadership) hat in den letzten Jahren in den Bereichen der Personal- und Unternehmensführung große Verbreitung gefunden. Es wird dabei von den Autoren selbst nicht als exklusive Lösung aller Leadership-Herausforderungen verstanden. Vielmehr wird im Rahmen eines situativen Modells der adäquate Einsatz transformationaler bzw. transaktionaler Führung gefordert. (Bass / Riggio 2006) Diese Forderung entspricht auch der Kritik der Autoren an gängigen Führungsstiltheorien, wonach ein einziger Führungsstil nicht genügen kann.

Das Konzept der transformationalen Führung beruht auf dem der transaktionalen Führung. Bass und Riggio nennen folgende Charakteristika der transaktionalen Führung:

Transformationale und transaktionale Führung

1. Vorbildfunktion (Idealized Influence)
2. Inspirations- und Motivationsfähigkeit (Inspirational Motivation)
3. Intellektuelle Herausforderung (Intellectual Stimulation)
4. Individuelle Berücksichtigung (Individualized Consideration)

(Bass / Riggio 2006, 228)

Als Kriterien für transaktionale Führung nennen sie folgende Komponenten:

1. Bedingte Belohnung (Contingent Reward)
2. Management by Exception (MbE)
3. Laisser-faire-Leadership

Acht verschiedene Führungsstile

Nimmt man nun die Kriterien von transformationaler und transaktionaler Führung zusammen, so erhält man das Full-Range-of-Leadership-Modell (FRL). Mit der zusätzlichen Unterscheidung zwischen passivem und aktivem Management by Exception (MbE) erhält man schließlich im Full-Range-of-Leadership-Modell acht verschiedene Führungsstile.

Die transaktionale Führung knüpft an Verhaltensbedingungen der Mitarbeiter an. Die Autoren weisen allerdings darauf hin, dass insbesondere MbE sehr gut für akute Problemlösungen geeignet sei, wenn es zum Beispiel um notwendige Korrekturen ginge, um eine Aufgabe zu erfüllen, oder bei der Leitung eines virtuellen Teams. Rein transaktionale Führung könne jedoch auf lange Sicht nicht effektiv sein, vielmehr seien darüber hinaus Coaching, qualitative Performance oder Wertschätzung vonnöten. Hier biete sich transformationale Führung an, die sich unter anderem dadurch auszeichnet, dass sie bei den Mitarbeitern höhere Bedürfnisse (wie etwa das Gemeinwohl) wecke. Während transaktionale Führung auf Austausch basiert, basiert transformationale Führung auf der Aktivierung von Emotionen, angelehnt an die Konzepte emotionaler Intelligenz in der Führungsliteratur. (Ashforth/Humphrey 1995)

Führungsstile und Führungsstrukturen

Den adäquaten Einsatz eines erfolgreichen transaktionalen oder transformationalen Führungsstils machen Bass und Riggio (2006) von fünf Variablen abhängig, nämlich der Umwelt, der Organisation, den Aufgaben, den Zielen sowie von der vorhandenen Machtverteilung zwischen Führungskräften und Mitarbeitern. Die Begriffe »transaktional« bzw. »transformational« bezeichnen damit nicht nur individuelle Führungsstile, sondern auch Führungsstrukturen in Organisationen. Eine transaktionale Organisationsstruktur ist durch individuellen Wettbewerb geprägt, der Mitarbeiter als Einzelkämpfer und Führungskräfte als Manager by Exception hervorbringt.

Transformationale Führung: Aufgaben- und Beziehungsorientierung

Transformationale Organisationen zeichnen sich dagegen dadurch aus, dass die Macht der Führungskräfte legitim und anerkannt ist. Die besten Führungskräfte vereinen eine hohe Aufgaben- und eine hohe Beziehungsorientierung in sich (Bass 1990c) und seien sowohl transaktional als auch transformational ausgerichtet.

Transformationale und charismatische Führung

Gemeinsame Schnittmenge bei transformationaler und charismatischer Führung

Die charismatische Führungspersönlichkeit definiert Robert House als «visionary, inspirational, self-sacrificing, performance oriented« (House et al. 2004, xix). Wenn transformationale Führung auch viel mit charismatischer Führung gemeinsam hat, ist es den Autoren wichtig, darauf hinzuweisen, dass das Konzept der transformationalen Führung umfassender gedacht ist, indem charismatische Führung nur ein Teilaspekt der transformationalen sei, zugleich aber auch die individuelle Berücksichtigung von Mitarbeitern sowie deren intellektuelle Herausforderung enthalte.

Ebenso sei die »pseudotransformationale« Führung von der charismatischen und der transformationalen zu unterscheiden. Bass und Riggio bezeichnen etwa Hitler, Pol Pot, Stalin oder Osama Bin Laden als Beispiele pseudotransformationaler Führungsfiguren, weil sie zwar viele Elemente transformationaler Führung aufweisen, diese jedoch persönlichen, ausbeuterischen und selbstverherrlichenden Motiven unterordneten. Pseudotransformationale Führer vermitteln nur den Anschein, ihre Entscheidungen mit anderen zu teilen, während sie tatsächlich nur Bestätigung für Entscheidungen suchen, die sie allein getroffen haben.

Pseudotransformationale Führung

Bernard Bass und Bruce Avolio lassen, ähnlich wie Robert House, zwei der vier Kriterien für transformationale Führung, nämlich Vorbildfunktion und Inspirations- und Motivationsfähigkeit, als Charakteristika für charismatische Führung gelten. (Bass / Avolio 1993; House 1977) Die beiden Kriterien der intellektuellen Herausforderung und der individuellen Berücksichtigung erweitern das charismatische hin zum transformationalen Modell.

Charismatische Führung in Krisenzeiten

Charismatische Führung entsteht nach Bass und Riggio (2006) am wahrscheinlichsten in Krisen oder Stresssituationen. Hier glänzt die charismatische Führungskraft, wenn sie sich die Wertschätzung der Mitarbeiter durch radikale Lösungen und kühnes Vorgehen erwirbt. Im Rückgriff auf die Ausführungen des Soziologen Max Weber (1924) wird dies damit begründet, dass in unruhigen und instabilen Zeiten Mitarbeiter aufgrund von Hilflosigkeit, Angst und Frustration besonders gewillt sind, den Anweisungen einer charismatischen Führungskraft zu folgen, vorausgesetzt, diese erweist sich als qualifiziert dafür, sie aus der Misere zu führen. Die Rettung und die Erfüllung dringender Bedürfnisse ließen bei den Mitarbeitern große Dankbarkeit entstehen, sodass ihr Verhältnis zu ihrem Vorgesetzten von Leidenschaftlichkeit und Loyalität bestimmt sei.

Transformationale Führung in Krisenzeiten

Auch transformationaler Führung komme das Verdienst zu, sich gerade in Krisenzeiten beispielsweise gegenüber transaktionaler Führung als hilfreich zu erweisen: «Under crisis-ridden or uncertain conditions, transactional leaders who are reactive and depend on old rules and regulations to maintain and control the system, are unlikely to help followers cope with the situation. More effective are transformational leaders, who are proactive, break with tradition, provide innovative solutions, and institutionalize new arrangements.« (Bass / Riggio 2006, 59, 81; Bass 1990, 19 f.)

Weitere Eigenschaften charismatischer Führungskräfte seien Besonnenheit, Entschlossenheit, Pflichtgefühl und Durchhaltevermögen, die Bass und Riggio mit den Eigenschaften von Kriegshelden gleichsetzen, ohne dies weiter zu begründen: »Charismatic transformational leaders tend to keep their cool when faced with threats to their lives. Thus, Mahatma Gandhi, Franklin Delano Roosevelt, Kemal Atatürk, Benito Mussolini, Kwame Nkrumah, Charles de Gaulle, and Ronald Reagan displayed presence of mind and composure when faced with assassination attempts ... They ... showed aspects of transformational leadership: perseverance under stress, decisiveness, and devotion to duty.« (Bass / Riggio 2006, 67; vgl. Gal 1985; Willner 1968)

Eigenschaften der Führenden

Hier scheint das Attribut »transformational« nicht nur einen Führungsstil zu beschreiben, sondern auch eine inhärente Eigenschaft der Führenden, deren Herkunft nicht näher erläutert wird. An anderer Stelle ergänzen die Autoren die Eigenschaften charismatischer und inspirierender Führer noch um die Persönlichkeitsattribute »hochenergetisch«, »selbstbewusst«, »selbstbestimmt«, »intellektuelle und verbale Kompetenzen«, »starkes Selbstbild« sowie »Selbstkontrolle«. (Bass / Riggio 2006, 132) Bass et. al. weisen darauf hin, dass charismatische Führungspersonen untereinander nicht gut harmonieren, wenn sie ihr Verhalten nicht aufeinander abstimmen. (Bass et al. 1987)

Transformationale Führung: Menschenbild

Das zugrunde liegende Menschenbild der transformationalen Führungskraft leitet Bernard Bass aus dem charismatischen Menschenbild von Robert House ab: »Humans are practical and goal-oriented, seeking rewards and avoiding punishments. ... But we also express feelings, aesthetic values, and self-concepts to recognize and affirm our attitudes, beliefs and values. We are motivated to maintain and enhance our self-esteem and sense of competence to cope with our environment. Meaning is provided in the continuity of past, present, and future and the match between our behaviour and our self-concept. Our self-concept is a composite of our identities as members of nationality, social group, and sex, some of which are more important to us than to others. Faith as well as rational calculation, motivates us … Given this appreciation of human nature, it becomes possible to understand the different effects of transformational and transactional leaders on commitment.« (Bass / Riggio 2006, 38; vgl. House 1977; Shamir et al. 1993)

Widersprüche

Hier zeigen sich bereits einige Widersprüche. Das beschriebene behavioristisch anmutende Menschenbild würde einem transaktionalen Führungsstil entsprechen. Motivation durch rationales Kalkül etwa entspricht dem transaktionalen Modell, während transformationale Führung doch gerade durch einen Austausch an Emotionen gekennzeichnet sein sollte. (Ashforth / Humphrey 1995) Offen bleibt auch, wie sich dieses durch die Autoren skizzierte Menschenbild begründen und ableiten lässt.

Auch wenn es heißt, der transformationalen Führungskraft werde vertraut, sie werde bewundert und respektiert (Bass / Riggio 2006, 6), habe Vorbildfunktion und gebe Mitarbeitern Sinn und Herausforderung, bleibt offen, wie Respekt oder Vertrauen erzeugt werden.

Transformationale Führungskräfte fungieren als Lehrer und Coach (Bass / Riggio 2006), setzen sich für das Gemeinwohl ein und verfolgen aber zugleich durchaus eigene Ziele. (Burns 1978) Die Präzisierung der durchaus fragwürdigen Doppelrolle von Coach und Führungskraft bleiben die Autoren schuldig, ebenso eine Ausführung über die Art des Coachings. Geht es hier um ein Fach- oder ein Persönlichkeitscoaching, wie wird der Interessenkonflikt in der Doppelrolle von Führungskraft und Coach aufgelöst, welcher Beratungsansatz liegt hier zugrunde? Ebenso wäre das »Gemeinwohl« der Mitarbeiter zu spezifizieren. Wie ist solch ein überindividuelles Gemeinwohl zu denken, wie wird mit konfligierenden Mitarbeiterinteressen oder Zielkonflikten zwischen Unternehmens- und Mitarbeiterinteressen verfahren?

Mystifizierung von Leadership

Transformationale Führungskräfte schaffen den Autoren zufolge ein emotionales, mithin irrationales Band zwischen sich und den Mitarbeitern. (Bass / Riggio 2006; Dasborough / Ashkanasy 2002) Unabhängig davon, ob dies vonseiten eines Unternehmens überhaupt gewollt wäre, wird hier der Mystifizierung von Leadership Vorschub geleistet, da sich solche Eigenschaften nicht strukturiert und systematisch in eine Führungskräfteausbildung integrieren lassen.

Starke Mitarbeiterbindung und Loyalität als Basis

In einem ersten Schritt sieht die transformationale Führung vor, eine starke Mitarbeiterbindung und Loyalität aufzubauen, außerdem Selbstachtung und Selbstvertrauen. (Bandura 1997) Dies erhöhe die Mitarbeiterzufriedenheit aufgrund der erhöhten Führungsqualitäten transformationaler Führungskräfte. (Bass / Riggio 2006; Dasborough / Ashkanasy 2002) Anschließend sei eine Identifikation mit der Führungskraft auf individueller wie auch kollektiver Ebene entscheidend, um schließlich im Weiteren Ziele und Werte mit den Mitarbeitern abzustimmen. Dies schaffe bei den Mitarbeitern Motivation für Leistung, und dadurch befähige die transformationale Führungskraft ihre Mitarbeiter, Außerordentliches zu leisten. (Bass / Riggio 2006, 51) Wesentlich sei dabei auch, dass Mitarbeiter so auf gemeinschaftliche statt auf individuelle Ziele verpflichtet würden. Auch hier wird nicht begründet, wie die Führungskraft es schafft, dass die Mitarbeiter ihre Eigeninteressen den Gemeinschaftszielen unterordnen.

Identitätsgefühl

Darüber hinaus reduzierten transformationale Führungskräfte bei ihren Mitarbeitern Stress, indem sie ein Identitätsgefühl schafften, das auf Unterstützung und einem sozialen Netzwerk beruhe. Der individuellen Mitarbeiterberücksichtigung schenkt das Modell großes Gewicht; die Mitarbeiter sollen die Möglichkeit haben, sich selbst zu entwickeln. (Levinson 1980; Bass / Riggio 2006) Der Weg dorthin bleibt allerdings wieder unbestimmt.

Insbesondere Krisen sollen so in persönliche Herausforderungen verwandelt werden. Hier sei kreativen, bedachten Lösungen Raum zu geben, anstatt hastiges, defensives und uneffektives Verhalten zu fördern. Dabei dürfe nicht übersehen werden, dass transformationale Führung transaktionale nicht ersetze, sondern lediglich ergänze. (Waldman et al. 1990; Bass / Riggio 2006) Der Differenzierung zwischen Mitarbeitern soll die transformationale Führungskraft eine große Bedeutung zukommen lassen, insbesondere mit Blick auf die individuellen Bedürfnisse und deren Weiterentwicklung. (Bass / Avolio 1990b) Die Berücksichtigung individueller Entwicklungsbedürfnisse führt so weit, dass diese sogar in den Entwurf neuer organisatorischer Anforderungsprofile, in Abstimmung mit den Organisationserfordernissen, einfließen.

Transformationale Führung: individuelle Ziele und Gesamtwohl

Dieses individuelle Jobdesign erlaube es Mitarbeitern, zu lernen, zu wachsen und kreativ zu sein. Mitarbeiter erführen ihre Arbeit so als bedeutungsvoll und verantwortungsvoll, wobei sie die Ergebnisse ihrer Anstrengungen auch sehen würden. (Bass / Riggio 2006; Hackman / Oldham 1976) Diese individuelle transformationale Führung lasse in den Teammitgliedern ein Gefühl der gegenseitigen Kompetenzanerkennung und gegenseitiges Vertrauen entstehen. Dadurch wiederum reorientierten die einzelnen Teammitglieder ihre individuellen Ziele auf das Gesamtwohl des Teams hin.

Bedeutung für Organisationen

Dies führt uns zu der Frage, was transformationale Führung für Organisationen bedeutet. Bass und Riggio beschreiben die einer transformationalen Führung adäquate Organisation als »organisch«, was größere Risikobereitschaft und Veränderungsfähigkeit beinhalte. Ebenso wie bei transaktionaler Führung wird auch hier ein situatives Zusammenspiel von mechanistischen und organischen Organisationen entworfen: »Mechanistic organizations work better in stable, predictable environments. Organic organizations work better in unstable, uncertain, turbulent environments.« (Bass / Riggio 2006, 93) Die Wirkungskraft transformationaler Führung wird von den Autoren in kleineren Organisationen positiver gesehen, was darauf zurückgehe, dass diese Zeit für persönliche Beachtung und enge Arbeitsbeziehungen ließen. Diese Aussage mag verwundern, da mit Reagan oder Gandhi zuvor Beispiele charismatischer Führungspersönlichkeiten angeführt wurden, die gerade ihre Ausstrahlung aus der Distanz und auf große, unpersonalisierte Massen hatten.

Kommunikationsfähigkeit

Auf organisatorischer Seite müsse transformationale Führung durch eine entsprechende Unternehmenspolitik und -kultur gestützt werden. Führungskräfte sollten auf eine Weise kommunizieren, die von den verschiedenen Mitarbeitern gleichermaßen verstanden würde, wie überhaupt Kommunikationsfähigkeit als basale Kompetenz einer transformationalen Führungskraft vorhanden sein sollte. (Bass / Riggio 2006) Hier könnte die von den Autoren schuldig gebliebene Antwort dafür zu suchen sein, wie transformationale Führung ihre Resultate erreicht. Sollte transformationale Führung als Kommunikationstechnik verstanden werden, so fehlt aber die Ausführung, wie diese Kommunikation anzuwenden ist.

Transformationale Führungskräfte sollen Optimismus ausstrahlen und das Selbstvertrauen ihrer Teams sowie der ganzen Organisation stärken. Ausgehend von ihrer Vision, sollen Führungskräfte Kooperation und gleiche Ausrichtung fördern, und im Idealfall sollten Teamleiter charismatische Züge aufweisen. Diese Aussagen verweisen schon auf das Verständnis der Autoren, wie generelle Eigenschaften von Führungskräften auszusehen hätten: unter anderem »ungehemmt«, »extravertiert« (Bass / Riggio 2006, 168; Bass 1990c) und »intelligent«.

Analogie zum Militär

Allerdings wird diese Aussage aus einer rein militärischen Studie abgeleitet. Sie nimmt Bezug auf das Modell von Raymond Bernard Cattell, der sechzehn Persönlichkeitsfaktoren (PF) unterscheidet: »Atwater and Yammarino (1993) found small but significant correlations between the intelligence scale of the 16PF Inventory (Cattell 1950) and both the transactional (.23) and transformational (.20) subordinate ratings of U.S. Naval Academy squad leaders.« (Bass / Riggio 2006, 172; Atwater / Yammarino 1993, 645 f.) Interessanterweise kann transformationale Führung auch generell militärischer Führung entsprechen, aufgrund des außergewöhnlichen »commitments« und der »tight structures«. (Bass / Riggio 2006, 107)

Wieso militärische Führung mit ihren starren Regeln, ohne Zielvereinbarung, ohne partizipative Elemente und ohne Strukturen von Empowerment den transformationalen Charakteristika entsprechen kann, wird durch die Ausführungen nicht klar und widerspricht in großen Teilen den vorher angeführten Kriterien. Darüber hinaus bleibt die Übertragbarkeit militärischer Führung auf hochqualifizierte Manager im zivilen Bereich mehr als fraglich. Der Vergleich erstaunt umso mehr, als die Autoren gerade frei geführte Organisationen mit transformationalen Attributen in Verbindung bringen: »The loosely guided organization is one that is moderately transformational but without much structure.« (Bass / Riggio 2006, 107)

Ungereimtheiten beim Militär-Vergleich

Die Analogie zum Militär ist auch deshalb erstaunlich, wenn man bedenkt, dass Frauen dem transformationalen Führungsstil eher zuneigen sollen als Männer, wie wir noch sehen werden. Die Autoren lehnen auch die sogenannte produktionsorientierte Führung ab, die auf psychologischem Leistungsdruck beruht, da derartige Antreiber (»work more quickly«, »work accurately«, »you could do more«, »hurry up, we haven't much time left«, Misumi 1985) nur Angst und Feindseligkeit generierten. (Bass / Riggio 2006, 62) Dabei scheinen diese Attribute doch gerade dem militärischen Führungsstil zu entsprechen.

Transformationale Führung – ein universeller Führungsstil?

Die Autoren sehen die Charakteristika transformationaler Führung als generelle Attribute von Führungskräften: »No matter where you put some people, they will emerge and succeed as leaders.« (Bass / Riggio 2006, 177) Es geht hier um eine Fähigkeit, die nicht fachbezogen, sondern im Sinne universeller Schlüsselqualifikationen einsetzbar ist. Dies führt uns zu der Frage, ob transformationale Führung im Sinne der Autoren als universeller Führungsstil verstanden werden kann.

Wiewohl man eine Nähe der transformationalen und charismatischen Führung zu individualistischen Kulturen vermuten mag, tritt sie den Autoren zufolge jedoch interessanterweise gerade in kollektivistischen Kulturen auf. (Bass / Riggio 2006; Jung et al. 1995) Die effektive transformationale Führungskraft ist kulturell sensibel und »individualized consideration plays a key part in this aspect of effective leadership« (Bass / Riggio 2006, 139; Offerman / Phan 2002). Diese kulturell-individuelle Betrachtung betrifft auch die Kenntnis der individuellen Fähigkeiten der Mitarbeiter, um als Führungskraft, einem Katalysator gleich, in intellektuell stimulierender Weise größere Kreativität in ihnen zu entfalten. (Bass/Riggio 2006)

Kulturelle Unterschiede

Während die »charismatisch-transformationale« Führung einerseits als effektiver globaler Führungsstil behauptet wird, weil Elemente daraus global geschätzte Führungsqualitäten seien, weisen Bass und Riggio zugleich darauf hin, dass die Charakterisierung des Merkmals »charismatisch« von Land zu Land resp. von Kultur zu Kultur sehr unterschiedlich sein kann. (Bass/Riggio 2006, 178; House et al. 2004) Wenn das Attribut »charismatisch« aber kulturell und regional differiert, wie kann es dann zugleich ein universelles und globales Merkmal sein?

Aktuelle interkulturelle Studien erbrachten keinen Nachweis dafür, dass charismatische Führung als universeller, internationaler Führungsstil angesehen werden kann. Der hohe Einfluss der Landeskultur auf die Organisationskultur sowie die Abhängigkeit der Führungstheorie sowohl von der Landes- als auch von der Unternehmenskultur stützen diese These gerade nicht. (Brodbeck 2008) Zudem fällt in verschiedenen Nationen, Regionen und Kulturen die Definition einer »herausragenden Führungsperson« unterschiedlich aus. (Neuberger 2002, 253)

Transformation und Gender

Transformationale Führung ist Bass und Riggio zufolge ein Führungsstil, dem Frauen eher zugeneigt sind als Männer. In diesem Zusammenhang beschreiben sie zwei wesentliche gesellschaftliche Entwicklungen: Zum einen haben sich Ausbildung und Verhalten der Frauen verändert, zum anderen die Unternehmenskultur. »Fortunately, society is changing. Women have become generally more assertive, less dependent, better educated, and more career oriented … organizational cultures have increasingly emphasized caring and concern for others without diminishing the importance of completing the work to be done … So it seems that women might have some slight advantage over men in terms of developing transformational leadership characteristics.« (Bass/Riggio 2006, 124; Offerman/Gowing 1990)

Männer würden hingegen mehr zu Management by Exception neigen, was nach Ansicht der Autoren dem transaktionalen Führungsstil zuzuordnen ist. Diese Zuordnung entspricht der traditionellen Dichotomie von aufgabenorientierter Führung, der Männer zuneigen, und beziehungsorientierter und fürsorglicher Führung, die Frauen zugeschrieben wird. (Bass/Riggio 2006; Eagly/Crowley 1986) Bestätigt wird dies durch den Myers-Briggs-Typindikator (Myers/McCauley 1985): Eine deutliche Differenz zwischen den Geschlechtern trat bei der Persönlichkeitstypologie lediglich in einer Dimension auf, und zwar in der Dimension »Feeling/Thinking«. Die weiblichen Führungskräfte tendierten sehr viel stärker zum Feeling als ihre männlichen Kollegen.

»Androgyne« Führungskraft

Da Führung immer als Balançeakt zwischen Aufgaben- und Beziehungsorientierung zu sehen sei, führe die transformationale Führung demnach zum Ideal einer in ihren Einstellungen und Verhaltensweisen »androgynen« Führungskraft. (Bass/Riggio 2006, 114f.; Porter et al. 1985)

Wird man als Führer geboren?

Transformationale Führung als persönliches Vermögen

Transformationale Führung ist offenbar nicht erlernbar: »Clearly, education and training can seldom turn an exclusively transactional leader into a highly transformational leader.« Sie wird als ein persönliches Vermögen betrachtet, das allerdings durch einen »qualitativen Erziehungsprozess« gefördert werden kann. Dieser sollte schon in der Kindheit beginnen; Familie, Schule und auch die spätere Arbeitsumgebung werden als Einflussfaktoren gesehen: »For too long, leadership development has been seen mainly as a matter of training, as such, and skill development. But leadership – particularly transformational leadership – should be regarded as an art and a science likely to be enhanced with a quality education process.« (Bass/Riggio 2006, 135) Das transformationale Leadership-Credo führt so von einer professionellen Managerausbildung weg und verklärt und mystifiziert Führung. (Malik 2001) Eine professionelle Rekrutierung von Managementnachwuchs wird letztendlich unmöglich, da geeignete Anforderungskriterien fehlen.

Auch Wert- und Moralvorstellungen der Eltern sowie deren Führungsvorbild beeinflussten die Art der Führung, welche die Kinder später selbst wählten. Hochtransformationale Führungskräfte seien in ihrer Kindheit seitens der Eltern mit schwierigen Herausforderungen konfrontiert worden, aber zugleich von ihnen unterstützt und ermutigt worden, unabhängig davon, ob ihre Bemühungen Erfolg zeigten oder nicht. Dabei gestehen die Autoren zu, dass die erwähnten Zusammenhänge zum großen Teil spekulativ seien. (Bass / Riggio 2006; Gibbons 1986)

Transformationale Führung = gute Führung?

Auf der anderen Seite wird betont, dass charismatische und transformationale Führung nicht notwendigerweise mit sozialem Verhalten einhergehen müsse, denn »many, like Napoleon Bonaparte and J.P. Morgan Sr., fulfilled grandiose dreams at the expense of others« (Bass / Riggio 2006, 127; Conger 1990). Demnach bleibt offen, wieso transformationale Führung überhaupt mit »guter« oder »effektiver« Führung gleichgesetzt werden kann (Tracey / Hinkin 1998) bzw. als »best-fitting model for effective leadership in today's world« bezeichnet wird (Bass / Riggio 2006, 224).

Welche Organisationsstruktur muss nun vorhanden sein, um transformationale Führung zu ermöglichen? Hier gibt es nur die Behauptung, *dass* es eine Entsprechung in der Unternehmenskultur geben müsse. Interessant wäre nun aber, wie Recruiting und Personalentwicklung gestaltet sein sollten, um transformationale Führung zu ermöglichen. Bass und Riggio sehen die Kriterien transformationaler Führung in ganz unterschiedlichen Organisationen verwirklicht: sowohl in »exzellent geführten« Wirtschaftsunternehmen als auch beim Militär – das Attribut »transformational« wird offenbar sehr heterogen verwendet.

Fixierung auf die Führungskraft

Die Autoren verweisen darauf, dass der heutige Fokus in der Führungsforschung zu stark auf die Führungskraft ausgerichtet sei und die Mitarbeiter stärker ins Blickfeld genommen werden sollten. (Bass / Riggio 2006; Hollander 1992; Vecchio 1997) Interessanterweise transzendiert das eigene Konzept aber gerade nicht die als überkommen angesehenen Stile der Führungsforschung, sondern formuliert selbst wiederum einen Führungsstil, der an der Führungskraft ansetzt. Dies wird noch verschärft durch die charismatischen und damit schwer fassbaren Eigenschaften, mit denen eine transformationale Führungskraft ausgestattet sein soll.

Die Führungskraft als Antreiber

Man kann sich fragen, ob das Modell abwechselnd transformationaler und transaktionaler Führung hinreichend ist, den Fokus so weit auf die Mitarbeiter zu richten, dass wirkliches Empowerment entsteht. Transformationale Führung scheint den Fokus gerade nicht auf die Mitarbeiter zu legen, denn nach diesem Modell kommen Motivation und Antrieb nicht von den Mitarbeitern, sondern werden von der Führungskraft in diesen hervorgerufen. Ebenso sollen die moralischen Werte der Mitarbeiter durch die Führungskraft gehoben werden. (Bergstrom 2003) Die transformationale Führungskraft wird beschrieben als »one who not only moved followers up on Maslow's hierarchy but also moved them to transcend their own self-interests« (Bass/Riggio 2006, 227; Burns 1978).

Unabhängig davon, wie diese Leistung von außen an die Mitarbeiter herangetragen werden soll, muss man fragen, ob dieser Anspruch nicht ideologische Tendenzen hat. Schließlich soll dabei das Eigeninteresse der Mitarbeiter hin zu den Unternehmensinteressen transformiert werden. Was aber, wenn Mitarbeiter- und Unternehmensinteresse nicht zusammenfallen?

Der (Aber-)Glaube an den »Great Man«

Viele Thesen des transformationalen Führungskonzepts sind nach wie vor hochaktuell, so etwa der Blickwechsel von der Führungskraft hin zu den Mitarbeitern oder die Forderung nach Empowerment der Mitarbeiter. Zukunftsweisend sind auch die Beachtung der individuellen Entwicklungsbedürfnisse von Mitarbeitern sowie der Entwurf neuer, darauf Bezug nehmender, organisatorischer Anforderungsprofile. Dennoch bleiben viele Fragen ungeklärt und manche Aussagen widersprechen sich.

Probleme des MbE bleiben bestehen

Die Frage, wie die transformationale Führungskraft bei den Mitarbeitern Emotionen weckt, bleibt offen, ebenso die Abgrenzung zu partizipativer Führung. Auch wird die Funktionsweise transformationaler Kommunikationstechnik nur angerissen. Die Anteile transaktionaler Führung, die als komplementärer Anteil im Führungsstil situativ erhalten bleiben sollen, unterliegen aufgrund des Managements by Exception auch dessen Nachteilen (bei den Mitarbeitern wird keine Zielstrategie geschaffen, Weiterentwicklung und Lernprozess der Mitarbeiter bleiben defizitär etc.).

Probleme der charismatischen Führung werden übernommen

Die fast vollständige Gleichsetzung transformationaler Führung mit charismatischen Elementen erfordert eine Auseinandersetzung mit den bekannten Nachteilen charismatischer Führung. Als Stichworte seien hier erwähnt: Problem der Nachfolgeregelung; Mitarbeiter werden gerade nicht »empowert«; Selbstständigkeit, kritisches Denken und eigener Wertehorizont sind nicht erwünscht; Vertrauen, das transformationalen Führungskräften entgegengebracht wird, kommt gerade nicht von einer erbrachten Vertrauensleistung den Mitarbeitern gegenüber. (Kuhn 2000; Ridder 1999) Eine präzise Charakterisierung des Attributs »charismatisch« wird nicht vorgenommen, infolgedessen gibt es viele Widersprüche. Dazu gehört unter anderem die Frage: Wie ist Charisma zu verstehen, wenn einerseits Massen aus der Distanz motiviert werden, zum anderen aber die persönliche Nähe ausschlaggebend für den Erfolg ist?

Das zugrunde liegende Menschenbild entspricht in seinen behavioristischen Anteilen allenfalls dem mechanistischen Anspruch transaktionaler Führung; es wird in seinen Behauptungen nicht begründet. Der Motivationsprozess transformationaler Führung bleibt widersprüchlich, nämlich einerseits durch rationales Kalkül, andererseits rein emotional. Wie man Mitarbeiter überhaupt aktiv motivieren können soll, bleibt offen.

Neben den Problemen der systemimmanenten Kohärenz, die für den transformationalen und den charismatischen Ansatz bereits benannt wurden, sollen diese Ansätze nun auch aus einer Außenperspektive begutachtet werden. Die Grundlage beider Ansätze liegt in der Zentrierung auf die Eigenschaften einer Person, mit anderen Worten: beim »Great Man« der Führung.

Basis: angeborene Eigenschaften

Die Great-Man-Theorie geht davon aus, dass es angeborene überlegene Fähigkeiten und Eigenschaften gibt. Zugleich scheint es sich um einen leistungsorientierten Ansatz zu handeln, wenn Selbstdisziplin und Ausdauer gefordert werden oder die Doktrin der »Selbsthilfe« propagiert wird, wonach jeder aufsteigen kann, sofern er sich nur genug anstrengt.

Selbsthilfe-Doktrin

Dieser Widerspruch löst sich insofern auf, als die Verhaltens- oder Leistungsorientierung eher aus ideologischen Zwecken betont wurde. Nach Ansicht des inzwischen emeritierten Psychologen Oswald Neuberger (2002) wurde die Selbsthilfe-Doktrin zur Zeit der Industrialisierung genutzt, um die Arbeiterschaft zu spalten. Demnach zeichneten sich die Besten und Geeignetsten im Kampf um Spitzenpositionen aus, was wiederum ihre gesellschaftliche Vormachtstellung belege. Dabei wurde in den meisten Fällen verschleiert, dass nicht Leistungsüberlegenheit zu einem Vorteil verhalf, sondern Zufall, Opportunismus oder günstige Umstände.

Die Great-Man-Theorie bleibt eindeutig der Eigenschaftstheorie von Führung verhaftet, der auch Darwins und Spencers Evolutionstheorien Vorschub leisteten. Sie ist die Grundlage charismatischer oder transformationaler Führung.

Quasi göttliche Stellung

Charismatische Führungskräfte fordern bedingungslose Unterwerfung; ihre Erwartungen erinnern an die Zehn Gebote, so Neuberger (2002). Rechenschaft sind solche Führungskräfte niemandem schuldig, vielmehr schulden die Geführten ihnen Dankbarkeit und Verehrung. Weitere typische Kennzeichen sind die Unterdrückung von Kritik, Unterwürfigkeit sowie das »Primat der Tat«. (Peters / Waterman 1984)

Aufgrund der sehr allgemeinen Attribute, die charismatischen Führungspersonen zugeschrieben werden (visionär, rhetorisch und kommunikativ begabt, sendungsbewusst, selbstsicher, intelligent etc.), wundert es kaum, dass der damit verbundene eigenschaftsorientierte Ansatz der Führung zugunsten verhaltensorientierter oder attributionstheoretischer Ansätze aufgegeben wurde und sich heute das Interesse auf die Beziehung zwischen Führungskraft und Mitarbeiter verlagert hat. Pauchant (1991) argumentiert interessanterweise psychopathologisch, wenn er charismatische Führungskräfte dadurch gekennzeichnet sieht, dass sie ihre eigenen Probleme auf die Mitarbeiter und das Unternehmen projizierten, um sie dann dort zu lösen.

»Untugenden«

Neuberger weist darauf hin, dass sich von »charismatischen Führern« im Sinne eigenschaftsorientierter Zuweisung gar nicht sprechen lässt. Führungskräfte hätten nicht aus sich heraus Charisma, sondern bekämen dieses erst in romantisierender Weise durch ihre Mitarbeiter attribuiert. Als Untugenden lassen sich bei solchem Führungsverhalten folgende feststellen: Narzissmus, impulsives und unkonventionelles Verhalten, Polarisierung unter den Mitarbeitern, fanatisches Festhalten am eingeschlagenen Weg, Unduldsamkeit gegenüber abweichenden Ansichten, Vernachlässigung von Alltags-, Organisations- und Administrationserfordernissen, fehlende Nachfolgeplanung aufgrund von personenzentrierter Führungsweise und zunehmende Irrationalität. (Neuberger 2002; Yukl 1994)

Auswirkungen auf die Mitarbeiter

Dabei sind die Folgen für die charismatisch »transformierten« Mitarbeiter noch gar nicht erwähnt: Sie sind nur schwer an neue Führungskräfte zu gewöhnen und durch den bedingungslosen Gehorsam sowohl in ihrer Kritikfähigkeit als auch in ihrer Persönlichkeitsentwicklung, insbesondere hinsichtlich der Ausbildung autonomer Werte und eigener Urteilsfähigkeit, stark beeinträchtigt. Nimmt man nun noch die Eigenschaften der »großen« charismatischen Führer wie Napoleon, Gandhi, Stalin, Hitler, de Gaulle, Churchill oder Atatürk, dann lassen sich die Attribute zynisch steigern zu Neurotizismus, Wahn, Machtgier, Egoismus, Grausamkeit, Menschen-, Lebens- und Todesverachtung etc. Die Antwort auf die Frage, ob Unternehmen solche

Aspekte charismatischer Führung auch nur in Ansätzen wollen können, müsste eindeutig ausfallen.

Warum die Geführtenrolle übernehmen?

Während es einleuchtend sein mag, was charismatische Führer in ihrer Rolle motiviert, ist es eine Überlegung wert, sich zu fragen, was eigentlich Mitarbeiter dazu motivieren kann, die Geführtenrolle einzunehmen. Typischerweise lassen sich charismatische Führungskonzepte nicht rational erklären. Die Mitarbeiter werden als Menschen verstanden, die daran interessiert sind, sich zu verwirklichen, aber auch ihren Selbstwert zu erhöhen. Diese Selbstwertsteigerung der Mitarbeiter erfolgt durch die Übertragung des überhöhten Werts, welcher der Führungskraft zugeschrieben wird. So umgeben den »Auserwählten« wiederum Auserwählte, die durch Gruppenzugehörigkeit mit entsprechender Ausschließung anderer ihren Selbstwert definieren. Demnach kann charismatische Führung durchaus mit Führungsverhalten in Sekten und Geheimgruppen verglichen werden, denn die zugrunde liegenden Mechanismen wie Gehirnwäsche und Manipulation sind durchaus vergleichbar. (Neuberger 2002, 168)

Charismatische Führung: instabile Herrschaftsform

Neuberger spricht sogar vom »infantilisierenden Grundzug charismatischer Konzeptionen« (2002, 206), da sowohl transformationale als auch charismatische Führung die kritische Reflexion zum Feind habe. Max Weber (1980) wies bereits darauf hin, dass charismatische Führung im Wesen immer als eine instabile Herrschaftsform anzusehen sei. Weber hat dabei selbst die charismatische Führung nur als einen Baustein verstanden, für langfristigen Erfolg müssten Institutionen die Kunst der Führung systematisch anlegen und kultivieren. (Vgl. Goleman et al. 2007)

Neuberger widerspricht auch der Behauptung von Bernard Bass, Krisenzeiten begünstigten generell die Entstehung charismatischer Führung, denn dazu gäbe es viel zu viele Variablen, die berücksichtigt werden müssten. Wichtiger als die jeweilige Führungsperson scheinen die beteiligten Institutionen und Organisationen, wie Partei, Apparat, Gruppe, zu sein. Seitens der Geführten muss die Möglichkeit gesehen werden, einen unbefriedigenden Zustand, der auch in Ereignislosigkeit, Sinnlosigkeit oder Sättigung bestehen kann, zu überwinden.

Think-positive-Haltungen

Bernard M. Bass hat die von James M. Burns entwickelte Nomenklatur von transaktionaler und transformationaler Führung in die organisationspsychologische Debatte gebracht und weitergeführt. Die heutigen Motivationstheorien der Führung gehen auf die dort geäußerten Grundhaltungen zurück, die Neuberger Think-positive-Haltungen nennt: »›Wenn Du nur an Dich glaubst und Dir hohe Ziele setzt, wirst Du sie erreichen!‹ Bedenken, Zweifel, Kritik sind nicht zugelassen.« (Neuberger 2002, 200)

Die Begriffe »charismatische Führung« und »transformationale Führung« werden zum Teil synonym gebraucht, andere Autoren differenzieren, indem sie den personalen Aspekt (charismatisch) bzw. den organisatorischen Aspekt (transformational) betonen. Dabei bleiben die grundsätzlichen Aussagen ebenso wie die Kritik auf beide Ansätze anwendbar und auch die inzwischen unübersehbare (insbesondere amerikanische) Managementliteratur mit einfachem Design (»Die X Verhaltensregeln extrem erfolgreicher Menschen«), die es zu diesem Thema gibt, ändert nichts daran.

Emotionale Führung

Ein weiteres eigenschaftsorientiertes Modell der Führung, das große Wellen geschlagen hat, ist das Konzept der emotionalen Führung von Daniel Goleman. Die grundlegende These ist dabei, dass effektive Führung darin bestehe, bei den Mitarbeitern positive Gefühle zu wecken. Unternehmen sollten sich mit emotionaler Führung zu Orten der »Resonanz« entwickeln. (Goleman et al. 2007, 9)

Um das Konzept zu verstehen, muss man sich zunächst vor Augen führen, dass Goleman et al. zum einen zwar immer wieder auf die Erweiterbarkeit und Lernbarkeit von emotionaler Intelligenz hinweisen, zugleich aber das emotionale Führungskonzept als Eigenschaftstheorie präsentieren. So vergleichen die Autoren die emotional intelligente Führungskraft mit emotionalen Führern, die sich geschichtlich als Stammeshäuptlinge oder Schamanen hervorgetan haben, und entwerfen ein Bild, das die emotionale Führungskraft als zeit- und kulturübergreifendes Modell bis zum heutigen Tage bestimmt.

Lernprozess erst auf der Basis angeborener Eigenschaften

Auch Empathie bezeichnen Goleman et al. als seit jeher entscheidendes Kriterium, um Mitarbeiter zu entwickeln und zu halten. Empathie verstehen sie dabei als genetische Veranlagung, gestehen aber auch dem Lernprozess eine wichtige Rolle zu. Die weiteren genannten Beispiele der Autoren zeigen allerdings, dass der Lernprozess dort aufsetzt, wo eine bestimmte Veranlagung bereits vorhanden sein muss. Führungskräfte mit Empathie könnten sich in die Emotionen von Menschen und Gruppen hineinversetzen, aufmerksam zuhören und die Sicht der anderen nachvollziehen. Auch erlaube die Empathie den Führungskräften, mit Menschen von unterschiedlichem sozialem und kulturellem Hintergrund auszukommen.

Auch hier: Fokus auf die Führungskraft

Ein weiteres Merkmal von Führungskräften mit hoher emotionaler Intelligenz sei die aktive Einholung von positivem wie negativem Feedback. Das Konzept der emotionalen Führung hält am Fokus auf die Führungskraft fest, indem die Führungskraft überzeugende Ziele formuliere und die Mitarbeiter motiviere. Die Leistung der Mitarbeiter wird demnach von außen, durch die Führungskraft, ermöglicht. Dazu passt, dass das Konzept der emotionalen Führung an sechs definierten Führungsstilen (visionär, coachend, gefühlsorientiert, demokratisch, fordernd und befehlend) festhält. Auch hier bleiben einige Punkte offen, beispielsweise wie es beim coachenden Führungsstil möglich ist, ideologiefrei durch »Erzeugung von Resonanz« die individuellen Ziele »mit den Zielen der Organisation in Einklang« (Goleman et al. 2007, 81) zu bringen.

Altbundeskanzler Helmut Schmidt empfahl beim Auftreten von Visionen noch den Arztbesuch. Vielleicht verweist das auf eine speziell deutsche, historisch gewachsene Befangenheit gegenüber gemeinsamen Visionen, die in der persönlichen Führung emotional vermittelt werden. Jedenfalls bleibt in Golemans Konzept der emotionalen Führung nicht nur zu klären, wie eine Führungskraft es schafft, »emotional resonanzfähige Visionen zu entwickeln und überzeugend zu vermitteln« (Kruse 2009, 76), sondern auch, ob dies überhaupt wünschenswert wäre.

Abschied von der Legende der charismatischen Führungskraft

Es gibt schließlich gute Gründe, auch aufgrund neurobiologischer Erkenntnisse, die Theorie des »Great Man« fallen zu lassen. So brauchen Führungskräfte kein außergewöhnliches Persönlichkeitsprofil. Äußere Einflüsse und zielgerichtetes Training haben eine viel größere Bedeutung, was sich empirisch insbesondere durch die sozialpsychologische Eliteforschung nachweisen lässt. Christian Elger sieht aus neurobiologischer Sicht bei Charismatisierungen »Legendenbildung und Projektion« am Werke. (Elger 2009, 14) Der Legende der charismatischen Führungskraft können wir damit guten Gewissens Lebewohl sagen. Oder, um Ray Kurzweil, einen der führenden amerikanischen Zukunftsforscher, zu zitieren: »A charismatic leader is part of the old model. That's something we want to get away from.« (Kurzweil 2006, 375)

Zusammenfassung

- Sowohl die empirische als auch die theoretische Fundierung transformationaler Führung hat sich als fraglich erwiesen. Schon immanent zeigen sich viele Widersprüche und offene Fragen. Darüber hinaus enthält der transformationale Ansatz die generellen Schwachpunkte der charismatischen bzw. eigenschaftsorientierten Führung. Der eigenschaftsorientierte Führungsansatz scheint wenig zukunftsweisend, wenn man die Vorteile verhaltensgestützter Führungsansätze bedenkt, wie etwa die Entmystifizierung von Führung sowie die damit einhergehende Professionalisierung der Führungskräfteausbildung.

11. Vom Homo oeconomicus zum Homo systemicus

»Der beste Führer ist der, dessen Existenz gar nicht bemerkt wird;
der zweitbeste der, welcher geehrt und gepriesen wird;
der nächstbeste der, den man fürchtet,
und der schlechteste der, den man hasst.
Wenn die Arbeit des besten Führers getan ist,
sagen die Leute: Das haben wir selbst getan.«
LAOTSE

Ave, Homo oeconomicus

Überholtes Menschenbild in der Wirtschaft

Das Menschenbild des Homo oeconomicus, dem zufolge der Mensch vor allem egoistisch und auf seine Nutzenmaximierung aus ist, lässt sich aufgrund unserer modernen wissenschaftlichen Erkenntnisse längst nicht mehr halten. Doch warum ist dieses Erklärungsmuster in der Ökonomie immer noch vorherrschend? Ein naheliegender Grund ist der ökonomische Mechanismus selbst. Wer mitspielen will, muss sich auch den Spielregeln unterordnen: »Nicht der Homo oeconomicus erklärt die Regeln der Wirtschaft, sondern die Regeln der Wirtschaft erklären den Homo oeconomicus. Anders gesagt: Wer sich wirtschaftlich betätigt, wird aller Wahrscheinlichkeit nach die Spielregeln der Wirtschaft befolgen. Das heißt, er wird sich so verhalten, wie es nach deren Regeln möglich, angemessen, vielleicht sogar rational ist.« (Simon 2009, 67) Das macht die Regeln allerdings nicht rationaler.

Christian Elger (2009) erläutert aus neurobiologischer Sicht, dass wir die überkommene Vorstellung des Homo oeconomicus

Persönlichkeit verändert sich ständig

durch ein modernes, adäquates Menschenbild ersetzen müssten. Dies würde es uns in der Folge wiederum ermöglichen, unsere ökonomischen Strukturen menschengerechter zu gestalten. Ein modernes Wissenschaftsverständnis geht davon aus, dass in jedem Menschen multiple Persönlichkeitsmerkmale angelegt sind, die situativ beeinflusst werden können. Persönlichkeit ist im modernen neurobiologischen Sinne nicht statisch und festgelegt, also nicht etwa, wie von der Eigenschaftstheorie unterstellt, eine angeborene Eigenschaft; vielmehr verändert sie sich ständig durch innere und äußere Einflüsse.

Wenn auch der Homo oeconomicus als Führungsvorbild ausgedient hat, so bleibt doch die Bedeutung, die der Personalführung für den Unternehmenserfolg zugeschrieben wird, hoch. Befragungen von zwei Millionen Angestellten in 700 amerikanischen Unternehmen ergaben beispielsweise, »dass die Qualität der Beziehung mit dem unmittelbaren Vorgesetzten darüber entscheidet, wie lange Mitarbeiter in einem Unternehmen bleiben – und wie produktiv sie sind« (Goleman et al. 2007, 113).

Der Anspruch an Führungskräfte, komplexen Situationen und der Vielfalt der Mitarbeiter gerecht zu werden, ist vielfach geäußert worden (Morgan 1998) und hat auch einen dementsprechenden Niederschlag in der Führungsstiltheorie gefunden, etwa in der Forderung nach multiplen Führungsstilen. Diese können aber, wie man schnell einsieht, nicht die Pluralität aller Wirklichkeiten abbilden, ohne auf eine unüberschaubare Zahl von Stilen anzuwachsen. Die Frage ist also, wie man die pluralen Wirklichkeiten der Mitarbeiter angemessen berücksichtigt und es zugleich vermeidet, auf begrenzte Führungsstil-»Schubladen«, in die die Mitarbeiter gepresst werden, zurückzugreifen.

Kein eindeutig bester Führungsstil

Gerade die amerikanischen Managementpublikationen stützen sich in der Regel stark auf empirische Daten. Diese können aber kein Ersatz für eine wissenschaftlich begründete Theorie sein. Auch finden sich dort oft anekdotische Nachweise, welche die Argumente stützen sollen, oft aber zur wissenschaftlichen Begründung nicht geeignet sind, wie Reinhard Sprenger (2010) anmerkt. Wenn aus dem Vorhandensein praktizierter Führung in Unternehmen bestimmte Konsequenzen abgeleitet werden, so lassen sich theoretische Alternativen gar nicht erst bestätigen. Trotz einer unübersehbar großen Anzahl empirischer Studien konnte bis heute keine methodisch gesicherte Aussage zur Überlegenheit eines bestimmten Führungsstils getroffen werden.

Kontingenzansatz

Auch Kontingenzansätze der Führung mit ihren situativen Relativierungen können der Vielzahl an möglichen Bedingungen und Variablen, die unabhängig vom konkreten Führungsverhalten vorhanden sind, nicht gerecht werden. Neuberger moniert deshalb zu Recht die meist ungenügenden theoretischen Vorarbeiten dieser empirischen Studien. Letztlich kann man deshalb sagen, dass sich die situativen Theorien, trotz ihres Anklangs bei Praktikern, als theoretisch wenig fruchtbar erwiesen haben, »weil sie (bestenfalls) beim Aufzeigen oder Behaupten empirischer Regelmäßigkeiten stehen geblieben sind ... aber das theoretische Prinzip, das diese Zusammenhangserwartung begründet, haben sie nicht offengelegt« (Neuberger 2002, 523).

Es scheint einen Mangel an konkreten erfolgreichen Managementstrategien zu geben, sodass »selbst die besten Manager nicht so genau wissen, was sie in guten Zeiten richtig machen, geschweige denn, wie sie ihr Unternehmen in einer Krise auf Erfolgskurs halten können. Was führt wirklich zum Erfolg? Tatsächlich zerbrechen sich Manager schon seit über einem Jahrhundert den Kopf darüber, worauf es im Geschäftsleben wirklich ankommt, und gelangen immer wieder zu falschen Ergebnissen.« (Joyce et al. 2005, 16f.)

Power to the People

Von der Wohlstandsgesellschaft zur Sinngesellschaft

Dabei weist die allerorts gestellte Forderung nach »Empowerment« der Mitarbeiter auf eine gewinnbringende Lösung hin. Die Bedürfnisse der Mitarbeiter haben sich mit der Entwicklung von der Wohlstandsgesellschaft zur Sinngesellschaft ebenfalls verändert. Während die Wohlstandsgesellschaft bis in die 1980er-Jahre auf dem Wertesystem und den Prioritäten der Nachkriegsgeneration beruhte, im Sinne von Wachstum und hierarchischen Machtstrukturen, wird die Sinngesellschaft durch den Wechsel zum Persönlichen charakterisiert. Individuelles Wachstum, Sinnerfüllung und Entfaltung am Arbeitsplatz stehen jetzt ganz oben auf der Werteliste. (Isaacs 2002) Verstärkt wird dieser Paradigmenwechsel noch durch die demografische Entwicklung in Deutschland, weil sich aufgrund des Rückgangs an Arbeitskräften sonst kaum Qualifizierte finden und binden lassen.

Wandel der Arbeitswelt

Damit geht auch eine Veränderung der Arbeitsgewohnheiten einher, wie der Wunsch, von zu Hause aus zu arbeiten, nach flexiblen Arbeitszeitmodellen und nach individueller Arbeits- und Lebensgestaltung zeigen. Der amerikanische MIT-Dozent William Isaacs fordert hier zur Lösung gegenwärtiger und zukünftiger Probleme eine »kollektive Veränderung«, einen »lebenswichtigen Wechsel zu Netzwerken« und die »Fähigkeit zur Kommunikation«. Dabei haben das Internet und die digitale Revolution uns zwar eine »Verbindung, aber keinen Kontakt gebracht«. (Isaacs 2002, 265, 314) Moderne Führungskultur soll nicht auf das mechanische Ausführen von Anleitungen setzen, sondern vielmehr auf selbstverantwortliches, eigeninitiatives Mitdenken, und damit verschiebt sich die Aufmerksamkeit von den Führungskräften zu den Mitarbeitern.

Evergreen-Studie

Joyce et al. (2005) gingen in einer der weltweit größten und systematischsten Studien namens »Evergreen« der Frage nach, welche Managementmethoden ein Unternehmen erfolgreich machen. Die Autoren sehen in ihrem Ergebnis zwar einen »wissenschaftlich geprüften Maßstab, worauf es wirklich ankommt«, relativieren ihr Statement aber an anderer Stelle zugleich, indem sie darauf hinweisen, lediglich empirische Verhaltensmerkmale zu untersuchen. Damit lieferten sie kein genaues Rezept, wie Managementmethoden auf die speziellen Bedürfnisse eines Unternehmens zugeschnitten werden könnten, sondern formulierten nur anwendbare Grundregeln: »Mit anderen Worten, das Buch gibt keine konkreten Handlungsrezepte, es zeigt lediglich, welche Wege die große Auswahl erfolgreicher Unternehmen in der Evergreen-Studie eingeschlagen hat.« (Joyce et al. 2005, 76)

Die Autoren kommen im Ergebnis zur Empfehlung der »4+2-Formel«. Demnach gibt es vier primäre Managementdisziplinen, nämlich:

1. Strategie
2. Ausführung
3. Unternehmenskultur
4. Struktur

Darüber hinaus nennen sie vier sekundäre Managementdisziplinen:

5. Talente
6. Innovationen
7. Führung
8. Fusionen

Dabei ist das Ergebnis der Studie, dass »Unternehmen mit hohen Werten in allen vier Primärdisziplinen und zwei fakultativen Sekundärdisziplinen« (Joyce et al. 2005, 26) durchweg besser als ihre Konkurrenten abschnitten und auch einen guten Shareholder-Value hatten.

Überzeugende Führungskräfte

Überzeugende Führungskräfte können ihre Vision vermitteln, sind integer, entscheidungsfreudig und halten, was sie versprechen. Außerdem befolgen sie ihre eigenen Grundsätze und zeigen sich so als vertrauenswürdig. Die »Gewinner« der Evergreen-Studie versuchen, eine enge Beziehung zwischen Führungskräften und Mitarbeitern herzustellen, und ermuntern ihre Führungskräfte wiederum, die Fähigkeit zur Früherkennung von Chancen und Risiken zu verbessern.

Beispiel Nucor

Als Beispiel für erfolgreiche Führung nennen die Autoren beispielsweise das Stahlunternehmen Nucor aus Charlotte in North Carolina. Dank der hocheffizienten Managementstruktur sei das Unternehmen zu einem der größten Stahlproduzenten der USA geworden. Wie sieht nun aber die Führung bei Nucor aus? »Bei Nucor sollten die Arbeiter die meisten Probleme selbst lösen. Und die Manager sollten führen, indem sie den Arbeitern nicht in die Quere kommen.« (Joyce et al. 2005, 171) Dabei behandelten die Arbeiter sich untereinander strenger, als es ein Manager je wagen würde.

Nimmt man das Paradigma der Selbstorganisation als effizienter Managementtechnik ernst, so bedeutet dies, den Mitarbeitern nicht nur mehr Verantwortung und Aufgaben zu übertragen, sondern sie umfassend zu »empowern«, also auch Lösungsmöglichkeiten zuzulassen, die unter Umständen dem eigenen Denken der Manager zuwiderlaufen. (Meyer / Davis 2003) Aber gerade darin liegt auch der Mehrwert, denn sonst brauchte das Great-Man-Management nicht geändert zu werden, weil die Führungskräfte selbst das Wissen für die Lösungen zu haben glauben. Die Gefahr, damit Anarchie und Chaos Tür und Tor zu öffnen, ist eigentlich unbegründet. Mitarbeiter, die die Chance bekommen, sich aktiv einzubringen, gehen damit sehr verantwortlich um, wie sich in der Praxis vielfach zeigt. (Kruse 2009)

Wie sich Komplexität managen lässt

Management: »wichtigster Mechanismus der soziokulturellen Evolution«

Management kann ebenso wie Evolution als permanenter Prozess der Komplexitätsbewältigung verstanden werden. Für Fredmund Malik steht außer Zweifel, dass alle großen und schrecklichen Werke der Menschheit, »vom Bau der Pyramiden über die Anlage von Straßen und Bewässerungssystemen und die Versklavung eroberter Kulturen bis hin zur bemannten Raumfahrt, nicht nur technische, sondern auch und möglicherweise vor allem Managementleistungen sind. Management ist damit wahrscheinlich der wichtigste Mechanismus der soziokulturellen Evolution überhaupt.« (Malik 2009, 134)

In der Vergangenheit waren Umstrukturierungs- und Veränderungsprozesse der Ausnahmefall in Unternehmen. In Zukunft wird Veränderung der Normalfall sein, und wir brauchen Managementansätze, die dieser Tatsache Rechnung tragen. Während vor fünfzig Jahren noch das Kapital selbst als ökonomisches Schwungrad verstanden wurde, wird es in der Wissensgesellschaft von morgen um das »Humankapital« gehen, und die demografische Entwicklung in vielen Erste-Welt-Ländern wird die Entwicklung des qualifizierten Humankapitals zu einem gesuchten Gut werden lassen.

Veränderung als Normalfall

Wenn wir uns die Menge und die Geschwindigkeit von Informationen, die über Internet, E-Mail, Telefon, Fax, Video, Fernsehen, Radio, Presse, Mobilgeräte etc. bei uns ankommen, vor Augen halten, so wird sich die Lebensgeschwindigkeit wohl noch weiter erhöhen – und erhöhte Anforderungen insbesondere auch an Führungskräfte stellen. Ray Kurzweil (2006) gibt uns heute schon einen Ausblick, wie wir vermutlich versuchen werden, über die Implementierung nanotechnologischer Software in unserem Körper mit der künstlichen Intelligenz Schritt zu halten. Auch die Gentechnik versetzt uns vielleicht bald in die Lage, uns selbst gezielt »umzukonstruieren«.

Lösung von evolutionsbiologischen Voraussetzungen

Durch den beschleunigten Wandel treten unvorhersehbare Ereignisse öfter auf und haben auch größere Auswirkungen, da sie sich durch die globale Vernetzung gegenseitig verstärken. (Meyer/Davis 2003) Mit der zunehmenden Vernetzung sind auch Vorhersagen beispielsweise über Risiken immer schwieriger zu treffen. Demnach genügt es heutzutage nicht mehr, nur die biologische Evolution zu betrachten resp. von ihr zu lernen, wir müssen vielmehr im systemischen Sinne alle interdisziplinär verfügbaren wissenschaftlichen Ergebnisse technischer oder kultureller Evolution nutzen. Wir können uns heute von unseren evolutionsbiologischen Voraussetzungen lösen, und tun dies auch längst, wenn wir beispielsweise Spinnengene in Ziegen einführen, um aus der Ziegenmilch später Spinnenfäden zu erhalten. (Meyer/Davis 2003) Diese Verschmelzung von Genetik und Informationstechnologie wird allerdings auch mittel- und langfristig die Verbindung zu den evolutionären Voraussetzungen, die jeweils spezifische Überlebensstrategien hervorgebracht haben, zunehmend lösen.

Systemisch-evolutionär gesprochen, können als handelnde »Agenten« nicht nur Menschen, Tiere oder Pflanzen gesehen werden, sondern auch Atome, Software, ja sogar das »Mem«, das sich selbst organisiert. Auch Koevolution lässt sich nicht nur als biologischer Prozess, sondern ebenso als gesellschaftliche und ökonomische Wechselwirkung verstehen. Wir sind nicht mehr in der Lage, in Natur und Kultur die Ausgestaltung der evolvierenden Netzwerke vorauszusagen, wenn wir nur die Eigenschaften der einzelnen Agenten ins Auge fassen. Vielmehr findet eine Emergenz statt, die durch die Summe aller Interaktionen gekennzeichnet ist. (Meyer/Davis 2003)

Komplexe Verhaltens- und Interaktionsmuster

So unmöglich eine wirkliche Steuerung von Komplexität bleibt, so nötig ist es, die beteiligten Elemente und Systeme zu verstehen und damit auch die Gesetzmäßigkeiten, nach denen sie agieren und durch die sie lebensfähig sind. Komplexe Verhaltens- und Interaktionsmuster können »ohne das absichtsvolle Tun der beteiligten Menschen entstehen« (Kruse 2009, 104) und demnach nicht dadurch verstanden werden, dass man auf einzelne »Agenten« verweist. Monokausales Denken wird den vielfältigen Systemzusammenhängen nicht mehr gerecht. Individuelle Schuld- und Verursachungszuschreibungen mögen so dem Bedürfnis symbolischer Sanktion entgegenkommen, helfen aber nicht bei der Bewältigung unternehmerischer Herausforderungen.

Moderate Veränderungen

Ähnlich wie die Natur in der Mutation nur moderate Änderungen macht, sind moderate Veränderungen in den meisten Fällen auch für die Ökonomie angemessener als radikale Erneuerung und Innovation. Dies entspricht auch dem Maß an Entropie, das notwendig und hilfreich ist, um biologisches, aber auch ökonomisches Überleben zu begünstigen: »Too much stability is deadly, but so is too little order.« (Meyer/Davis 2003, 123) Mathematische Modelle der Chaos- und Komplexitätsforschung sprechen dafür, dass Leben am Rand von Instabilität und Chaos die besten Chancen für die Überlebensfähigkeit in einer turbulenten Umwelt bietet. Management von Instabilität kann sich dabei nicht auf gültige Konzepte verlassen, sondern muss ein systemisches Führungsinstrumentarium entwickeln: »Gefragt ist Systemkompetenz, die die Intelligenz aller moderiert. … Da Instabilität auch Kreativität bedeutet, liegen Genie und Wahnsinn manchmal wirklich sehr nahe beieinander.« (Kruse 2009, 162, 119)

Die Forderung früherer Kognitionswissenschaftler, sich vom trivialen »Computermodell« des Gehirns zu verabschieden, wird durch die moderne Neurophysiologie bestätigt. Das Gehirn wird demnach immer mehr als »hochdynamisches selbstorganisiertes Netzwerk mit extrem hoher Dichte der Verbindungen zwischen den einzelnen Nervenzellen« (Kruse 2009, 14) verstanden. Die Ordnungskapazität des Gehirns ergibt sich nicht aus der Aktivität der einzelnen Nervenzellen, sondern aus der Stärke und Quantität der Verbindungen zwischen ihnen. Je höher aber die Vernetzungsdichte ist, desto komplexer wird es und desto weniger stabil ist die sich bildende Ordnung. So lässt sich die zunehmende Vernetzung im Gehirn als Reaktion auf wachsende Komplexität und Veränderungsgeschwindigkeit in Markt und Gesellschaft verstehen.

Junges und älteres Gehirn

Entwicklungspsychologisch arbeitet das kindliche Gehirn mehr am Instabilitätspunkt als das erwachsene Gehirn. Mit dem Älterwerden nimmt die Tendenz zur Stabilität zu. Das liegt an der kindlichen Notwendigkeit, die Welt zu ordnen, während Erwachsene bereits gemachte Erfahrungen reproduzieren können müssen. Daraus ergibt sich auch die jugendliche Fähigkeit, leichter mit Neuem umzugehen. Hieraus ergeben sich Folgerungen für die Lern- und Bildungssituation sowie die Personalentwicklungs- und Weiterbildungsinstitutionen von Unternehmen. Auch die Personalauswahl kann von diesen Einsichten profitieren. Wenn Unternehmen jüngere Mitarbeiter älteren vorziehen, erhöht dies zwar durchaus die »Reaktionsbereitschaft auf Veränderungen, verringert aber die Fähigkeit zur Bewältigung von Komplexität« (Kruse 2009, 120).

Auch innerhalb von Altersgruppen in Unternehmen sollten die individuellen Unterschiede genutzt werden. Während in der operativen Umsetzung die »Optimierer« im Vorteil sind, benötigt man für die Generierung neuer, innovativer Ideen die »Avantgardisten«. In stabilen Unternehmenslebensphasen erscheinen Avantgardisten eher überflüssig, während sich bei dynamischen Marktentwicklungen die Veränderungsfähigkeit der Avantgardisten als Segen erweist. Für eine möglichst hohe Veränderungsfähigkeit von Unternehmen sollten deshalb die individuellen Unterschiede im Umgang mit Instabilität bewusst einkalkuliert und gezielt genutzt werden.

Moderate Destabilisierung

Systemische Führung hat außerdem die moderate Destabilisierung des Unternehmens als Aufgabe, in relativer Koevolution zur Veränderung von Wettbewerbern, Markt und Umwelt. Unternehmensleitlinien sollten so gestaltet werden, dass sie eine lokale Entscheidungsfindung maximieren. Dies erhöht nicht nur die Kreativität, Effektivität und Adäquanz der Entscheidungen, sondern auch in erheblichem Maße die Umsetzungsgeschwindigkeit. Anstelle des Agierens in »Komfortzonen« sollten sich Unternehmen am Rande der Stabilität, nahe am Chaos bewegen, um die höchste Veränderungs- und Überlebensfähigkeit aufzuweisen.

Begrenzter Nutzen von Simulationen

Karl Popper sah unseren evolutionären Vorteil als Menschen in der Eigenschaft, Hypothesen anstatt unserer selbst im Überlebenskampf sterben zu lassen. Überträgt man diese evolutionsbiologische Sicht auf Unternehmen, so würde dies die Simulation organisationaler Änderungen bedeuten, bevor sie umgesetzt würden. Selbst wenn wir das Mittel der Echtzeitsimulation in Unternehmen zur Erkundung von komplexen Entwicklungen in abgegrenzten »Biotopen« nutzen, bleibt klar, dass die emergierenden Ereignisse die Vorhersagen immer überschreiten werden. Dies zeigt sich bereits bei Computersimulationen, selbst wenn mit sehr überschaubaren Variablen operiert wird. »Understanding emergence has always been about giving up control.« (Johnson 2001, 234) Dennoch kann dies zur Erörterung alternativer, kreativer Denkansätze führen und Denkmuster und Handlungsspielräume für Unternehmen erheblich erweitern.

Der Verzicht auf eine starre Regelung von Führung in Organisationen wird oft gleichgesetzt mit einer Art Laisser-faire. Es besteht das Vorurteil, dass damit nicht nur die Managementmöglichkeiten, sondern auch Macht und Einfluss reduziert würden. Es ist aber durchaus mit einer Ausweitung von Managerfähigkeiten zu rechnen, auch wenn sich die Anforderungen ändern. Der Verzicht auf umfassende Kontrolle geht auf das chaostheoretische Wissen zurück, dass wir praktisch nie wissen können, was wir wissen müssten, um Organisationen unter Kontrolle zu halten. Vertrauen auf Selbstorganisation und Selbstregulation von Systemen wird somit zur Tugend in der Not, um allein den Herausforderungen des Wandels zu begegnen.

Verzicht auf umfassende Kontrolle

Auf Organisationsebene heißt dies, dass das Verhalten der Mitarbeiter von Regeln bestimmt sein kann, die den Einzelnen nicht bekannt oder bewusst sind; die faktische Wirkung genügt. Systemisches Management vermeidet einseitige Problemdefinitionen und erfasst so weit wie möglich die ganze Unternehmung. Dieser Vernetzungsgedanke fördert eine multikausale Ursachensuche bzw. Problembeschreibung und Lösungsansätze. Schon die Wegnahme oder das Hinzufügen eines einzelnen Elements kann die Systemeigenschaften gravierend verändern. Daraus leiten sich zahlreiche Konsequenzen ab, und die Erfahrung aus Umstrukturierungs-, Outsourcing- oder Mergers & Acquisitions-Prozessen zeigt die Vielschichtigkeit der damit einhergehenden Probleme, wenn diese nicht im Rahmen einer ganzheitlichen Organisationsentwicklung verstanden werden.

Da solche Komplexitäten nicht mehr steuerbar sind, versucht systemisches Management auch gar nicht erst, diese zu steuern, sondern vertraut auf die Selbststeuerung der Subsysteme, sofern diese Dynamik vom Unternehmen zugelassen wird. Wie Studien zeigen, schlossen gerade diejenigen Unternehmen erfolgreiche Fusionen und Partnerschaften, die nicht darauf hinwirkten, ihren Partner zu ändern, sondern die Selbstständigkeit des anderen respektierten, auch in der Erwartung, dadurch mehr von unternehmerischen Transaktionen zu profitieren. (Joyce et al. 2005) Für internationale Fusionen lässt sich daraus ableiten, dass Multi- bzw. Mischkulturstrategien erfolgreicher sind, als es Monokulturstrategien sein können.

Selbststeuerung der Subsysteme

Komplexität bejahen

Ziel kann es demnach nicht sein, Komplexität zu reduzieren, sondern vielmehr die Komplexität zu bejahen, da diese Unternehmen überlebensfähiger macht. Daraus folgt, dass ein System so zu organisieren ist, dass es sich selbst organisiert. Auf individueller Ebene heißt dies, nicht Personen als Wirkursachen zu identifizieren – und schon gar nicht ihnen die Schuld für etwas zuzuweisen –, sondern stattdessen zu fragen, welche Art von System diese Art von Ergebnis begünstigt. (Malik 2009) Systemische Unternehmenskultur ist durch die Übertragung von Verantwortung und Selbstorganisation geradezu darauf angelegt, Fehler zuzulassen, und dementsprechend ist auch eine Schuldzuweisung nicht zielführend, zumindest sofern keine bestehenden Gesetze oder Regelungen verletzt werden.

Aus Rückschlägen lernen

Da Rückschläge die besten Lehrmeister sind, macht es Sinn, gerade auch die Fehlschläge zu kommunizieren, um daraus »lessons learned« für das Unternehmen abzuleiten. (Meyer/Davis 2003, 149) Fast im Sinne Immanuel Kants, dem zufolge vor allem der gute Wille zähle, könnte man sagen, dass Intention und Ergebnis unterschieden werden und dies auch in die Leistungsevaluation miteinfließt. Wenn uns das heute völlig abwegig und unrealistisch erscheinen mag, zeigt dies vielleicht nur, wie weit das heutige ökonomische Handeln von der effizienten Suche nach Verbesserung entfernt ist.

Selbstorganisation

Selbstorganisation ist eine Leitidee, die schon seit Jahrzehnten die Geschäftswelt wie auch Wissenschaftler beschäftigt: »Physiker und Biologen widmen sich zunehmend sich selbstorganisierenden, dezentralisierten Systemen wie Ameisenkolonien oder Bienenstöcken, die sich auch ohne fixen Mittelpunkt als stabil und anpassungsfähig erweisen.« (Surowiecki 2007, 104) Managementtheorien raten zur kundenorientierten Neugestaltung von Unternehmen und empfehlen, Manager durch selbstverantwortliche Teams zu ersetzen.

Bottom-up-Prozesse

Für Unternehmen bietet das Paradigma der Selbstorganisation interessante Möglichkeiten, wie uns etwa die Bionik zeigt. In Anlehnung an die Natur könnte die Entwicklung von Materialien mit erhöhter Stabilität (durch chemische oder mechanische Selbstregulierung) bis hin zu sich selbst steuernden Produktionsanlagen viele heutige Prozesse revolutionieren. Schon die Evolution selbst vollzieht sich als Bottom-up-Prozess. So wundert es nicht, dass der logische Schluss von der Biologie auf die Ökonomie zur Forderung nach selbstorganisatorischen Prozessen in Unternehmen führt, die sich ohne Top-down-Instruktionen von selbst arrangieren.

Kontrolle hintanstellen

Die Organisation wird von unten nach oben geführt, auch wenn der Kontrollverlust zunächst Angst hervorruft. Statt das Verhalten der Mitarbeiter und der Organisation festzuschreiben, beschränkt sich Management dann auf die Beeinflussung der zugrunde liegenden Regeln: »Gifted leaders choose a few rules, make sure the memes spread, and then step back to let people do their thing.« (Meyer/Davis 2003, 107) Führungskräfte sollten sich mithin nicht darauf konzentrieren, die Mitarbeiteraktivitäten zu kontrollieren; es geht vielmehr darum, die Entscheidungsmöglichkeiten und Wahlmöglichkeiten, die sie haben, zu beeinflussen, die Freiheit zu schaffen, mit anderen zu arbeiten, und jederzeit Feedback anzubieten, um ihr Verhalten selbst zu steuern.

Bereits Adam Smith (1776) beschreibt die makroökonomischen Effekte der Selbstorganisation, indem wirtschaftliches Wachstum von selbst aus den Interessen der Individuen entstehe und mittel- und langfristig somit die beste Weise sei, die Ökonomie als Ganzes zu betreiben. So wie die Rekombination genetischer Elemente von Vater und Mutter den schnellsten natürlichen Weg darstellt, Innovationen zu erzeugen und Überlebensfähigkeit zu erhöhen (Meyer/Davis 2003), so erlaubt auch eine organisationale Rekombination von Software, Produkten, Mitarbeitern die höchste Überlebensfähigkeit von Unternehmen. Dafür müssen diese als offenes System verstanden werden, das die Erzeugung von Vielfalt fördert und nicht hemmt.

Experimentierfreudige Mentalität

Dies verlangt bei den Managern eine Mentalität, die dem Experiment näher steht als der Planung und auch die Destabilisierung von Unternehmenselementen mit einschließt. Auch in loser, koevolutiver Kopplung bleibt es wahrscheinlich, dass das Maß der Veränderungen des Marktes und der Umwelt in irgendeiner Weise mit den internen Veränderungen eines Unternehmens korreliert. Oder wie Jack Welch (2007) es ausdrückte: »When the rate of change outside exceeds the rate of change inside, the end is in sight.«

Beispiel Internet

Das Internet kann als schönes Anschauungsbeispiel kultureller Evolution nach dem Selbstorganisationsprinzip dienen: »Im Internet kann man anregen, anlocken, bedienen, moderieren. Erzwingen, hervorbringen, befehlen und durchsetzen aber kann man nicht.« (Kruse 2009, 32)

Kruse hat damit zugleich den universellen Prozess beschrieben, dem sich die Führung von selbstorganisatorischen lebenden Systemen zu stellen hat. Wir könnten sagen: Eine systemische Führungskraft weiß, dass sie von außen nichts in die Mitarbeiter »hineintragen« kann. Auch Zwang oder autoritäre Durchsetzung werden, zumindest was die Entstehung von Höchstleistungen angeht, keinen Erfolg zeigen. Anregung durch Vorbild, das Verständnis von Führung als Dienstleistung auch an den Mitarbeitern sowie die Moderation der selbstorganisatorischen Prozesse führen zum Erfolg.

Individualisierung

Während herkömmliche Führungslehren die Führungsstrategie und vor allem die Führungskraft als Person in den Mittelpunkt stellen, führt uns das Prinzip der Selbstorganisation weg von der Führungsperson und hin zum Mitarbeiter. Anders als bei situativen Führungsstilen hat man so nicht mehr das Problem, der individuellen Vielfalt nicht gerecht zu werden. Zum anderen lässt sich aus der Anwendung der gleichen Methode auf verschiedene Mitarbeiter nicht erschließen, welche Wirkung diese haben wird, wenn wir von einer Selbstorganisation und den damit verbundenen Folgerungen, beispielsweise bezogen auf die Motivation, ausgehen. In der systemischen Führung muss jedem Teilnehmer anders begegnet werden, »jeder spricht eine andere Sprache, bevorzugt ein anderes Systemparadigma. Jeder hat seine eigene Geschichte und zieht seine eigenen Schlüsse.« (Isaacs 2002, 240) Wenn Führung nicht mehr informativ, sondern als Störung der selbstorganisatorischen Zielentfaltung verstanden wird, so kann Führung im eigentlichen Sinne nicht stattfinden und hat möglicherweise auch nie wirklich stattgefunden.

Eine Frage der »Reife«?

Wir müssen uns fragen, ob ein selbstorganisatorisches Verständnis von Personalführung eigentlich auf alle Mitarbeiter anwendbar ist oder, um etwa die Nomenklatur von Hersey und Blanchard (1987) zu benutzen, ob dies einen gewissen »Reifegrad« des Mitarbeiters erfordert und damit nur wenige höher Qualifizierte betrifft. Wenn wir die Systemtheorie lebender Organismen betrachten, so lässt sich hinsichtlich der Eigengesetzlichkeit von Lebewesen keine Unterscheidung treffen hinsichtlich der Qualität, wie Lebewesen operieren. Ließe sich aber nicht ein Unterschied feststellen zwischen höher und minder entwickelten Lebewesen, sodass quantitative Grade der Entwicklung angegeben werden könnten?

Wenn sich das Paradigma selektiver gradueller Anpassung in der Evolution nicht halten lässt und man Evolution auch nicht teleologisch versteht, können wir auch keine Grade unserer ontogenetischen Reife anlegen. Verschiedene Reifegrade der Entwicklung würden einen quantitativen Maßstab der Vergleichung von Reife in uns voraussetzen. Dies muss für Personalführung allerdings keinen Nachteil bedeuten. Eine Überforderung der Mitarbeiter wird damit kaum eintreten, denn Mitarbeiter definieren mit ihren Zielen selbst, wie sie »geführt« werden wollen. Wenn Sie sich nun überlegen, ob nicht vielmehr die Gefahr der Unterforderung bestünde, weil jeder Mitarbeiter nur daran interessiert wäre, seine eigenen Zielsetzungen zu minimieren, so müssen Sie sich noch kurz gedulden, oder Sie springen gleich zum Unterkapitel »Leistung durch Konkurrenz?«.

Kein Abgesang auf das Leistungsprinzip

Moderne Führung orientiert sich heute mehr und mehr an den Mitarbeitern selbst. Das ist jedoch gerade kein Abgesang auf das Leistungsprinzip und nicht im Sinne einer Laisser-faire-

Führung zu verstehen: »Führen heißt, das Beste aus den Menschen herauszuholen. Dazu muss man ihnen helfen, es selbst zu tun. Dies gelingt, wenn man die Menschen ermutigt, ihr eigenes Potenzial so weit zu entwickeln, wie sie selbst es können.« (Hinterhuber 2007, 209) Wenn man den Gedanken der Selbstorganisation praktisch weiter denkt, kommt man zu Organisationen, in denen eigenverantwortliche Teams Nachbesetzungen selbst regeln, Teams sogar ihre Führungskräfte selbst aussuchen und Mitarbeiter sich selbst in verstärkter Weise am Zielvereinbarungsprozess beteiligen.

Selbstorganisation bei Konflikten

Dabei brauchen wir keine Sorge zu haben, dass die Selbstorganisation beispielsweise im Konfliktfall versagt. Aus den Fällen der juristischen Mediation wissen wir, dass sie gerade deshalb so erfolgreich ist, weil die Streitenden selbst eine Lösung erzielen, die sich nach allen Erfahrungen als sehr viel tragfähiger erweist als von außen erzwungene Lösungen. Produktive Konfliktlösung setzt nicht nur eine »Streitkultur« voraus, sondern auch das Vertrauen auf die Kritikfähigkeit der Mitarbeiter. Wie schon Charles de Gaulle sagte, kann man sich auf etwas, was keinen Widerstand leistet, nicht stützen. So muss jedes Unternehmen daran interessiert sein, die Kritikfähigkeit seiner Mitarbeiter gerade zu fördern.

Viel zu oft denken Unternehmen, die Fähigkeit der Selbststeuerung laufe den Unternehmensinteressen entgegen, und verlangen einen darwinistischen »Anpassungsprozess«. Der englische Wirtschaftsphilosoph Charles Handy hingegen behauptet sogar, Fortschritt hänge gerade von den Menschen ab, die sich nicht anpassen und eben so unternehmerische Veränderungsprozesse vorantreiben. (Handy 1995)

Offenheit nach außen

Interessanterweise stabilisiert die nach außen hin instabile Offenheit von Systemen diese innerlich. Aufgeschlossenheit für das Außen zieht einen hohen Grad an Autonomie und Identitätsempfinden nach sich. Während wir zunächst vielleicht glauben, unsere Identität, unsere Selbstständigkeit nur durch den Schutz vor Außeneinflüssen bewahren zu können, entstehen Abgrenzungen erst durch eine Öffnung nach außen. Das wusste schon Hegel, wenn er in Affirmation und Negation zwei sich komplementär bedingende Elemente für unsere Identität sah. Wir können demnach nur über den Austausch mit anderen erfahren, wer wir sind. Systemtheoretisch gesprochen, entwickelt ein System durch den ständigen Austausch mit seiner Umgebung paradoxerweise eine größere Unabhängigkeit von diesen Anforderungen. Oder anders gesagt: Je freier die Selbstorganisation abläuft, desto mehr Ordnung entsteht. (Jantsch 1992) Eine Organisation kann sich dann am besten selbst organisieren, wenn die selbstständigen Aktivitäten der Mitarbeiter dadurch unterstützt werden, dass ein Bezugsgerüst zur Verfügung gestellt wird, um Autonomie zu ermöglichen. (Wheatley 2006)

Keine starren Regeln, keine strengen Hierarchien

Systemisches Management im Sinne der Selbstorganisation heißt Einrichtung vieler kleiner Arbeitsteams und Projektgruppen, Aufgabenrotation, Aufweichung starrer Regelungen, Abschaffung strenger Hierarchien, Erweiterung von Aufgabenbereichen und unbeschränkter Zugang zu Informationen. Sinn und Zweckgestaltung müssen wichtiger sein als Regeln. (Wheatley 2006) Mitdenken, die Übernahme von Verantwortung sowie die Förderung von »intellektuellem Kapital« gehören zu den Zukunftsaufgaben, die trivial klingen und doch nur schwer umgesetzt werden. Vor die analytische Sicht der Einzelbetrachtung muss die Sicht auf das Ganze treten, das analytische durch kreatives, ganzheitliches Denken ergänzt werden.

Auf Werte und Visionen beschränken

Die amerikanische Management-Professorin Margaret Wheatley vergleicht den neuen freiheitlichen Umgang im Management mit den Eigenschaften geometrischer Fraktale, in Anlehnung an Mandelbrots Mathematik: »Fraktale Unternehmen haben gelernt, natürlichen Organisationsphänomenen zu vertrauen. Fraktale Attraktoren machen die Regeln deutlich, nach denen global stabile, aber lokal veränderliche Strukturen selbstorganisierender Systeme aufgebaut sind.« (Wheatley 2006, 153) Führungskräfte haben demnach zukünftig die Aufgabe, Werte und Visionen deutlich zu machen, es aber dann den Mitarbeitern selbst zu überlassen, im System den eigenen Weg zu finden, auch wenn dies chaotisch und willkürlich ist oder scheinen mag. Es geht darum, dem Chaos zu vertrauen. Das wird nach Wheatley für viele Manager nicht einfach sein, da sie Autonomie mit Anarchie gleichsetzen.

Ebenso wie das Vertrauensverhältnis zwischen Arzt und Patient mit über den Genesungserfolg entscheidet, sind Vertrauen und die emotionale Basis zwischen Führungskraft und Mitarbeiter erfolgskritisch. So muss eine Führungskraft fähig sein, Vertrauen zu haben und zu schaffen. Sie darf nicht nur Aufgaben, sondern muss auch Verantwortung delegieren.

Individualität

Fördern und motivieren bedeutet schon aus neurobiologischer Sicht, »Individualität zu erkennen« und »das Ich zu stärken« (Elger 2009, 185). Der Neurologe Christian Elger weist darauf hin, dass man sich in der Hirnforschung immer mehr darüber im Klaren ist, dass Subjekte sich ihre Wirklichkeiten selbst schaffen; die starke Wirkung von medizinischen Placebos ist nur eine Bestätigung dafür. Damit wird klar, dass jeder Mitarbeiter im Unternehmen die gleiche Aufgabe mit höchst unterschiedlichen Mitteln individuell bewältigt. Es ist nicht das Gleiche, wenn zwei dasselbe tun. Selbst ähnlicher Status, Ausbildung und Funktion bedeuten nicht, dass Probleme auch nur annähernd gleich bewertet und entschieden werden müssen. Jedes Gehirn hat ein anderes Wertesystem, weil selbst gleiche Vergangenheitsereignisse im Gehirn unterschiedlich gespeichert werden.

Für die Mitarbeiterführung bedeutet die individuelle Berücksichtigung beispielsweise, den Mitarbeitern Freiraum bei der Bewältigung von Aufgaben zu lassen und ihnen zuzugestehen, selbst Wege zur Problemlösung auszuwählen – wobei sich diese sehr von denen der Führungskraft unterscheiden können. Lässt eine Führungskraft diese Selbstorganisation nicht zu, wird die Komplexität, die in der vom Mitarbeiter gewünschten individuellen Problembewältigung zum Ausdruck kommt, außer Acht gelassen.

Beschränkung auf Zielvorgabe

Organisationen müssen Vertrauen darin entwickeln, dass sie ihr Ziel auf verschiedene Weisen erreichen können. Am besten wird nur das Ziel oder die Richtung vorgegeben und der Rest entsteht auf dem Weg zum Ziel. Margaret Wheatley (2006) vergleicht den Drang, im Management alles unter Kontrolle haben zu wollen, mit einem »entropischen« Weltverständnis. Demnach glauben wir, selbst Ordnung in das Universum bringen zu müssen, weil es sonst niemand tun würde.

Fortschritt durch Angebotsmarkt

Diettrich (1989) begreift Fortschritt im Wesentlichen als Produkt eines Angebotmarktes: »Viele Produzenten eines Produkts, einer Dienstleistung oder allgemein einer Veränderung handeln weitgehend unbeeinflußt von einer möglichen Nachfrage. Das gilt mit Sicherheit für die Vogelart, die sich im Laufe der Entwicklungsgeschichte einen größeren Schnabel zugelegt hat und zusehen muß, dafür eine sinnvolle Anwendung zu finden. Es gilt aber auch für viele Industrieunternehmen, die durch ihren Aufwand an Marketing und Bedürfnis weckender Werbung unter Beweis stellen, dass die ursprüngliche Nachfrage zumindest unzureichend im Sinne des Unternehmens war.«

Verzicht auf hierarchische Befehlsgewalt

Sowohl Vogelart als auch Unternehmen unterstreichen damit die Funktionalität selbstorganisatorischer Prozesse, die erst im Nachhinein ihre Anpassungsfähigkeit unter Beweis stellen. Wenn lebende Systeme auf keiner organisatorischen Ebene als Kontrollhierarchien organisiert sind, so versteht es sich schnell, dass Management im Sinne lebender Systeme ebenfalls nicht unter dem Vorzeichen hierarchischer und monolinearer Befehlsgewalt organisiert werden kann. Der Manager wird im systemischen Verständnis vom Befehlsgeber und Entscheidungsträger zum Katalysator (Jantsch 1992, 339), eine Nomenklatur, die bereits von Milan Zeleny und Norbert Pierre (Zeleny / Pierre 1976) verwendet wird.

Der prozessorientierte evolutionäre Manager würde »die in die richtige Richtung laufenden Prozesse verlängern, wie es das Bakterium tut, während er ergebnislose Prozesse nach einiger Zeit unterbrechen und unkreative nach Möglichkeit unterbinden« müsste, wobei Jantsch offen lässt, wie ein Manager richtige von unrichtigen bzw. ergebnislosen Prozessen zu unterscheiden weiß. (Jantsch 1992, 367) Evolutionäres Management besteht nach Jantsch jedenfalls nicht in der Verminderung von

Unsicherheit und Komplexität, sondern gerade in ihrem Zulassen. »Evolutionär sein heißt, sich in der Struktur der Gegenwart mit voller Ambition und ohne Reserve zu engagieren und doch loszulassen und in eine neue Struktur zu fließen, wenn der Zeitpunkt dafür gekommen ist. Ein solches Verhalten ist mit der buddhistischen Tugend des Nicht-Festhaltens gemeint.« (Jantsch 1992, 348). So lässt sich als systemisches Diktum, mit Anklängen an die Chaostheorie, formulieren: »Je mehr Freiheit, desto mehr Ordnung.« (Sprenger 2010, 230)

Dezentralisierung

Es ist heutzutage weder möglich noch effizient, ein ganzes Unternehmen durch klassisches Befehl- und Kontrollmanagement zu führen. Es ist zeitaufwendig, erfordert zu viele Informationen und schwächt die Initiative der Mitarbeiter. Dagegen hat eine nicht von oben diktierte Koordination das Potenzial, ein Unternehmen schlanker, flexibler und wettbewerbsfähiger zu machen. Die positive Wirkung einer Dezentralisierung ist hinreichend belegt. In den besten Unternehmen hatten Mitarbeiter und Manager erheblich mehr Eigenentscheidungen zu treffen und wurden zu persönlichen und organisatorischen Optimierungsmöglichkeiten ermutigt. (Joyce et al. 2005) »Allein die Chance, die Arbeitsbedingungen selbst zu gestalten, führt zu beträchtlicher Leistungssteigerung.« (Surowiecki 2007, 279) Durch Dezentralisierung wird zudem der generelle organisatorische Koordinationsaufwand verringert.

Bedingungen für Spitzenleistung

Jim Collins (2009) stellt in seinem Benchmark der leistungsfähigsten Unternehmen fest, dass nicht Change-Management, Mitarbeitermotivation oder Zielvorgaben im Fokus standen, hier stellten sich entsprechende Entwicklungen vielmehr von selbst ein. Auch Umwelteinflüsse seien vernachlässigbar. Für Spitzenleistung zähle vor allem die bewusste Entscheidung, dies zu wollen, und der unerschütterliche Glaube, sich am Ende, trotz aller Schwierigkeiten, durchzusetzen.

Collins sieht die Prinzipien für Spitzenleistung als »zeitlose Prinzipien« (Collins 2009, 28), unabhängig von Branche, Markt, Konjunktur und anderen Einflussgrößen. Diese Prinzipien können auch deshalb zeitlos sein, weil die konkreten zugrunde liegenden Werte hierfür keine Rolle spielen. Entscheidend sei nicht, welche Werte sich ein Unternehmen auf die Fahne schreibt, sondern, dass es überhaupt welche habe. Der Dualismus von langfristigen Werten und sich bisweilen ändernden Strategien erinnert an die operationale Geschlossenheit und gleichzeitige strukturelle Offenheit von Systemen: »Dauerhafte Spitzenunternehmen bewahren ihre zentralen Werte und Zielsetzungen, während sie ihre Unternehmensstrategien und -praktiken ununterbrochen an die sich verändernden Verhältnisse anpassen. Das ist die magische Kombination aus ›Bewahre den Kern und fördere die Weiterentwicklung‹.« (Collins 2009, 247)

Vorbildfunktion von engagierten Teams

Eine hohe Leistungsorientierung ergibt sich demnach aus der Freiheit und den Möglichkeiten der Selbstorganisation, die das Team hat. Hinzu kommt eine gewisse Sogwirkung, denn sehr engagierte Teams haben oft eine Vorbildfunktion für andere, was jedoch nicht mit einer Motivation von außen verwechselt werden sollte: »Wie sollten wir sonst alle anderen an Bord bringen? ... Wir konnten ihnen die Werkzeuge in die Hand geben. Nur konnten wir nicht in ihre Köpfe hinein und dort die Begeisterung entfachen, die wir selbst fühlten.« (Katzenbach / Smith 2003, 103)

Selbstorganisation und Eigenverantwortung: wichtig für gute Performance

High Performance im Team ist demnach weniger ein mystischer Akt der Begeisterungsfähigkeit als vielmehr eine konkrete Anwendung von Methoden, die diese Performance möglich machen. Zwei wesentliche Kriterien, die dabei immer wieder genannt werden, sind Selbstorganisation und Eigenverantwortung: »Wir erzielten höchste Qualität. Selbst der Kunde war nicht die letzte Instanz – wir selbst waren es.« (Katzenbach / Smith 2003, 112) Versteht man einmal das Zustandekommen außergewöhnlicher Leistung eines Teams durch Selbstorganisation, so ist klar, dass Teams nicht mit einer vorgefertigten Schablone arbeiten können: »Jedes Team muss seinen eigenen Weg zu seiner eigenen spezifischen Aufgabenstellung finden«, oder wie es ein Teammitglied eines Hochleistungsteams ausdrückt: »Von dem, was wir erreicht haben, ist so viel der Tatsache zu verdanken, daß Steve [der Teamleiter] uns gewähren ließ.« (Katzenbach / Smith 2003, 173, 197)

Interessanterweise hat sich gezeigt, dass diese Art von Führung von den Teammitgliedern nicht als Schwäche oder Unschlüssigkeit ausgelegt wurde, obwohl dies viele Manager annehmen, wenn sie an den einhergehenden Kontrollverlust denken.

Für ein Team kann es durchaus positiv sein, wenn es einmal eine gewisse Zeit feststeckt und kein »Retter« herbeieilt. So kann es seine Selbstorganisationskräfte stärken, indem »Hindernisse aus eigener Kraft und ohne Hilfe von außen« (Katzenbach / Smith 2003, 217) überwunden werden. An solchen Herausforderungen kann das Team wachsen. Katzenbach und Smith stoßen bei ihrer Untersuchung von Hochleistungsteams immer wieder auf »innovative Methoden«, »verstärkte Selbststeuerung« und einen starken Fokus auf »Weiterbildung vieler Arbeiter in Fremddisziplinen«. (Katzenbach / Smith 2003, 269, 276)

Konzentration auf die eigene Leistung

Erfolgreiche Unternehmen bemühen sich empirisch nachweislich, ihr Leistungsniveau ständig zu erhöhen, und dies unabhängig davon, wo die Wettbewerber stehen. Sie sind damit nicht auf Konkurrenz ausgerichtet, sondern auf eigene Höchstleistung, die ständig anspruchsvoller definiert wird. (Joyce et al. 2005) Im Sinne des selbstorganisatorischen Paradigmas nennt auch Mark Goldston, damals Chef von L.A. Gear, neben der Reaktion auf den Markt vor allem die Innovationskraft eines Unternehmens als maßgebliches Kriterium, die ihrerseits in der Lage sei, den Markt zu verändern. Das reine Reagieren auf den Markt beschreibt auch Amos R. McMullian in der Evergreen-Studie als innovationsfeindliche Gewohnheit. Innovation sei die Mutter der Produktivitätssteigerung, aber gerade in reiner Anpassung an Markterfordernisse nicht zu erreichen. In der Evergreen-Studie wird generell die Ansicht vertreten, dass »geschäftliche Probleme nur selten von äußeren Ereignissen verursacht werden … die größte Herausforderung ist das interne Management« (Joyce et al. 2005, 256f.).

Lässt man klassische Autoritäts-, Macht- und Kontrollstrukturen weg, so zeigt sich systemisches Management mehr als eine Arbeitsform, wie sie in Projektstrukturen vorkommt, also situativ, auf gleicher Augenhöhe, mit dem Fokus auf Effizienz. Meetings haben keinen hierarchischen Aufbau mehr, und die Mitarbeiter entscheiden selbst, wann und ob sie teilnehmen, je nach dem Wert, den sie der Interaktion für die Lösung des Problems beimessen. (Meyer/Davis 2003) Entgegen verbreiteter statischer Jour-fixe-Regeln werden Meetings nur dann besucht, wenn sie einen Nutzen versprechen.

Vom Macher zum Entwickler

Die Kehrtwende vom klassischen Verständnis der Führungskraft als »Macher« in einer objektiven und kausalen Welt hin zu einem vernetzten, weichen »Entwickler«, der die Selbstorganisation der Mitarbeiter und ihre gegenseitige Kooperation im Sinne systemischen Managements unterstützt, haben bereits die Unternehmensberater Königswieser und Lutz (1992) praktisch beschrieben. Die Autoren zeigen dabei, welche Widerstände sich in den Unternehmensleitungen gegenüber dem Paradigma der Selbstorganisation regen. So fürchten die Unternehmensspitzen, Macht und Kontrolle zu verlieren, wenn an der Basis Selbstentwicklungsprozesse, Eigenverantwortlichkeiten und »autonome«, unternehmerisch agierende Arbeitsteams mit kurzen Entscheidungswegen entstehen.

Unternehmensführung wird nicht infrage gestellt

Dabei zeigte sich in der Praxis, dass durch Zulassen der Selbstorganisation keineswegs Entscheidungen der Unternehmensführung infrage gestellt wurden. Vielmehr ließ sich eine Stärkung der Funktionen von Unternehmenspolitik, Kommunikation und Personal- und Organisationsentwicklung beobachten. (Capra et al. 1992) Klassische Herrschaftsstrukturen in Unternehmen vernichten dagegen das Selbststeuerungspotenzial und damit auch die kreativen Ressourcen organisatorischer Subsysteme, die für die Krisenbewältigung eine wichtige Rolle spielen, und schwächen damit ein Unternehmen. (Lueger 1992) Durch Zulassen selbstorganisatorischer Strukturen wird Kreativität aktiviert, die zur Lösung von unternehmerischen Krisen dringend benötigt wird. (Lutz 1992)

Der Gründer des Managementzentrums St. Gallen, Fredmund Malik, plädiert ebenfalls dafür, Personalführung als selbstgesteuerten Prozess zu verstehen: »In letzter Konsequenz können sich Menschen wohl nur selbst entwickeln, genauso, wie sie sich nur selbst ändern können. Fast alles, was mit der Entwicklung von Menschen zu tun hat, muss individuell geschehen.« (Malik 2001, 248 f.)

Militärische Selbstorganisation

Gegen selbstorganisatorische Unternehmensstrukturen wird oftmals eingewendet, dass dies »Schönwettermanagement« sei. Sowohl in Krisen als auch in Situationen, die sehr schnelle Entscheidungswege erforderten, sei Selbstorganisation ungeeignet. Dabei dient häufig der militärische Bereich für diese Argumentation als Beispiel. Aber gerade auch in der Militärstrategie finden sich selbstorganisatorische Aspekte.

Helmuth von Moltke

Der preußische Generalfeldmarschall Helmuth von Moltke bevorzugte schon im 19. Jahrhundert sogenannte Direktiven statt Befehle und Anordnungen. Initiatives Handeln hielt er für so wichtig, dass er bereit war, deswegen Abweichungen von den Aktionsplänen in Kauf zu nehmen. Die Methode der Direktiven führte zu einer »Individualisierung der Führung«. Man hat Moltkes Führungsmethode deshalb »fortschrittlicher« als die »vieler Unternehmen unserer Zeit« (Hinterhuber 2007, 126f.) genannt: »Moltke schulte die Unterführer darin, ihre eigenen, besonderen Probleme und Möglichkeiten sowie ihre Lösungsmöglichkeiten im größeren Rahmen des allgemeinen Ganzen zu sehen.« (Rosinski 1970, 125) Er ging dabei vom Idealbild eines Offiziers aus, das einem ganzheitlichen Menschenbild entsprach: »Es liegt auf der Hand, daß dazu theoretisches Wissen nicht ausreicht, sondern daß hier die Eigenschaften des Geistes wie des Charakters zur freien, praktischen, zur künstlerischen Entfaltung gelangen.« (Moltke 1892, 170)

Soll das bedeuten, dass systemische Führung mit militärischer Führung gleichzusetzen ist? Das sicher nicht. Zu unterschiedlich sind Organisationsstrukturen, Beteiligte und Zielsetzungen. Vorhandene Analogien können allerdings helfen, Vorurteile zu entkräften, denen zufolge systemisches Management so etwas wie ein »Kuschelmanagement« für wenig durchsetzungsfähige Manager ist. Vielleicht liegt der oft gesehene Zusammenhang zwischen militärischer Führung und selbstorganisatorischer, systemischer Führung in der Ähnlichkeit von Selbstorganisation und Selbstdisziplin.

Selbstdisziplin: Basis für Spitzenleistung

Für den amerikanischen Managementguru Jim Collins (2007) steht fest, dass Selbstdisziplin die Grundlage von dauerhaften Spitzenresultaten in Unternehmen ist. Selbstdisziplin und Selbstkontrolle sind aber nicht nur Voraussetzungen für individuelle Leistung, sondern können auch als Elemente hoher kooperativer Intelligenz verstanden werden. (Joyce 2008) Selbstkontrolle und Verantwortung ermöglichen auch die Lockerung hierarchischer Entscheidungswege in Unternehmen. Die Einseitigkeit von Top-down-Regelungen kann so durch die Einrichtung größerer Entscheidungsspielräume für die Mitarbeiter erweitert werden. Dieses Zulassen von mehr Verantwortung, Selbstkontrolle und Entscheidungsmöglichkeiten wird im Sinne eines Rückkopplungskreises eben diese Attribute der Mitarbeiter verstärken und sie auch zuverlässiger machen.

Militär: lange Tradition selbstorganisatorischer Konzepte

Gerade im Militär, dem eine hierarchische Kontrollstruktur nachgesagt wird, gibt es eine lange Tradition selbstorganisatorischer, systemischer Konzepte, von der Soldatenführung bis hin zu moderner Forschung im Bau von unbemannten, intelligenten und sich selbst steuernden Drohnen. (Meyer/Davis 2003) Bei der militärischen Eliteeinheit der U.S. Marines besteht die Überzeugung, dass man Unsicherheit nicht verhindern und Komplexität nicht reduzieren kann. Vielmehr sind flexible Pläne nötig, verbunden mit einer entsprechenden Initiative bei den Soldaten. Die Marines bezeichnen die Selbstorganisation von unten nach oben als »self-synchronization«: »Self-synchronization overcomes the loss of combat power inherent in top-down command directed synchronization and converts combat from a step function to a high-speed continuum.« (Meyer/Davis 2003, 155) Moderne Kommandeure sind deshalb vom Feedback, das sie von den Soldaten aus dem Feld bekommen, abhängig, um Entscheidungen zu treffen, die den sich ständig ändernden Bedingungen Rechnung tragen. Anstatt klassischer Befehlshierarchie von oben ähnelt moderne Strategie vielmehr synergetischer Entscheidungsfindung mit einem »mutually supporting system of give and take in which complementary commanding and controlling forces interact to ensure that the force as a whole can adapt continuously to changing requirements« (Meyer/Davis 2003, 156).

Situationsspezifische Führung

Hier hört man oft den Einwand, dass es doch aber ohne Hierarchie und Führung in einer Gruppe nicht funktioniere. Ich glaube, dass dies ein veraltetes Verständnis von Führung ist. Ein einfaches Beispiel mag dies verdeutlichen. Eine Gruppe befindet sich im Dschungel in Lebensgefahr. Wie wird sich die Gruppe organisieren, um zu überleben? Wird sie zuerst eine hierarchische Ordnung bilden und einen Anführer ernennen oder vorhandene Hierarchien beibehalten? Unwahrscheinlich. Wir würden in so einer Situation weder auf die Person mit der vormals größten hierarchischen Macht hören noch künstliche Funktionen etablieren. Wir würden das tun, was am sinnvollsten erscheint, und den Personen und Ratschlägen folgen, die sich in dieser spezifischen Situation am kompetentesten zeigen. Das werden für verschiedene Situationen und zu unterschiedlichen Zeiten auch verschiedene Personen sein. Wer sich auskennt mit Nahrungsbeschaffung, wird hier die Leitung übernehmen, und wer sich auskennt mit Navigation, dem werden wir auf dem Weg folgen. So führt auch in einem Unternehmen mit selbstorganisierten Strukturen der Teil des Teams, der gerade am kompetentesten und handlungsfähigsten ist. Führungskompetenz wird so situationsspezifisch. (Joyce 2008)

Selbstorganisation in der Kunst

In der Kunst ist das Prinzip der Selbstorganisation selbstverständlich. Schon Joseph Beuys erweiterte den Kreis der Künstler auf alle Menschen und verwies damit auf die Rolle von Selbstorganisation, Autonomie und Kreativität im menschlichen Schaffen gerade auch bei der Sprengung konventioneller Muster. Viele große Künstler waren Autodidakten und haben durch die Kultivierung ihrer Selbstorganisation neue kreative Ansätze geboren.

Konkurrenz bremst Kreativität

Die Anpassung an einen überindividuellen Maßstab und die an diesem ausgerichtete Konkurrenz bremsen Kreativität und lassen kurzfristige Veränderungen nicht zu. In Zeiten kurzer Produktzyklen aufgrund global erhöhter Geschwindigkeiten ist die

Veränderungsfähigkeit von Unternehmen und Einzelnen aber ein wesentlicher Erfolgsfaktor. Dieser kann erheblich durch die Innovationskraft selbstorganisierter Strukturen erhöht werden. Versteht man Unternehmer und Führungskräfte als Künstler, so setzt dies allerdings auch Freiheit und Risikobereitschaft voraus, denn der Akt der Kreation ist nicht rational und vor allem nicht vorhersehbar. (Pfannenschwarz 2008)

Die Analogie von Führung und Kunst lässt sich auch am Beispiel der Improvisation im Jazz verdeutlichen: Führungspersönlichkeiten haben die Aufgabe, die Melodie festzulegen, das Tempo anzugeben, die Tonart zu bestimmen und die Musiker zusammenzustellen, auf die entstehende Musik haben sie aber keinen Einfluss. Sie entsteht aus einem neuen Ganzen, aus den Beziehungen der Einzelnen; und wenn es dann am Ende funktioniert, »lehnen wir uns verwundert und dankbar zurück« (Wheatley 2006, 65).

Von Natur aus Künstler

Laurence Boldt erweitert Beuys' Aussage dahingehend, »that not only can we all be artists, but artists are what we naturally are« (Boldt 2009, 17). Durch unsere biologischen Grundlagen sind wir unserer Natur nach schon deshalb Künstler, weil in der Evolution unser generischer, Neues schaffender und kreativ mit der Umwelt in Verbindung stehender Charakter unsere Überlebensfähigkeit erhöhte. Nicht zuletzt deshalb genießt der Künstler so viel Achtung in unserer Gesellschaft. Kunst hält uns nicht nur einen kulturellen Spiegel vor, künstlerische Tätigkeit stärkt auch unsere Überlebensfähigkeit.

Boldt spinnt diesen Gedanken weiter und sieht einen Gegensatz zwischen der künstlerischen Art zu sein und einer Denk- bzw. Lebensweise der Konkurrenz und des Konflikts mit anderen. Demnach gehe es im künstlerischen Schaffen nicht um das Wetteifern, die Unterdrückung oder Beherrschung anderer, sondern um den Respekt gegenüber anderen und der Natur. Wir strebten nach Exzellenz, ohne ökonomischen Maßstab, der das eigene Schaffen metrisch einteilt, vergleicht und bewertet. Glück bestehe in der Einsicht in die Einzigartigkeit des Individuums mit seinen Talenten und Fähigkeiten, ohne Zeit und Energie darauf zu verschwenden, die eigenen Talente mit denen anderer zu vergleichen. (Boldt 2009) Das heißt nicht, dass uns andere nicht als Ideal, Vorbild und Motivation dienen könnten. Unsere Energie fließt dann allerdings nicht in Abgrenzung und Konkurrenz, sondern in das eigene Schaffen.

Motivation

Führungsleistung und Mitarbeitermotivation

Ein eindeutiger Zusammenhang zwischen Führungsleistung und Mitarbeitermotivation lässt sich nicht belegen. Die Fülle an Büchern, die eine Steigerung der Mitarbeitermotivation durch entsprechende Führungsleistung versprechen, macht die Annahme nicht wahrer. Auch gängige Motivationstheorien wie die Erwartungs-Valenz-Theorie scheinen dabei ein Übermaß an Ansehen zu genießen, das weder durch eine wissenschaftliche Fundierung noch durch die praktische Anwendbarkeit gerechtfertigt wird. Reinhard Sprenger (2010) nennt sie deshalb »beliebig« und »willkürlich«. Die Grundlage bildet oft ein Menschenbild, das noch im behavioristischen Reiz-Reaktions-Verständnis verhaftet ist. Auch die Anwendbarkeit solcher Prozesstheorien der Motivation war über den Modellcharakter hinaus kaum feststellbar, und sie lassen bestenfalls Selbstverständliches noch einmal deutlich werden.

Motivation kommt nicht von außen

Wenn es überhaupt einen empirischen Nachweis für Führungserfolg gibt, dann den, dass das Verhalten der Führungskräfte mit den Erwartungen der Mitarbeiter an das Geführtwerden korrelieren muss. (House et al. 2004) Die Erwartungen der Mitarbeiter und damit der Hebel ihrer Motivation sind deshalb schon immer in den Mitarbeitern selbst zu suchen. Motivation ist, wie wir gesehen haben, ein selbstorganisatorischer, gefühlsbasierter Impuls. Auch das spricht für die Unmöglichkeit einer externen Genese. Wissen kann man vermitteln, Wollen nicht. Wenn sich jeder Mensch nur selbst motivieren kann und diese Motivation eine emotionale Grundlage hat, bleibt die Frage, wie Führung aussehen muss, um dem nachzukommen.

Führung in diesem Sinn hat die Aufgabe, eine vorhandene Leistungsbereitschaft zu ermöglichen bzw. nicht zu verhindern. Frühere Managementtheorien gingen davon aus, dass wir andere nur motivieren können, wenn wir sie antreiben und zur Aktivität zwingen, und damit auch »Entropie« verringern. Wheatley (2006) fordert, dass wir uns von diesem begrenzten »thermodynamischen« Verständnis freimachen. Lebende Systeme brauchen den Zustand des Nichtgleichgewichts, um sich zu verändern und zu entwickeln. Motivation entsteht durch das Zulassen von entropischer Unordnung, oder anders gesagt: Nur so wird sie nicht gebremst. Demnach gibt es keine »externen Motivatoren, die Menschen dazu bringen, ihr absolut Bestes zu geben« (Goleman et al. 2007, 65).

Motivation und Motivierung

Es gibt wohl keine Studie, die nachhaltige Leistungssteigerung aufgrund extrinsischer Anreizsysteme nachgewiesen hätte. (Sprenger 2010; Kohn 1989) Reinhard Sprenger grenzt »Motivation«, die aus dem Menschen selbst kommt, und »Motivierung«, die versucht, von außen zu wirken, auch begrifflich voneinander ab. Prämien »profanisieren« (Sprenger 2010, 74) Leistung, insbesondere wenn Menschen mit Leidenschaft bei der Sache sind.

Nachteile extrinsischer Motivation

Extrinsische Motivation hat dabei, wie wir aufgrund der philosophischen »Hedonismusfalle« wissen, die Kehrseite, dass Verhalten, das durch externe Reize getragen wird, im Laufe der Zeit nach immer stärkeren Reizen verlangt. Zudem setzt extrinsische Motivation, wie Reinhard Sprenger ausführt, Misstrauen seitens des Unternehmens und der Führungskraft voraus. Extrinsische Boni, Incentives, variable Vergütung etc. setzen alle darauf, dass die Leistung nicht freiwillig erfolgt. Dabei hat der Fokus auf extrinsischer Motivation noch andere Nachteile. Das Abzielen auf externe Belohnung verführt dazu, schnell erreichbare und quantitative Aufgaben zu bevorzugen und Risiken möglichst zu vermeiden. Anreizsysteme sind als Leistungskompensation geeignet und notwendig, jedoch nicht als Grund und Motivation für Arbeit hinreichend. Paradoxerweise scheint es sich im Leben zu erweisen, dass »stop thinking about work as a tool for making money and put down what [you] love first, money has a way of taking care of itself« (Boldt 2009, xxii).

So kann eine Führungskraft zwar nicht motivieren, sehr wohl aber demotivieren; und wir können sagen: »Den größten demotivierenden Einfluss auf Mitarbeiter übt der direkte Vorgesetzte aus.« (Sprenger 2010, 192) Sprenger setzt dagegen das »Lassen statt tun« als Führungscredo, nämlich demotivierendes Verhalten zu unterlassen und »Funktionslust, Neugieraktivität und Selbstforderung zuzulassen« (Sprenger 2010, 207). Dabei ist er sich bewusst, wie weit dieses neue Paradigma von der gängigen Managementpraxis entfernt ist: »Es wird wohl ein ungehörter Vorschlag bleiben, ›jemanden zu motivieren‹ aus dem allgemeinen Wortschatz zu streichen.« (Sprenger 2010, 213)

Die richtigen Mitarbeiter

Wie auch der amerikanische Managementguru Jim Collins schreibt, geht es nicht darum, Mitarbeiter zu motivieren, sondern die richtigen Mitarbeiter zu gewinnen, nämlich die, die an Leistung interessiert sind: »Die richtigen Leute müssen nicht ständig kontrolliert und angespornt werden. Sie motivieren sich selbst.« (Collins 2009, 62) Collins definiert dieses Prinzip der richtigen Mitarbeiter auch mit »Erst wer, dann was«. Demnach sollten auch Strategie und Taktik nicht festgelegt werden, bevor die relevanten Mitarbeiter an Bord sind, erst dann kann man über eine gemeinsame Marschroute zur Spitzenleistung nachdenken.

Hierfür gibt es viele Beispiele. So stellte beispielsweise Hewlett-Packard trotz Produktions- und Umsatzrückgang noch hervorragende Leute ein, die aus regierungsnahen Einrichtungen freigesetzt worden waren, »ohne dass man bereits konkrete Aufgaben für sie gehabt hat« (Collins 2009, 243), und machte damit die vorhandenen Anforderungsprofile im Kompetenzmanagement »lebendig«. Vergütungs- und Anreizsysteme sind demnach wichtig, aber bei Spitzenunternehmen dienen sie nicht der Motivation, da diese gar nicht erst als extrinsisches Moment verstanden wird: »Wer die richtigen Mitarbeiter an Bord hat, braucht keine künstliche Motivation, sondern muss nur dafür sorgen, die Mitarbeiter nicht zu demotivieren.« Dies gilt auch für leidenschaftliches Arbeiten: »Man kann Menschen nicht zur Leidenschaft motivieren. Man kann nur entdecken, was die eigene Leidenschaft und die der anderen entfacht.« (Collins 2009, 102,119,142)

Leistung durch Konkurrenz?

Der Gedanke der Konkurrenz beruht im klassischen evolutionären Verständnis auf der Durchsetzungsfähigkeit gegenüber anderen und der daraus folgenden Selektion. Konkurrenz ist im darwinistischen Sinne somit Grundlage der evolutionären Ordnungsbildung. Für selbstorganisierte Systeme hingegen wird Ordnung schon vor jeder Selektion angenommen – und dann kann Konkurrenz nicht als entscheidende evolutionäre Strategie gesehen werden. Evolutionär erfolgreiche Strategien bestehen vielmehr in Kooperation und Vernetzung.

Konkurrenzbegriff: in der Systemtheorie sinnlos

Wenn wir von der Selbstorganisation lebender Wesen ausgehen, die ihre Ziele gemäß ihren eigenen Gesetzlichkeiten bereits in sich tragen, macht der Konkurrenzbegriff, im Sinne des Vergleichs zweier Systeme anhand eines dritten Maßstabs (Tertium Comparationis), keinen Sinn. Autopoietische Systeme versuchen gemäß ihrer Entelechie die »beste« Version ihrer selbst zu werden, mit anderen Worten, sie wollen ihren Eigengesetzlichkeiten entsprechend operieren. Da dieser Prozess notwendigerweise individuell ist, lassen sich zwei Menschen auch nicht im eigentlichen Sinne vergleichen, und damit verliert auch der Gedanke des Wettbewerbs seinen Sinn.

Vergleich erfasst nur Quantität, nicht Qualität

Wenn Wettbewerb als Vergleich zweier Menschen anhand eines externen dritten Maßstabs verstanden wird, so werden wir Quantitäten von Leistungen messen, aber die verschiedenen Qualitäten, wie sie etwa in kreativer Leistung zum Ausdruck kommen, nicht erfassen und auch nicht fördern. Im systemischen Sinne kann es keine Konkurrenz zweier Menschen geben, denn Äpfel und Birnen lassen sich nicht vergleichen. Nicht einmal zu uns selbst können wir in Konkurrenz treten, wir können allenfalls an der Entwicklung unserer Anlagen arbeiten. Da dies, wie in den Ausführungen zur Identität deutlich wurde, aufgrund der Prozesshaftigkeit unseres Seins aber kein Vergleich an einem festen Maßstab sein kann, macht der Begriff der Konkurrenz nicht einmal in der Bedeutung eines Wettbewerbs mit uns selbst Sinn. Die Suche nach Vergleichsmaßstäben und Referenzrahmen ist nicht zielführend, um Leistung zu ermöglichen, und führt oft nur zu »bizarren Konstruktionen von Scheinobjektivität« (Sprenger 2010, 280).

Leistungsdruck und Stress

Gegen das Konkurrenzprinzip spricht auch, dass interner Wettbewerb »die Last der Synergiebildung immer auf die höheren Ebenen der Hierarchie im Unternehmen« (Kruse 2009, 117) verlagert. Konkurrenz und Leistungsdruck entfachen gerade keine leistungsfördernde Wirkung in Unternehmen. Die Stressforschung hat mit ihren inzwischen umfangreich vorliegenden empirischen Daten gezeigt, dass Leistungsdruck in vieler Hinsicht schädlich für Wahrnehmung, emotionale und kognitive Verarbeitung, für das Immunsystem sowie das menschliche Lernverhalten ist: »Unter dauerhaftem Stress dissoziieren das Leiberleben, Emotionen und Kognitionen und das menschliche Sozialverhalten auf eine Ebene marginalisierter Wahrnehmungen, Einschätzungen und Affekte bzw. auf basale Motivationen und Entscheidungsregeln. So entstehen dysfunktionale psychosoziale Lernprozesse bzw. an breitere Umgebungen und Situationen dann schlecht angepasstes Verhalten, u. U. auch generalisierte Einstellungen. Die empirische Stressforschung liefert heute die einzig uneingeschränkt haltbare Theorie zur Erklärung psychischer und psychosomatischer Erkrankungen.« (Osten 2008, 85; vgl. Stahlberg / Frey 1996; Stroebe / Jonas 1996)

Freiheit statt Druck

So wie schon chaostheoretisch Systeme freie, ungeordnete Bedingungen suchen, um dort ihre höchste Leistungsfähigkeit zu entfalten, brauchen auch qualifizierte Mitarbeiter in der Ökonomie Freiheit und nicht Druck, um aktiv und leistungsbereit zu sein. Leistung ist von der inneren Motivation abhängig und dementsprechend zeigt sich hochgradige Leistungsmotivation gerade dann, wenn keine extrinsischen Mittel zur Leistungssteigerung eingesetzt werden. Kooperative Verteilungssysteme wirken sich günstiger als konkurrente Formen der Belohnung auf Produktivität, Lernen, unsere sozialen Beziehungen und unsere Verantwortung füreinander sowie unsere Selbstachtung aus. (Kohn 1989)

Auch die moderne Hirnforschung widerspricht dem Dogma der Leistung durch Konkurrenzdruck. Veraltete naturwissenschaftliche Ansichten prägten ein Bild des menschlichen Gehirns, das von Natur aus auf Egoismus und Konkurrenz angelegt und nur mit Mühe zu Kooperation zu bewegen sei. Die grundsätzliche Aufgabe des Gehirns besteht aber nicht nur darin, das individuelle Überleben zu sichern, sondern auch das der Gruppe und der Art als Ganzes. Deshalb ist das Gehirn schon von Natur aus sozial und kooperativ ausgelegt. (Elger 2009) Wo Kooperation und ein respektvoller, vertrauensvoller Umgang das Arbeitsumfeld prägen, stellen sich auch große Erfolge ein, denn das Gehirn ist auf Fairness und Win-win-Konstellationen ausgerichtet: »Kooperation geht vor Konkurrenz.« (Elger 2009, 161) Ökonomisch langfristig angelegte Erfolge werden deshalb immer eine kooperative Win-win-Situation beinhalten, wie uns schon das klassische Harvard-Verhandlungsprinzip verdeutlicht. (Fisher/Ury 2003)

Angst mindert die Leistung

Während Unternehmen und Führungskräfte noch immer größtenteils dem veralteten neodarwinistischen Paradigma von Konkurrenz, Wettbewerb und Druck- und Angstausübung folgen, wissen wir längst, dass Konkurrenz unter Mitarbeitern nicht stimulierend, sondern leistungshemmend wirkt. Schon die Vorstellung von Verlusten erzeugt Angst und schlechte Gefühle, die die Motivation senken. Mitarbeiter beschäftigen sich dann nicht mehr mit der Lösung der Aufgabe, sondern mit der Bewältigung ihrer Ängste, und das bindet Energie, die produktiv eingesetzt werden könnte. Dagegen sind Sicherheit und Handlungsspielraum zwei wesentliche Voraussetzungen, um Leistung zuzulassen. Werden Sicherheit und Freiheit durch Verunsicherung, Druck, Angst und allzu eng kontrollierte Vorgaben infrage gestellt, nutzen die Mitarbeiter ihre Energie nur noch fürs Krisenmanagement sowie für die Angst- und Stressbewältigung. (Sprenger 2010)

Kooperation + Selbstorganisation + klare Strategie

Führen Kooperation und Selbstorganisation zwingend zum Erfolg? Nach Ansicht von Katzenbach und Smith gibt es nur eine Ausnahme: wenn ein Unternehmen keine klare Strategie hat. Selbststeuernde, hochmotivierte Teams haben nach den zahlreichen empirischen Fallanalysen der Autoren nur dann keine Chance, wenn »die Firmenziele unklar oder verworren sind« (Katzenbach / Smith 2003, 252).

Auch die vorhandenen Anreizsysteme werden sich in der Zukunft gemäß diesem neuen Paradigma ausrichten müssen. Performance-Management-Instrumente müssen sich verstärkt auch auf Teambeiträge beziehen, welche die Kooperationsleistung und nicht nur individuelle Beiträge belohnen – etwas, was in den kollektivistischen Kulturen Asiens längst gang und gäbe ist. Wie das Beispiel des amerikanischen Stahlherstellers Nucor zeigt, macht es auch in der westlichen Kultur Sinn, Anreize nicht nur an individuelle Leistungen zu knüpfen, sondern auch an Kooperation und Teamleistung, im Falle Nucors bis über fünfzig Prozent. Dies führte nicht nur zu den »härtesten Stahlarbeitern der Welt«, sondern auch zur Selbstorganisation der Mitarbeiter für Spitzenleistung, die sie wechselseitig einforderten. (Collins 2009, 72)

Auch bei einigen Vertretern der evolutionären Erkenntnistheorie hielt sich lange das Verständnis, dass »Evolution immer unter Konkurrenz erfolgt« (Oeser 1987, 165). Von der Evolution lernen hieß demnach, eine Spielform des neodarwinistischen Paradigmas auch auf andere Disziplinen wie Soziologie oder Ökonomie zu übertragen. Insbesondere dank der spieltheoretischen Erweiterungen kann man den Darwinismus heute nur noch als Spezialfall nicht-kooperativer Spiele sehen. Der evolutionäre Erkenntnistheoretiker Werner Leinfellner sieht es als eines der wichtigsten Ergebnisse, dass »die kooperativen, symbiontischen Evolutionsprozesse weit wichtiger sind als die kompetitiven. Daher nimmt es nicht wunder, daß dieselben Ergebnisse nicht nur für biologische, sondern auch für wirtschaftliche Evolutionsprozesse gelten« (Leinfellner 1987, 204).

Der Ruf nach Kooperation und die Kritik am Konkurrenzprinzip sollten hierbei nicht als eine Abkehr vom Leistungsdenken missverstanden werden. Das Beispiel des Stahlproduzenten Nucor zeigt, dass individuelle Leistungsanreize durch Prämien zwar sehr erfolgreich sein können, die Zusammenarbeit und Führung bei Nucor waren aber nicht durch Konkurrenz, sondern vor allem durch Förderung von und Forderung nach Leistung bestimmt. Beides geht also sehr wohl zusammen. (Joyce et al. 2005, 181)

Keine Abkehr vom Leistungsdenken

Aufgrund der hohen Zufriedenheit der Mitarbeiter mit dem Unternehmen gab es nur eine geringe Fluktuation bei den Beschäftigten. Nicht nur im Kompetenzmanagement, sondern auch bei den Führungsfunktionen hatte Prozessdenken Vorrang vor Statusdenken. Ein Beispiel hierfür war die Abschaffung verschiedenfarbiger Helme und damit der Wegfall eines Distinktionsmerkmals von Führungskräften im Werk. So wurden Symbole eliminiert, die der Egalisierung der Mitarbeiter entgegenstanden und damit dem Festhalten am Statusdenken im Gegensatz zum Leistungsdenken Vorschub geleistet hätten. (Joyce et al. 2005)

Prozessdenken vor Statusdenken

Die Frage, warum Spitzenleistung für alle erstrebenswert sei resp. in konkurrierenden, marktwirtschaftlichen Unternehmen überhaupt universalisierbar sein sollte, beantwortet Collins überraschenderweise mit Effizienzgründen. Der Arbeitsaufwand und die erforderte Energie seien bei Spitzenunternehmen geringer als im Mittelfeld, während der Spaß an der Arbeit größer sei. (Collins 2009, 260)

Warum Spitzenleistung?

Leistungsorientierung, die sich nicht aus der Not von Markterfordernissen, aus Konkurrenz zu anderen oder aufgrund von Misserfolg ergibt, schildert David Johnson, Chef von Campbell: »Wir könnten aufhören und ausruhen, wenn wir wollten, warum ein härenes Gewand tragen? Warum sich selber kasteien? fragen die Leute. Und ich sage ihnen: So ist das Leben. So schöpft man sein Potential als Mensch, als Firmenleitung, als Unternehmen aus.« (Joyce et al. 2005, 213) Auch Campbell ging, ebenso wie etwa Nucor, den Weg extremer Leistungsorientierung, allerdings in einer nachhaltigen Weise. Die 300 führenden Manager müssen Campbell-Aktien im Wert von der Hälfte bis zum Dreifachen ihres Grundgehalts besitzen. Ken Iverson, CEO von Nucor, äußerte sich hierzu: »Wenn wir kluge Entscheidungen treffen, bekommen wir Prämien. Bei schlechten Entscheidungen, die das ganze Unternehmen betreffen, müssen wir die Folgen mittragen.« (Joyce et al. 2005, 223)

Langfristige Erfolgsfaktoren

Freiraum, Vertrauen und Wertschätzung fördern langfristig Leistung und Engagement, weil sie in der Folge Motivation, Selbstorganisation und Commitment hervorbringen. (Sprenger 2010) Auch die aktive Förderung von selbstorganisatorischen Prozessen, von Vernetzung und Vielfältigkeit wirkt leistungssteigernd. Dabei können wir aus der Evolutionsbiologie lernen, dass die erwähnten Grenzen der Rekombination darauf hinweisen, dass moderater Wandel häufiger stattfinden wird als radikale Innovation. (Meyer/Davis 2003, 179)

Sinn und Verantwortung

Mitarbeiter erwarten heute, dass ihre Arbeit sinnvoll ist – und dies hat das Management bei Nucor erkannt. Sie wollen an Entscheidungen beteiligt sein. »Kaum etwas fördert die Konzentration mehr als das Wissen, dass man in jeder Hinsicht für das Ergebnis verantwortlich ist.« (Joyce et al. 2005, 200) Die Ausrichtung auf Höchstleistung schließt keineswegs aus, dass eine Firma »gut zu ihren Mitarbeitern sein kann« (Joyce et al. 2005, 190). Noch wichtiger als die Belohnung durch Leistungsprämien sind allerdings Empowerment und Selbstorganisation, wie auch anhand des Beispiels von Nike gezeigt werden kann, also die »Bereitschaft des Unternehmens, seine Beschäftigten bei minimaler Einmischung« (Joyce et al. 2005, 269) gewähren zu lassen.

Kooperation, kollektive Intelligenz und Hochleistungsteams

Von der Top-down- zur Bottom-up-Struktur

Wie muss systemisches Management aussehen, um kooperatives Denken und kollektive Intelligenz zu nutzen? Es beinhaltet einen Paradigmenwechsel von der Top-down- zur Bottom-up-Struktur. Auf Veränderungen reagieren diejenigen, die direkt vor Ort sind, am besten und am schnellsten. Lange von oben nach unten reichende Befehlsketten eignen sich hierfür nicht. Selbst im Militär hat es sich in bestimmten Situationen bewährt, allgemeine Leitlinien aufzustellen, denen die Betreffenden vor Ort grob folgen, während sie aber ansonsten selbstverantwortlich handeln können und sollen. (Meyer / Davis 2003) Derartige Teams arbeiten ohne fixe Führungsfunktion und dennoch zielgerichtet und effektiv. Obwohl jedes Mitglied des Teams frei handelt, richtet es sein Tun an der Gruppe aus. (Joyce 2008) Beispiele aus der Natur zeigen uns, wie Ameisen ohne erkennbare Befehlshierarchien in ihrer Bottom-up-Struktur zu den widerstandsfähigsten Gemeinschaften zählen oder Vögel ihren Flug innerhalb des Schwarms ausrichten, ohne dass es dazu einer zentralen Steuerung bedarf.

Selbstorganisatorische Teams arbeiten selbstständig, effektiv, motiviert und kreativ. Sie testen laufend zahlreiche Optionen, die bei einer Top-down-Hierarchie in ihrer Vielfalt gar nicht entdeckt würden. So entstehen mannigfaltige Handlungsoptionen, welche die Veränderungs- und Überlebensfähigkeit von Unternehmen stärken. Die Vielfalt von Teammitgliedern sollte demnach nicht als Nachteil, sondern als Problemlösungsqualität verstanden werden.

Mentoring und Coaching

Mentoring und Coaching spielen in selbstorganisatorischen Teams eine bedeutende Rolle. In dem Maße, wie fixe Führungspersonen und -funktionen obsolet werden, wird nicht nur die Doppelrolle Führungskraft / Coach an Bedeutung gewinnen, vielmehr werden sich Teammitglieder untereinander coachen und Teams sich gegenseitig supervidieren. (Joyce 2008)

Team = wichtigste Komponente der Unternehmensleistung

Die amerikanischen McKinsey-Unternehmensberater Jon Katzenbach und Douglas Smith (2003) prognostizieren dem Team, in Zukunft die wichtigste Komponente der Unternehmensleistung zu werden. Dabei steht nicht nur die Leistungsvervielfachung durch Kooperation im Vordergrund, sondern auch die Bereitschaft zum Erbringen höchster Leistung durch hohe Motivation, die sich gerade aus der Möglichkeit zur Übernahme von Verantwortung und Selbstbestimmung ergibt. Dies wird auch Auswirkungen auf Organisationsstrukturen, Hierarchien und Führungskulturen haben: »In vielen Fällen werden nicht Manager, sondern Teams bestimmen, was die einzelnen Teammitglieder zu tun haben und wie ihre Leistungen sind.« (Katzenbach / Smith 2003, 38)

Die Änderung der Führungsbeziehung machen die Autoren am Beispiel des Hochleistungsteams »Intermodal« klar, das eine beeindruckende Transportstrategie für die Eisenbahnindustrie entwickelte. Ein Teammitglied sagt über die Teamleitung: »Ich habe nie *für* Bill Greenwood gearbeitet, ... sondern *mit* ihm.« (Katzenbach / Smith 2003, 63) Erfolgreiche Führung im Team, die Kooperation, Selbstorganisation und Verantwortung begünstigt, erinnert mehr an moderne Moderationstechniken als an traditionelle Führungsmuster. Aufgaben wie »herausfordern«, »interpretieren«, »unterstützen«, »integrieren«, »erinnern« und »zusammenfassen« werden als Desiderate effektiver und erfolgreicher Teamführung genannt. (Katzenbach / Smith 2003, 85) Wichtig ist dabei, dass diese Aufgaben nicht einer Teamführung zugesprochen werden, sondern von den Teammitgliedern selbstverantwortlich übernommen werden.

Geteilte Führung

Die Selbstorganisation bezieht sich in Hochleistungsteams auch auf die Personalauswahl, ein Vorgehen, wie es beispielsweise im Profisport üblich ist. Die Verantwortlichkeit in Hochleistungsteams ist demnach keine Verantwortlichkeit des Mitarbeiters gegenüber seiner »Über-Ich«-Führungskraft, vor der er sich zu rechtfertigen hat, sondern eine Verantwortlichkeit, die wechselseitig von allen Teammitgliedern getragen wird und demnach für alle Teammitglieder Verpflichtungscharakter hat.

Führung wird in Hochleistungsteams geteilt. Das Urteil des Teamleiters hat zwar durchaus Gewicht, aber der Einschätzung des Teams wird noch größeres Gewicht beigemessen.

Obwohl es für den »Außenauftritt« sinnvoll sein kann, eine formale Führungsperson zu bestimmen, haben Hochleistungsteams meistens wechselnde Führungspersonen. Wer gerade ein Problem lösen kann, übernimmt die Führung – auf Zeit. So erkennt der erfolgreiche Teamleiter, dass die Leistungen des Teams mehr sind »als die Summe der Leistungen einzelner« Teammitglieder. Der Teamleiter sieht, »wann seine eigenen Handlungen das Team behindern«, und er weiß, »dass er nicht alle Antworten hat« (Katzenbach / Smith 2003, 176). Deshalb trifft er auch nicht alle Entscheidungen.

Verzicht auf feste Führungsrezepte

Katzenbach und Smith weisen darauf hin, dass dieses »Führungsverhalten« weder schwer zu erlernen noch anzuwenden ist (Katzenbach / Smith 2003, 176), was die Professionalisierung dieser Art von Führung erleichtert. Feste Führungsrezepte sind für ein Hochleistungsteam nicht ableitbar, da sich die Art der notwendigen Führung im Laufe des Teamprozesses auch immer wieder ändert. Der Schlüssel liegt darin, zu erkennen, was das Team wann von der Führung benötigt, um nur bei Bedarf, gleich einem Management by Exception, einzugreifen. Im Gegensatz zum Management by Exception ist es aber dann nicht die Führungskraft, die die Lösung hat, sondern das Team selbst; und die Führung hilft, die Hindernisse zu beseitigen, die das Team von der gesuchten Lösung noch fernhalten.

Auch Management by Delegation ist kein adäquater Führungsstil für Hochleistungsteams, da der Teamführer nicht Aufgaben an andere delegiert, sondern, insbesondere bei hohem Risiko, mit eigenem Engagement vorangehen sollte. Es versteht sich nach diesen Ausführungen von selbst, dass Katzenbach und Smith in ihrer Analyse von Hochleistungsteams zu dem Schluss kommen, dass eine eigenschaftsorientierte Führungsphilosophie, die davon ausgeht, dass Führungseigenschaften angeboren sind, als antiquiert anzusehen ist.

Erlernbare Methoden der Teamführung

Vielmehr geht es um konkrete, erlernbare Teamführungsmethoden, was die Autoren anhand der Führung von David Rockefeller aufzeigen. Rockefeller versuchte nicht, zu diktieren oder seinem Team etwas aufzuzwingen, er war geduldig und konnte auch schweigen: »Er tat nichts weiter, als dazusitzen und zu warten, bis sich das Problem von selbst löste … Er verspürte keinen Drang, irgendeine Lösung vom Zaun zu brechen, bevor die Zeit dafür reif war … Es war fast wie eine gemeinsame Führung. David saß einfach da und schaute zu.« (Katzenbach / Smith 2003, 187)

Aufgabe: das Team handlungsfähig halten

Das heißt nach Ansicht der Autoren nun aber gerade nicht, eine Lanze für eine Art Laisser-faire-Führungsstil zu brechen. Vielmehr gehe es darum, den Teamprozess ständig aufmerksam zu beobachten, die Beziehungen zu Außenstehenden zu managen sowie positives und konstruktives Feedback zu geben, ohne jedoch Druck auszuüben, weil dadurch keine Leistungssteigerung erreicht, sondern lediglich Begeisterung und Initiative ausgebremst würden. Selbststeuerung, Innovation, Motivation, Kooperation und Flexibilität müssen demnach nicht in ein Mitarbeiterteam getragen werden, sie sind dort längst vorhanden. Management muss vielmehr darauf achten, das Team handlungsfähig zu halten, »indem es Türen öffnet und politische Hindernisse aus dem Weg räumt« (Katzenbach / Smith 2003, 316).

Wie Umfragen zeigen, sind die wichtigsten Führungsmotive Ehrgeiz, Leistungswille und persönliche Weiterentwicklung. (Elger 2009) Insofern verwundert es nicht, wenn Führungskräfte heute im Durchschnitt gerade kein kooperatives Verhalten zeigen. Sie entsprechen damit dem gängigen Credo. Es gibt bis heute immer noch erhebliche Schwierigkeiten, was die Akzeptanz von Teamarbeit im Management angeht. Manager werden als »Einzelkämpfer« ausgebildet; und bei ihrer Vergütung steht nach wie vor zu oft die individuelle Verantwortung im Vordergrund, zumindest im westlichen Kulturkreis.

Das Verhalten, das von Führungskräften erwartet wird, steht oft geradezu im Gegensatz zu effizienter Teamleistung. Teams sind aber nicht einfach als Ersatz für hierarchische Strukturen zu verstehen, ihr tatsächliches Potenzial liegt viel höher. Dementsprechend ist das Vorurteil, Teams seien als moderne Managementstruktur, sozusagen als Selbstzweck, zu implementieren, gerade falsch. »Das Team bleibt immer das Mittel, nicht der Zweck« (Katzenbach / Smith 2003, 29), nämlich ein Mittel, mehr Leistung zu erzielen, als es Einzelne vermögen.

Betonung individueller Fähigkeiten im Team

Teams stehen dabei nicht im Widerspruch zu individueller Leistung. Gerade wenn durch Empowerment und Selbstorganisation individuelle Interessen und Unterschiede zum Tragen kommen, wird ein Team zur Quelle von Stärke. So wird »unser Bedürfnis, uns als Individuen auszuzeichnen, zu einer Kraftquelle für die Teamleistung, wenn wir es in den Dienst einer gemeinsamen Zielsetzung stellen« (Katzenbach / Smith 2003, 32). Die Mitglieder hocheffizienter Teams formulieren demnach ein gemeinsames Anliegen, vereinbaren selbst gesetzte Leistungsziele, definieren den gemeinsamen Arbeitseinsatz, entwickeln komplementär ergänzende Fähigkeiten und machen sich gegenseitig für die Resultate verantwortlich. Gerade die Betonung individueller Fähigkeiten kann Teams sehr erfolgreich machen, indem nicht homogene Fähigkeiten gesucht werden, sondern gerade ein möglichst breites Spektrum verschiedener Ansätze zur Problemlösung. Diese Tatsache ist in der Teamentwicklung längst bekannt, wie etwa der Einsatz von Methoden wie dem Myers-Briggs-Typindikator zeigt.

Kooperation zahlt sich aus

Im Gegensatz zur Konkurrenzstrategie zahlt sich eine Kooperationsstrategie im Unternehmen nachweislich aus. Joyce et al. (2005) führen dazu unter anderem das Beispiel des US-amerikanischen Modeunternehmens Victoria's Secret an. Dort gaben die Leiter der Unternehmensbereiche ihre ursprüngliche Konkurrenz zueinander zugunsten von Austausch und Vertrauen auf, sodass es in der Folge zu einer neuen Organisationsstruktur und zu neuen, besseren Managementtechniken kam. Die neue Organisation legt sehr großen Wert auf die Basis und auf die Überzeugung, dass die Zukunft der Unternehmen »nicht von der Genialität ihrer Topmanager abhängt, sondern vom Engagement und dem Erfindungsgeist ihrer Betriebsleiter und Angestellten« (Joyce et al. 2005, 180).

Lässt man sich auf Konstrukte wie Empowerment, Selbstorganisation und Verantwortung im Team ein, so gehen wahrscheinlich die Entscheidungs- und die Prozessgeschwindigkeit von Veränderungen zunächst zurück. (Kruse 2009) Singuläre, autoritäre Entscheidungen bleiben nun einmal die schnellsten. Dafür sind auf der positiven Seite Motivation durch Commitment, hohe Leistungsbereitschaft, Widerstandsfähigkeit auch bei Rückschlägen sowie eine höhere Fähigkeit zur Bewältigung von komplexen Problemen und Herausforderungen zu verbuchen. Kruse prognostiziert: »Erfolgreiche Unternehmensentwicklung führt konsequent von der Individual- über die Teamintelligenz zur Gestaltung von selbstorganisierenden Netzwerken. Das Erreichen der Ebene der Netzwerkintelligenz setzt kulturellen Wandel voraus und erfordert die Entwicklung von Systemkompetenz in der Führung.« (Kruse 2009, 91, 155) Dies kommt nach Kruse der nächsten Stufe von Professionalisierung im Management gleich.

William Isaacs' Dialog-Konzept

Kooperation ist heute nicht nur für die Ökonomie, sondern auch für Politik und Wissenschaft sehr bedeutsam. Die Probleme, die wir heute zu bewältigen haben, sind zu komplex, um singulär gelöst werden zu können. Neben Kooperation, Konstruktionismus und systemischem Denken ist auch das Paradigma des »Dialogs« von William Isaacs angetreten, um hier eine Lösung anzubieten. Isaacs will die kollektive Intelligenz nutzbar machen: »Heute, wo viele Firmen sich ständig neu erfinden, ist diese Fähigkeit zu kollektiver Improvisation und Kreativität essentiell.« (Isaacs 2002, 22)

Damit leistet Isaacs einen Beitrag, den Fokus von der Allmacht der Führungskraft auf die Gemeinschaft beteiligter Akteure zu verschieben. Der Dialog ermögliche »wahrhaft kollektive Führung«, deren höchstes Ziel darin bestehe, »etwas beizutragen, zu geben, statt zu nehmen«. Der Dialog schaffe disparaten Gruppen eine gemeinsame Bedeutung und kann das Verständnis vom Wesen der Macht tiefgreifend verändern, denn der »Dialog ist ein Gleichmacher … und gibt jedem Einzelnen die Freiheit, das, was er denkt und fühlt, unmittelbar zu akzeptieren und auszudrücken«. (Isaacs 2002, 318)

Wenn die Leistung von Mitarbeitern im systemischen Management nun nicht untereinander verglichen werden kann, wie kann man sie dann überhaupt noch messen? Kann man sich auf einen Abgleich von Kompetenzmodell und Mitarbeiterqualifikation beschränken? Aber auch hier würde ein Vergleichsmaßstab bestehen. Die Lösung besteht darin, dass die unternehmerisch definierten Funktions- und Positionsprofile so viel Spielraum lassen müssen, dass die jeweiligen Mitarbeiter mit ihrer konkreten Qualifikation und Motivation die Stellen individuell ausfüllen können. Auf diese Weise würden individuelle Karrierepfade auch erst definiert werden können.

Systemisches Performance-Management

Mancher mag sich fragen, ob sich ein Unternehmen damit nicht zu sehr von den individuellen Mitarbeiterzielen abhängig macht. Im Sinne einer Koevolution sind Unternehmen und Mitarbeiter immer schon aufeinander verwiesen. Auch heute schon schaffen erst die Mitarbeiter als Ganzes die Unternehmenskultur. Ein Zielkonflikt ist zwar theoretisch denkbar, praktisch aber weder notwendig noch wahrscheinlich. Die Einbeziehung eigener Zielsetzungen der Mitarbeiter erhöht die Commitment-Chancen.

Feedback-Instrumente

Systemisches Performance-Management stützt sich vor allem auf Feedback-Instrumente. Aufgrund der Selbstorganisation ist der Lern- und Verbesserungsprozess selbstorganisatorischer Systeme nur autonom und freiwillig denkbar. Dennoch lässt sich auch hier Performance, etwa im Sinne einer 360-Grad-Beurteilung, messen. Sie dient dann nicht primär dazu, verschiedene Performances zu vergleichen, vielmehr steht die Verbesserungsmöglichkeit individueller Performance im Mittelpunkt. Studien weisen die Führungskräftebewertung durch die Mitarbeiter als verlässlichsten Indikator für Führungserfolg und -effektivität nach. (Goleman et al. 2007)

Um Führung überhaupt erst möglich zu machen, müssen Führungskräfte wie Mitarbeiter ein gemeinsames Verständnis ihrer Rolle entwickeln und kommunizieren. Diesem Prozess sowie der Bedeutung von Feedback und dem damit verbundenen Zeitbedarf muss Rechnung getragen werden, will man nicht später von den ungeklärten Problemen eingeholt werden. Dem für das Feedback typischen Dreischritt von Wahrnehmung, Wirkung und Wunsch / Beurteilung entspricht die Beurteilung der Überlebensfähigkeit aufgrund der Einschätzung anderer Beobachter (Wirkung) bzw. der Entwicklung des eigenen Beobachtersystems durch den Abgleich von Selbst- und Fremdwahrnehmung. Im Sinne kultureller Evolution, die Kooperation in der Gemeinschaft als Selektionskriterium hat, dienen die Rückmeldungen anderer somit als Grundlage und Garanten der Überlebensfähigkeit. Die Möglichkeiten, die Feedbacksysteme im Management bieten, werden wahrscheinlich immer noch bei Weitem unterschätzt, denn »viel öfter, als man meint, liegt die grundsätzliche Möglichkeit, ein Problem überhaupt lösen zu können, auf der Metaebene« (Malik 2009, 107).

Unternehmensziele und Mitarbeiterziele

Auch im systemischen Management bleibt die Entscheidungsgewalt weiterhin bei der Führungskraft, ebenso wie sich Unternehmensziele weiterhin top-down definieren und auf Abteilungs- und letztlich auch auf Individualziele herunterdividieren lassen. Dabei wäre es aber unsinnig, Unternehmensziele und -interessen und Mitarbeiterziele und -interessen als genuin gegensätzliche Positionen zu behaupten. Mitarbeiterinteressen werden sich nie völlig an den Unternehmensinteressen vorbei artikulieren: »Wenn jemand sich von einer Organisation einstellen lässt, so hat er sich entschieden, seine eigene Autonomie und Unberechenbarkeit (Nicht-Trivialität) nicht oder nur innerhalb bestimmter Grenzen zu nutzen und die von der Organisation vorgegebenen Entscheidungsprämissen zu akzeptieren.« (Simon 2007a, 113)

Umgekehrt werden sich auch Unternehmensinteressen immer an Mitarbeiterinteressen orientieren. Durch diese Koevolution verbessert sich zum einen die Mitarbeiterperformance, nämlich dank der Motivationssteigerung, zum anderen gewinnt auch das Unternehmen durch die kreativen Beiträge seiner Mitarbeiter an Marktfitness. Die biologische Exaptation (die spätere Nutzbarmachung zunächst ungerichtet entstandener Eigenschaften) hat sich als nützliches ökonomisches Prinzip erwiesen, indem zur Bewältigung zukünftiger Herausforderungen durch den Markt Ressourcen mobilisiert werden müssen, die sich nicht aus den unmittelbaren Markterfordernissen ableiten lassen. Diese Ressourcen sind in der selbstorganisatorischen Kraft des Unternehmens – in Form seiner Mitarbeiter – bereits enthalten. So könnte das Credo systemischen Managements by Objectives lauten: »Echter Konsens im Ziel und danach Freiheit im Handeln« (Sprenger 2010, 231).

Nachhaltiges Management

Orientierung am langfristigen Unternehmenserfolg

Die Ergebnisse der Spieltheorie zeigen, dass der Zeitaspekt für die gewählte Strategie eine entscheidende Bedeutung spielt, eine Tatsache, der man heute in der Nachhaltigkeitsdebatte und der Diskussion um die Bindung von Managergehältern an langfristigerem Unternehmenserfolg Rechnung trägt. Wenn Manager ihre Position eher kurzzeitig bekleiden bzw. die vorhandenen Anreizsysteme so gestaltet sind, dass schnelle Ergebnisse belohnt werden, sind verstärkt Anreize für defektives Verhalten gegeben. (Axelrod 2009) Hier kann eine gedankliche Anleihe an der Praxis von Familienunternehmen ein gutes Beispiel sein, denn diese »denken in Generationen und nicht in Quartalen« (Baumhauer 2008, 12).

Entsprechende Strukturen etablieren

Die Neurobiologie stützt die Erkenntnisse von Robert Axelrods Spieltheorie. Menschen neigen zunächst dazu, kurzfristige Vorteile den langfristigen vorzuziehen. (Elger 2009) Dies kann aber durch Anreize für langfristig unternehmerisch ausgerichteten Erfolg wettgemacht werden. Die Antwort auf die Frage, wie es zur Kooperation kommen kann, liegt beim »Gefangenendilemma« in der Wiederholung. Bei einmaligem Spieldurchgang sähe das Ergebnis anders aus, denn fehlende Kooperation könnte sich in diesem Fall lohnen. Bezieht man aber längerfristige Beziehungen sowie die damit einhergehenden Einschätzungen über die Vertrauenswürdigkeit des anderen mit ein, so zeigt sich die Kooperation als evolutionär sinnvolle Strategie. (Blackmore 2005) Wenn wir Nachhaltigkeit gewährleisten wollen, müssen wir also zuallererst Strukturen etablieren, die Nachhaltigkeit belohnen. Kurzfristig zahlt sich nachhaltiges Wirtschaften nicht aus.

Es gibt mehrere Gründe dafür, dass Evolutionsforscher die Annahme einer zielgerichteten (teleologischen) Entwicklung in der Natur für falsch halten. Beispielsweise haben sich die Wale vor etwa fünfzig Millionen Jahren aus den Paarhufern heraus entwickelt und ihren Lebensraum ins Wasser verlegt. Hier kann man Analogien zu ökonomischen Strategien finden. Die TUI AG beispielsweise hat sich vom Eisen-, Kupfer- und Bleiproduzenten (Preussag AG) über die Erdöl-, die Logistik- und Konsumgüterbranche schließlich zu einem der bekanntesten Touristikanbieter Europas entwickelt. (Otto / Ondarza 2009)

Nutzen zeigt sich nicht immer sofort

Mutationen erfolgen zunächst ungerichtet. So können Innovationen erst einmal erhalten bleiben, und später zeigt sich dann, ob sie überlebensdienlich sind oder nicht. Der Schlammspringer (Periophthalmus) etwa lebt wie eine Amphibie, ist aber ein Fisch. Seine mutierten, verdickten Brustflossen haben sich als nützlich erwiesen, als er sich in einer veränderten Umwelt auch an Land fortbewegen konnte. Analogien zur Wirtschaft gibt es dafür viele, beispielsweise die SMS, die ursprünglich eine technische Spielerei war und heute einer der Hauptumsatzträger der Telekommunikationsbranche ist. (Otto / Ondarza 2009)

Nachhaltigkeit statt unbegrenztes Wachstum

Nicht nur Veränderungen, sogar Schrumpfungs- und Aussterbungsphasen sind sowohl in der Natur als auch in der Ökonomie gang und gäbe. 99 Prozent aller Arten, die jemals gelebt haben, sind heute ausgestorben. Die Natur zeigt uns, dass Sterbe- und Schrumpfungsprozesse neue Entwicklungen erst möglich machen. Auch Wachstum ist evolutionär gesprochen kein Wert an sich, das ist vielmehr die Überlebensfähigkeit. Dies ist für Unternehmer häufig schwer zu akzeptieren, weil es nicht dem gängigen Bild erfolgreichen Wirtschaftens entspricht. Bereits Fredmund Malik hat in seiner Konzeption des evolutionären Managements darauf hingewiesen, dass es weniger um unbegrenztes Wachstum als um nachhaltigen Erfolg am Markt gehe.

Nachhaltiges Management heißt auch, nicht nur auf die ökonomische Gewinnmaximierung zu achten, sondern die Lebensfähigkeit und Überlebensfähigkeit von Unternehmen zu gewährleisten. Nicht das Ausschöpfen der letzten Renditepotenziale, sondern die Fähigkeit, auch massive Krisen durchzustehen, nicht das Geschäftemachen, sondern »die Kunst, im Geschäft zu bleiben« (Malik 2009, 63), stehen dann im Vordergrund. Schon Peter Drucker lenkte die Aufmerksamkeit auf die minimalen Kosten, die erforderlich sind, um im Geschäft zu bleiben: »What is the minimum profitability needed to cover the future risks of this business?« (Drucker 1982, 52; Malik 2009) Ziel von Unternehmen sollte es deshalb sein, eine dauerhafte Lebensfähigkeit zu etablieren, weg vom reinen Wachstums- oder Gewinndenken. In Anlehnung an die Evolution bedeutet diese Strategie nicht Gewinnmaximierung und maximales Wachstum (= evolutionär optimale Anpassung), sondern vorausschauendes Management, das eine Insolvenz (evolutionär: Tod) vermeidet.

Systemische Personalauswahl

Wie kann nun auf systemischer Basis – mit dem Verständnis von Leistung ohne Konkurrenz und Vergleichsmaßstab – die Auswahl von Mitarbeitern aussehen? Wie macht man das ohne einen dritten Maßstab, an dem zwei Mitarbeiter gemessen werden? Würden damit nicht unsere gängigen Personalauswahlinstrumente, die eignungsdiagnostisch hohe Validität und Prognosegüte bewiesen haben, ad absurdum geführt?

Fokus auf die Zukunft

Systemische Personalauswahl ersetzt nicht vorhandene Eignungsdiagnostik, sondern ergänzt sie, indem Ziele, Entwicklungswünsche und Motivation von Bewerbern eine größere Beachtung finden. Es findet eine Verschiebung der Bewertungskriterien vom Können auf das Wollen statt. So geht es in der eignungsdiagnostischen Prognose darum, Bewerber zukunftsorientiert dahin zu begleiten, wo sie noch nicht sind. Interessant ist dieser Fokus auch deshalb, weil er einen Blick auf noch nicht entdeckte, oft ausgeklammerte Möglichkeiten bietet.

Typischerweise macht sich Personalauswahl an vergangenen, bereits erbrachten Leistungen fest, um daraus Schlüsse auf die zukünftige Leistungs- und Entwicklungsfähigkeit zu ziehen. Dieser Vorgehensweise entsprechen auch biografische bzw. situative Fragen im Auswahl- und Beurteilungsinterview.

Ausbau bislang ungenutzter Potenziale

Was aber, wenn Fähigkeiten bewertet werden sollen, die in der Vergangenheit noch gar nicht gezeigt werden konnten? Insbesondere in der zweiten Lebenshälfte streben Menschen oft danach, auch vormals nicht präferierte Persönlichkeitsmerkmale gleichrangig zu entwickeln, hin zu einer ganzheitlichen Entwicklung der Persönlichkeit. Die neuen Möglichkeiten sind aber nicht durch vergangene Faktoren zu erschließen. Individuelle Motive und Ziele sind besser geeignet, auf zukünftige Potenziale zu schließen, als manch etabliertes Auswahlverfahren. (Neuberger 2002)

Heute weiß man, dass sich Nervenzellen auch bei Erwachsenen regenerieren können. Das Gehirn bleibt lernfähig, indem immer wieder neue Verbindungen geknüpft werden. Deshalb ist bei der Personalauswahl der Fokus auf die Vergangenheit, also auf erworbenes Wissen und unter Beweis gestellte Fähigkeiten, durch eine Sicht zu ergänzen, die unser Zukunftspotenzial, im Sinne der zukünftigen möglichen Verknüpfungen unserer Nervenzellen, miteinbezieht. (Elger 2009; Kempermann 2008)

Zentral: Motivation und Wille

Auch Collins (2009) hält es in der Personalauswahl für entscheidend, Bewerber nach den Gründen für bestimmte Lebensentscheidungen zu fragen, um Aufschluss über deren Grundwerte zu erhalten. Während nach wie vor allzu viele Führungskräfte einen übermäßig großen Wert auf eine eigenschaftsorientierte Auswahl von Teammitgliedern legen, weil sie denken, dass ein Team nur dann effektiv sein kann, wenn es von Anfang an richtig zusammengestellt ist, zeigt die Analyse von Hochleistungsteams, dass die meisten notwendigen Fähigkeiten »on the job« entwickelt werden können. (Katzenbach / Smith 2003) Interessanter als die Frage danach, ob potenzielle Teammitglieder erforderliche Fähigkeiten (die sich im Verlauf der Arbeit ja auch ändern können) bereits mitbringen, ist die Frage nach der Motivation und dem Willen, also die Frage danach, ob die Bewerber bereit sind, Zeit und Mühe zu investieren. Dies kann man auch am Unternehmensbeispiel von Capitel One sehen: »We don't just review people by their performance on the job – we also ask, ›Chris, where do you want to go in life?‹ ... Well, okay, to get there, you're going to need a set of competencies.« (Meyer/Davis 2003, 141)

Fragebögen, Interviews, Persönlichkeitstests

Wiewohl biografische Fragebögen im Abgleich des Profils erfolgreicher Manager mit Bewerbern eine hohe Validität erzielen, haben sie doch den Nachteil der Vergangenheitsorientierung. Fähigkeiten, die in der Vergangenheit zum wirtschaftlichen Erfolg geführt haben, werden unter Umständen in der Zukunft nicht mehr gefragt sein. Andere Fähigkeiten werden dann benötigt. Will man in Interviews die Passung auf zukünftige Tätigkeiten prüfen, genügt es nicht, die Passung vermuteter zukünftiger Anforderungen mit den erzielten Ergebnissen der Vergangenheit abzugleichen. Ebenso wie die biografie- und situationsbezogene Frageform im Interview für berufliche Zukunftsentwürfe zu kurz greifen kann, bilden auch Persönlichkeitstests meist nicht die inneren Bedürfnisse, Motivationen und das eigentliche Selbst ab. (Boldt 2009) Aufgrund der introspektiven Form von Persönlichkeitsfragebögen ist es auch nicht schwer, die sozial erwünschten Antworten zu »erfinden«.

Möglichst konkrete Fragen und Antworten

Wenn wir wirklich daran interessiert sind, etwas über das Talent, die Entwicklungsmöglichkeiten, die Visionen und Triebfedern eines Bewerbers zu erfahren, so kommen wir nicht umhin, den Teil eines Menschen zu betrachten, den Carl Gustav Jung mit »Individuation« beschrieb. Oder um es mit Aristoteles' Worten zu sagen: Die Berufung eines Menschen liegt in der Schnittmenge seiner Begabung und den Bedürfnissen der Welt. Motivation und Ziele sind dabei immer in ihrer konkreten Ausformung, also auf die berufliche Praxis ausgerichtet, zu analysieren. Daher darf sich Motivationsdiagnostik im strukturierten Interview nicht mit der Benennung abstrakter Ziele zufriedengeben. Erfragt werden müssen konkrete Zielpositionen, Zielunternehmen, Branchen etc., und in einem zweiten Schritt werden dann die erforderlichen Kompetenzen mit den vorhandenen abgeglichen.

Damit lässt sich ein »heiteres Beruferaten« ebenso wie ein unrealistisches »Wunschkonzert« vermeiden. Unternehmen sollten sich nicht scheuen, der Motivation, den Zielen und Visionen der Mitarbeiter ein größeres Gewicht zu geben, und dies nicht nur bei der Personalauswahl, sondern auch bei der Personalentwicklung und innerhalb der Performance-Management-Systeme berücksichtigen. Ein Unternehmen hat sich nicht nur dafür zu interessieren, was Bewerber waren und sind, sondern auch dafür, was sie noch sein können.

Motivation und Erfolg

Nachdem wir die handwerkliche Seite systemischer Eignungsdiagnostik beleuchtet haben, stellt sich die Frage, ob aus der Motivation überhaupt auf Fähigkeiten und späteren beruflichen Erfolg geschlossen werden kann. Lässt sich Können aus Wollen ableiten? Aus systemischer Sicht ist der Leistungswille eng mit der Motivation verknüpft. Motivation knüpft wiederum an der Verwirklichung der eigenen Ziele an. Wir möchten im Sinne der Selbstorganisation unsere eigenen Ziele verwirklichen und fühlen uns dann am besten motiviert, wenn die Umwelt dies zulässt oder sogar fördert. Wenn wir uns vor Augen halten, wie der »Wille Berge versetzen« kann, so erscheint in der Personalauswahl die Abwägung zwischen einem unmotivierten, aber begabten Bewerber und einem hochmotivierten, aber etwas geringer qualifizierten Kandidaten eindeutig zugunsten des zweiten auszufallen.

So wird das Selbstverständnis und Selbstbild zum wohl wichtigsten Faktor für beruflichen Erfolg, wichtiger als IQ, familiäres Umfeld, Ausbildung usw., auch wenn sich die Kriterien untereinander bedingen: »Your self-image determines your ability to motivate yourself to get going on your new career objectives.« (Boldt 2009, 535) Für eine effektive Personalauswahl ist es wichtig, dieses Selbstbild zu erfragen und es mit den beruflichen Zielvorstellungen in Einklang zu bringen.

Die Praxis beruflicher Karrierewege zeigt insbesondere bei Hochqualifizierten, dass Unterschiede in der Begabung in den meisten Fällen zugunsten der Motivation in den Hintergrund treten. Fehlt die erforderliche Motivation, so ist Können niemals hinreichend. Der größte Erfolgshebel liegt im Ausgleich zwischen Mitarbeiter- und Unternehmensinteresse durch die Zielvereinbarung.

Motivation und Können

Personalentwicklung

Systemisches, »organisches« Management bedeutet, Aufgaben und Funktionen um talentierte Mitarbeiter herum zu »bauen« und ihnen die Verantwortlichkeiten zu übertragen, die den jeweiligen Fähigkeiten entsprechen. Das heißt auch, dass die Verantwortlichkeiten mit den Personen und der Personalentwicklung wachsen. Damit geht, wie bereits erörtert, die Praxis einher, Verantwortlichkeiten nicht aus der Vergangenheit abzuleiten, sondern auf die zukünftigen Entwicklungswünsche und -möglichkeiten zu setzen, die sich nur aus den individuellen Zielen der Mitarbeiter direkt ableiten lassen.

Organisches Wachstum

Dass dies keine Utopie ist, sondern bereits gelebte Praxis, zeigen Unternehmensbeispiele wie das des amerikanischen Finanzdienstleisters Capitel One. Nicht nur »organisches Kompetenzmanagement«, sondern auch Empowerment findet dort seine Umsetzung, indem Manager in der Doppelfunktion als Führungskraft und Coach ihre Mitarbeiter für diejenigen Aufgaben trainieren, die die Mitarbeiter selbst als notwendig sehen. Weiterbildung wird so als selbstverantwortliche Personalentwicklung verstanden, die sich von den unmittelbaren Anforderungen im Kompetenzmanagement und den aktuellen Aufgaben löst.

Weiterbildung als selbstverantwortliche Personalentwicklung

Jeder Mitarbeiter kann selbst bestimmen, was für ihn notwendig ist, und damit in seiner eigenverantwortlichen Personalentwicklung auch über den Tellerrand auf zukünftige Entwicklungsmöglichkeiten blicken und entsprechend agieren. An die Stelle starrer Jobprofile treten Verantwortungsbereiche, die individuell gefüllt werden: »People are given areas of responsibility and empowered to innovate, rather than being assigned rigid roles and job titles. It's all a question of imbuing the agents with a few simple rules, then letting them self-organize around ideas and resources, which then flow freely to areas of high potential.« (Meyer/Davis 2003, 135)

Stellen nicht nur besetzen, sondern schaffen

Organisationen werden also in Zukunft mit ihren Strukturen um die Menschen herum gebaut und mit ihnen wachsen, anstatt die Mitarbeiter in die vorhandenen Organisationsgerüste zu pressen. Die entstehende Flexibilität erfordert eine Abkehr von Top-down-Strukturen, hin zu Bottom-up-Strukturen, die durch Vertrauen, Selbstorganisation und Motivation zusammengehalten werden. (Pinnow 2009; Sprenger 2001) Die Evergreen-Studie zeigt anhand des Stahlherstellers Nucor, wie statische Aufgabenbeschreibungen aufgelöst und die individuellen Tätigkeiten der Mitarbeiter in den Vordergrund gerückt wurden. Dies führte nicht nur zu einer bis dahin nicht gekannten Aktualität der Jobprofile, sondern kam auch der Effizienz und der Leistung zugute. Stellen wurden nicht nur *besetzt*, sondern *geschaffen*, und zwar solche, »die einen Anreiz und eine Herausforderung darstellten« (Joyce et al. 2005, 191).

Personalentwicklung bei Führungskräften

Wie sieht es nun mit der Entwicklung der (Nachwuchs-)Führungskräfte aus? Der Ruf nach einer qualifizierten Ausbildung im Management geht auf Fredmund Malik zurück. Eine formale Ausbildung, wie sie beispielsweise in Disziplinen wie Medizin, Architektur oder Ingenieurberufen üblich sei, müsse sich im Management erst noch durchsetzen: »Es fällt auf, dass nur wenige Führungskräfte eine systematische Ausbildung in Management haben. Im Grunde gibt es nach wie vor nur zwei Organisationen, die ihre zukünftigen Führungskräfte wirklich systematisch auf ihre Führungsaufgaben im engeren Sinne vorbereiten und nicht nur auf ihre sachlich-fachlichen Aufgaben: die Armeen und die Kirche.« (Malik 2001, 55)

Malik fordert von Führungskräften, dass sie Vorbild und charakterlich integer sind. Management bezeichnet er als Hybrid zwischen Wissenschaft und Praxis, wobei Wissenschaft auf Erkenntnis, Management auf Nutzen gerichtet sei. Malik hält zwar persönliche Qualifikationen bei den Managern für notwendig, aber nicht für hinreichend. Management müsse vor allem durch eine instrumentelle Ausbildung professionalisiert werden. Malik plädiert auch dafür, nicht den Ruf nach *personellen* Eliten laut werden zu lassen, sondern vielmehr *institutionelle* Eliten zu etablieren, damit »gewöhnliche Menschen befähigt werden, Außergewöhnliches zu leisten« (Malik 2009, 40).

Lernen von Familienunternehmen

Vorrang des Individuums

Der Gedanke der individuellen Betrachtung des Einzelnen und seiner Qualifikationen anstelle standardisierter Anforderungsprofile und Funktionsbeschreibungen, wie er in der Systemtheorie, aber etwa auch durch die transformationale Führung zum Ausdruck kommt, findet sich bereits in vielen Familienunternehmen verwirklicht. Hier hat der Einzelne Vorrang vor standardisierten Managementprofilen: »Was man miteinander unternimmt, steht zur Disposition, die beteiligten Personen tun dies nicht. Um sie geht es ja.« (Wimmer et al. 2004a)

Diese Strategie hat natürlich auch Nachteile. Mitarbeiter in Familienunternehmen werden so auch bei mangelnder Performance oft zu lange in der Position gehalten, erforderliche Entscheidungen werden verzögert und damit wird die Handlungsfähigkeit des Familienunternehmens im Ganzen vermindert. (Schlippe et al. 2009) Die verschiedenen Systeme von Familie und Unternehmen werden in ihrer Heterogenität letztlich oft Differenzierungen erfordern, und das Primat von Begabungen und Vorlieben wird im Unternehmersystem deshalb auch zuweilen hinsichtlich objektiver Erfordernisse und Leistungsmaßstäbe zurückstecken müssen. (Wimmer et al. 2004a)

Fremdmanager als Teil der Familie

Dennoch erlaubt die Familienunternehmerwelt Einblicke in praktische Erfahrungen, wie sie einem systemischen Verständnis von Mitarbeiterführung nahekommen. Daraus lassen sich

Perspektiven entwickeln, wie Wettbewerb nicht in Rivalität und Konkurrenz, sondern kooperativ und in wechselseitigem Anspruch gedacht werden kann. Respekt für die andere Person und das Wissen darum, dass sie grundsätzlich »gesetzt« ist, sich aber deshalb dennoch nicht unbegrenzt Fehler erlauben darf, führen zu einer Leistungsbereitschaft, die stimulierend und im Dienste des Unternehmenserfolgs wirkt. Das Vertrauen in die handelnden Personen wird in Familienunternehmen in der Regel auch auf Fremdmanager übertragen; und so verwundert es nicht, dass in Familienunternehmen die Verweildauer auf den Toppositionen generell das Zwei- bis Dreifache gegenüber anderen Unternehmen erreicht. (Schlippe et al. 2009) Mit zweierlei Maß zu messen, würde sich sowohl organisatorisch als auch psychisch auf die Dauer auch nur schwer durchhalten lassen.

Im Gegensatz zur Bereicherungstendenz einzelner Manager und ihrer Fokussierung auf das eigene Wohl zeigt sich in Familienunternehmen, insbesondere in Mehrfamilien-Organisationen, oft gerade die gegenteilige Tendenz: eine große Disziplin im Umgang mit Firmenressourcen und fast ein gegenseitiges Überbieten in Sparsamkeit und Bescheidenheit. (Wimmer et al. 2004a; Schlippe et al. 2009)

Stabwechsel

Steht ein Generationenwechsel an der Spitze an, so ist die Erwartungshaltung der Übergebenden oft ähnlich paradox wie die von Eltern, die heranwachsende Kinder haben. Einerseits kann sich eine autonome (Führungs-)Persönlichkeit nur durch Ablösung entwickeln. Die Ablösung provoziert aber zunächst den Verdacht, sich der Verantwortung entziehen zu wollen oder damit nicht umgehen zu können. Wird die Ablösung nicht zugelassen, so sorgen die Älteren dafür, dass die Nachfolger ihr Potenzial unter Umständen nicht entfalten. (Wimmer 2009; Wimmer / Gebauer 2004)

Für den internen Umgang in Familienunternehmen haben sich vor allem fünf zentrale Werte herauskristallisiert: Wertschätzung, Respekt, Sicherheit, Kontrolle sowie das Verständnis für Tradition. (Müller Tiberini 2008) So lässt sich anhand der Situation bei Familienunternehmen sehr schön beobachten, wie einzelne Aspekte der Stärkung der Person gegenüber der Funktion auch im systemischen Management aussehen können. Schließlich werden »Arbeitskräfte gerufen, aber Menschen sind gekommen« (Neuberger 2002, 343).

Homo systemicus oder die Kunst der Führung

In aller Munde, aber nicht verwirklicht

Der Begriff des »systemischen Managements« hat in den letzten Jahren zunehmend Verbreitung gefunden, auch wenn damit meist so allgemeingültige Aussagen verbunden werden wie »in Zusammenhängen zu denken«. Auch heute noch sind wir weit vom systemischen Managen entfernt, obwohl systemische Denkansätze – mehr oder minder verworren – en vogue sind. Im Widerspruch dazu steht jedoch das tatsächliche Menschenbild der meisten Führungskräfte: Sie haben letztlich doch Zweifel, ob Mitarbeitern Vertrauen geschenkt werden kann, ob man auf Kontrolle und autoritäre Führung wirklich verzichten kann. So konservieren »falsche, überholte Grundannahmen über die Ökonomie und das menschliche Verhalten« (Pinnow 2009, 129) eine Praxis, die unternehmerische Initiative und Innovation lähmt.

Dennoch ist das systemische Denken aktueller denn je. Ansätze zur Integration von systemisch-evolutionären Ansätzen in der Managementforschung hat es immer wieder gegeben. Davon zeugen Schlagworte wie »Vom Teil zum Ganzen«, »Von Objekten zu Beziehungen«, »Von Strukturen zu Prozessen« oder »Von Objektivität zur Konstruktion der Wirklichkeit«. (Capra et al. 1992, 113) Der systemische Manager wurde als vernetzter Denker, Gärtner und Entwickler beschrieben, der sich durch weiches, prozesshaftes, intuitives und ganzheitliches Denken auszeichnet, weg von Konkurrenz und hin zu Kooperation. (Königswieser/Lutz 1992) Systemisches Management begreift sich als kooperative Partnerschaft, die symbiotische Beziehungen und Netzwerke aufbaut und erhält. Sie schafft eine offene Unternehmenskultur, welche die Rolle der Führungskraft, nämlich sinnvoll stören zu dürfen, auch anerkennt.

Auf die Stärken setzen

Systemische Führungskräfte geben Anregungen zur Selbstorganisation und halten Distanz. Selbstbeobachtung ist wichtig. Sie kritisieren nicht, weil das Widerstände erzeugen würde, sondern spiegeln Beobachtungen wider. Wandel, Erneuerung, Prozesshaftigkeit, Flexibilität werden betont und unterstützt. (Neuberger 2002) Systemische Führung konzentriert sich auf die Stärken der Mitarbeiter, anstatt die Schwächen in den Mittelpunkt zu stellen (Pinnow 2009), und setzt die Mitarbeiter auch ihren Stärken entsprechend ein. (Malik 2009) Wie bereits ausgeführt, werden dabei nicht nur Anforderungen in Stellenbeschreibungen umgesetzt, sondern auch Funktionen im Dienste der Personen angepasst.

Ähnlich wie es in der Kindererziehung nicht möglich ist, Liebe oder Achtung zu befehlen, kann auch die Führungskraft nur die Voraussetzungen schaffen, welche die Entstehung wünschenswerter Beziehungen begünstigen. Loyalität, Identifikation und Motivation können nicht angeordnet werden. Systemisches Management ist dabei keineswegs als »konzeptloses Durchwursteln« (Malik 2009, 153) zu verstehen. Vielmehr erfordert gerade systemisches Management professionelle Techniken, die im Sinne der Abkehr von erworbenen Führungseigenschaften erlernt werden können und auch müssen.

Im Zentrum: das System

Systemisches Denken nimmt die Führungskräfte aus dem Zentrum der Aufmerksamkeit. Dorthin gelangt nun das »System«, also die beteiligten Netzwerke sowie die Mitarbeiter selbst. Selbstreferenzielle Systeme ändern sich gemäß ihrer inneren Gesetzmäßigkeiten. Führung wird nicht mehr als monokausale Informationsweitergabe, Anleitung, Motivation oder Steuerung verstanden, sondern als produktive und sinnvolle Störung (»meaningful disturbance«, Capra 2002, 112), die den Rahmen für strukturelle Veränderungen setzt.

Gezielte Störungen

Auch im Konzept von Kruse ist »Störung die Voraussetzung für gelingende Veränderung« (Kruse 2009, 150). Die Aufgabe der Führungskraft ist es demnach, »immer wieder frühzeitig zu destabilisieren, möglichst bevor die Umfeldsituation eine Änderung erzwingt«. Während heute Querdenker und kritische Infragesteller im Unternehmen oft Gefahr laufen, als Miesepeter gesehen zu werden, hätten in einer Kultur der Veränderung die kreativen Störer »herausragende Karrierechancen« (Kruse 2009, 150). Kruse will Störung allerdings nicht zum Selbstzweck erheben. Die Führungskraft agiere vielmehr als »prophylaktischer Störtrainer«, der die Mannschaft davor bewahre, träge zu werden und einer kommenden Marktherausforderung veränderungsresistent gegenüberzustehen.

Instabilität als Strategie

Die Erzeugung von Instabilität wird demnach als bewusste Strategie eingesetzt, um die »Innovationskraft in Unternehmen zu erhalten und krisenhafte Entwicklungen zu vermeiden« (Kruse 2009, 155). Da Interventionen zur gezielten Instabilisierung des Status quo auch zu Vertrauensverlust führen können, seien ein vertrauensvoller Umgang sowie professionelle Organisationsstrukturen und Arbeitstechniken unabdingbar, und transparenter Kommunikation im Unternehmen kommt hier ein Hauptaugenmerk zu.

Dabei darf nicht übersehen werden, dass Veränderungsprozesse einem Unternehmen und seinen Mitarbeitern viele Ressourcen abverlangen. So gibt es zahlreiche Beispiele von Unternehmen, die durch zu häufige und rasche Umstrukturierungen keine Best-Practice-Routinen mehr entwickeln können und durch die ständigen Veränderungsprozesse und den damit verbundenen Fokus auf sich selbst ihre Effizienz verlieren.

Der systemische Rahmen

Systemisches Management schafft Bedingungen, die es den Mitarbeitern ermöglichen, die eigenen Systemoperationen, also Ziele, Motivation, Selbstentfaltung, Leistung etc., zu verwirklichen. Eine solche »indirekte Kontextsteuerung« (Willke 2005) sollte jedoch nicht als Konditionalisierung durch Kontextbedingungen verstanden werden (Neuberger 2002), da hierbei ja nur ein erneuter Kausalzusammenhang erzeugt würde. Vielmehr geht es gerade darum, die Ziele und Motivationen der Mitarbeiter nicht in Form eines Menschenbilds oder eines Führungsstils vorauszusetzen, sondern von ihnen selbst zu erfragen und aufzunehmen.

Erreichbarkeit, Vorbildfunktion, Prozessbegleitung

Arist von Schlippe führt den Begriff der Präsenz ein, der dazu dienen kann, die Haltung systemischer Führung zu verdeutlichen. (Omer / Schlippe 2008) »Präsenz« meint Erreichbarkeit, Vorbildfunktion, Prozessbegleitung sowie die Vermittlung von Zuversicht anstelle von Disziplinierung durch Angst und Verunsicherung. Nach Arist von Schlippe geht es demnach auch im Unternehmenskontext darum, eine Umwelt zu erschaffen, die als geeigneter Rahmen für die Entstehung von Freiheit und Verantwortung dienen kann. Nicht Laisser-faire, sondern eine Prozessbegleitung, die Selbstbeobachtung und Feedback erlaubt, ermöglicht so die Etablierung systemischer Organisations- und Führungsstrukturen.

Indirekte Maßnahmen

Auch Hermann Haken konzentriert sich auf den organisatorischen Rahmen, da im systemischen Sinne eine direkte Beeinflussung nicht möglich ist. Wenn man beispielsweise das Betriebsklima verbessern will, könne man dies durch indirekte Maßnahmen wie die »Schaffung von Begegnungsräumen« (Haken 2004, 75) tun. Der Gedanke der Begegnungsräume ähnelt dem des »Containers« von Isaacs (2002, 203). Der amerikanische MIT-Dozent William Isaacs will über systemisches Denken hinausweisen, indem er einen Wechsel vom systemischen zum »feldorientierten« Denken prognostiziert. (Isaacs 2002, 199)

Feldorientiertes Denken

Isaacs benutzt den Begriff des Feldes hier in Anlehnung an Kurt Lewin, der »Feld« als eine Art Lebensraum, in dem Kräfte auf den Menschen wirken, verstand. Isaacs erweitert den systemischen Ansatz in Richtung von Gergens Konstruktionismus sowie von Rupert Sheldrakes morphologischen Feldern: In lernenden Organisationen hängen Verhalten und Entscheidungen nicht allein vom individuellen Willen, sondern auch von den Eigenschaften der umgebenden Felder ab. Dadurch ergibt sich für Isaacs notwendigerweise auch ein Wechsel im Verständnis von Führung, die dann nämlich als Fähigkeit verstanden wird, diese Felder zu evolvieren. Zugleich schränkt Isaacs die Macht der Führungskraft im systemischen Sinne ein: »Man kann ein Feld nicht produzieren, wohl aber Bedingungen schaffen, durch die ein reichhaltiges Interaktionsfeld wahrscheinlicher wird.« (Isaacs 2002, 203) Diese Bedingungen nennt Isaacs dann »Container des Dialogs«.

Damit kommt ein Credo der Attributionstheoretiker zum Ausdruck, denen zufolge Faktoren wie Branche oder Geschäftsjahr (also der Kontext) sehr viel mehr Einfluss auf den Erfolg von Unternehmen haben als der individuelle Einfluss von Führungskräften. Diese These konnte vielfach empirisch bestätigt werden. (Lieberson / O'Connor 1972; Weiner 1978; Thomas 1988; Pfeffer / Salancik 1978; Neuberger 2002)

Anders als die interaktionelle systemische Führung, die sich auf die unmittelbare Kommunikation von Führungskraft und Mitarbeiter konzentriert, richtet die strukturelle systemische Führung ihr Augenmerk auf den notwendigen organisatorischen Rahmen, also auf Strukturen, Regeln und Grundsätze. Dies geht mit der Ansicht einher, dass für systemische Führung und systemisches Management keine besondere individuelle Grundhaltung vonnöten ist. Vielmehr sollte systemische Führung als erlernbares Handwerk verstanden werden, das keinen »Great Man« voraussetzt. Professionelles Management muss als fähigkeitsbasierte Methode verstanden werden, die erlernt werden kann und muss, wie jedes andere Methodenwissen auch. Wenn sich aus einer Führungstheorie keine Handlungsanweisung ableiten lässt, wird diese keinen Eingang in die Praxis finden.

Nicht nötig: systemische Grundhaltung des Vorgesetzten

Eine »zugrunde liegende systemische Grundhaltung des Vorgesetzten«, wie Steinkellner dies fordert (Steinkellner 2007, 324), mag man vom systemischen Therapeuten fordern; beim systemischen Manager ist sie unpassend. Steinkellners Paradigma beruht möglicherweise auf Fiedlers Kontingenztheorie der Führung, der davon ausgegangen war, dass Psychotherapeuten, die sich in ihre Klienten einfühlen können, bessere Therapieerfolge haben. Diese Erwartung bestätigte sich jedoch schon bei Fiedler nicht. (Fiedler / Mai-Dalton 1995; Neuberger 2002)

Standardisiertes Managerverhalten

Führungshandeln, das sich mit quasi autonomen Strukturen individuell prägen lässt, kann auch gar nicht im Sinne des Unternehmens liegen. Schließlich dürfen wir nicht vergessen, dass im Sinne von Anthony Giddens' »Dialectic of Control« Führungskräfte nicht nur durch die bestehenden Strukturen bestimmt werden, sondern durch ihr Handeln diese Strukturen auch rückbestimmen. Diese Dialektik des Managerhandelns wird oft negativ als »standardisierend« und »entpersönlicht« bewertet. Dabei wird jedoch vergessen, dass standardisiertes Managerverhalten auch im Sinne von qualitativen und nachhaltigen Standards Unternehmen zugute kommt.

Die Führungskraft als Architekt von Leistungsräumen

Systemisch-strukturelle Führung bedeutet weniger individuelle Personalführung als vielmehr die Bereitstellung von Handlungsräumen zur eigenverantwortlichen Arbeit. Führungskräfte werden so zu »Architekten von Leistungsräumen«. Es gilt, eine Umwelt zu erschaffen, die als geeigneter Rahmen dienen kann, innerhalb dessen eine Unternehmenskultur von Freiheit und Verantwortung entstehen kann. Dieser Rahmen ist, so Collins, durch »Disziplin« charakterisiert. Der Rahmen sichere klare Bedingungen und mache Freiheit und Verantwortung damit erst möglich: »Eine Kultur der Disziplin hat zwei Pole: Einerseits erfordert sie Menschen, die sich an ein konsistentes System halten, andererseits gibt sie diesen Menschen Freiheit und Verantwortung innerhalb eines vorgegebenen Rahmens.« (Collins 2009, 182) Diesen Gedanken finden wir im Kern schon beim Philosophen Spinoza, der erklärt, dass wir Freiheit erst durch Einsicht in die naturgegebenen Notwendigkeiten erlangen. Freiheit ist demnach in Beliebigkeit gar nicht möglich, sondern erst in Polarisierung zu einem Rahmen.

Organisationsstrukturen

Es geht nicht um die Optimierung von Zuständen, sondern um die Optimierung von Steuerungsfähigkeit, Malik nennt dies »Manageability« (Malik 2009, 110). Weil die optimalen Organisationsstrukturen von gestern ein Hindernis für die heutigen und morgigen Herausforderungen sein können, wendet sich das systemische Management von einer vergangenheitsbezogenen Sicht ab und konzentriert sich auf eine Gegenwarts- und Zukunftsperspektive. Auf Ebene der Unternehmensleitung heißt systemisches Management demnach, die Evolution des ganzen Unternehmens im Auge zu haben, und weniger die spezifischen, operativen Schritte. Dies bedeutet auch »managing the rules not the people« (Meyer/Davis 2003, 216), also die Etablierung solcher Unternehmensleitlinien, die flexible Prozesse ermöglichen.

Das systemische Paradigma ist für manche Autoren weder neu noch als Paradigma zu bezeichnen. Kritik wird vor allem daran geübt, dass die »Auseinandersetzung mit Widersprüchen, Ambiguitäten, Antagonismen, Brüchen und Asymmetrien zu kurz« komme. Neuberger setzt systemische Führung in diesem Zusammenhang auch mit einem »subjekt- und interesselosen Funktionsideal« gleich. (Neuberger 2002, 635) Allerdings könnte man entgegenhalten, dass das systemische Konzept durch seine Grundpostulate bereits den Widerspruch von Offenheit und Geschlossenheit enthält, ohne diesen trivial zu lösen. Systemischen Führungskräften »Angst vor Irrationalität, Gefühlen, Körperlichkeit, Erstarrung und Festlegung« (Neuberger 2002, 638) zu attestieren, ruft ein Bild des systemischen Denkens hervor, das den systemisch praktizierenden Coachs, Beratern, Organisationsentwicklern, aber auch den systemischen Therapeuten sicher völlig fremd wäre.

Ziel: maximale Leistungsfähigkeit

Wenn wir systemisches Führen als »Auffinden und Erzeugen von Wirklichkeitskonstruktionen ansehen« (Steinkellner 2007, 105), wird dieses allerdings als Selbstzweck konstituiert. Auf die Arbeit von Soziologen oder Organisationsberatern würde diese unspezifische Aussage ebenso zutreffen wie für den systemischen Manager. Auch Selbstbestimmung als Mittel zu dem Zweck einzusetzen, »die intrinsische Motivation der Mitarbeiter zu heben« (Steinkellner 2007, 115), kann als notwendiges, aber nicht hinreichendes Merkmal gesehen werden, denn auch intrinsische Motivation ist kein organisatorischer Selbstzweck. Führung in Organisationen hat immer das Ziel, maximale Leistungsfähigkeit zu ermöglichen.

Abgrenzung von anderen Theorien

Die Grenzen zwischen systemischem Management und anderen Formen sind nicht immer scharf. Häufig werden Ideen aus anderen Theorien und Bewegungen, etwa aus der Human-Relations-Bewegung oder aus der New Life Science, mit systemtheoretischen Grundsätzen vermischt. Auch Begriffe wie partizipative Führungsstile, teilautonome Mitarbeitergruppen, Laisser-faire-Führung etc. werden dementsprechend oft undifferenziert mit Systemtheorie gleichgesetzt, wenngleich die zugrunde liegenden Intentionen unterschiedlich sind. Während die Human-Relations-Bewegung etwa generell mehr Freiraum für Mitarbeiter, einen vertrauensvollen Umgang, ein positives Betriebsklima oder auch die Selbstverwirklichung Einzelner propagiert, stellt systemisches Management die Produktivitätssteigerung von Unternehmen in den Vordergrund. (Neuberger 2002)

Nur das angemessene Verständnis von lebenden (und auch nicht lebenden) Systemen ermöglicht die optimale Leistung. Dabei soll nicht der Mensch in irgendeiner Weise verklärt werden, sondern der Mitarbeiter so behandelt werden, dass er daran interessiert und dazu fähig ist, seine beste Leistung für ein Unternehmen zu erbringen. In diesem Sinne widerspricht systemisches Management zwar nicht humanistischen Idealen, verfolgt aber primär eine andere Intention. Deswegen sollte die Wahrscheinlichkeit hoch sein, dass systemisches Denken es zu einer großen Akzeptanz im Management bringen wird.

Systemische Definition von »Führung«

Wie kann dann »Führung« im systemischen Sinne definiert werden? Reicht ein Verständnis, das Führung als Verhaltensbeeinflussung anderer versteht (Weibler 2001), oder die Überzeugung, Führung sei die Kunst, andere dazu zu bringen, etwas zu wollen, was nach der eigenen Überzeugung getan werden sollte (Packard 2007)? Eine Leitlinie im Performance-Management lautet, dass man als Führungskraft nur so gut ist, wie man auch von seinen Mitarbeitern gesehen wird. So gesehen kann man Lord und Maher (1991) folgen, wenn sie Führung als Prozess definieren, der dazu führt, von anderen als Führungskraft wahrgenommen zu werden. Hierbei wird zwar die intentionale Steuerung nicht in den Vordergrund gerückt, jedoch ist der personelle Anteil nicht von den institutionellen, organisatorischen Bedingungen, die Führung ausmachen, zu trennen. Welsh (1979) definiert systemische Führung als Fähigkeit, menschliche Ressourcen zur Durchsetzung bestimmter Ziele zu mobilisieren. Auch hier bleiben mit der Annahme inhärenter Führungsfähigkeiten sowie der Unbestimmtheit des Attributs »bestimmt« Fragen offen. Ich schlage vor, systemisch-evolutionäre Führung folgendermaßen zu definieren:

Definition: »systemische Führung«

Systemische Führung ist eine erlernbare Kunst, die es Mitarbeitern ermöglicht, motiviert und eigenverantwortlich zu arbeiten, und dabei Unternehmens- und Mitarbeiterziele in bestmöglichen Einklang bringt. Damit wird die größte Leistungsfähigkeit der Mitarbeiter und infolgedessen auch der größtmögliche Unternehmenserfolg gewährleistet. Systemisch-evolutionäres Management basiert dabei auf den jeweils aktuellen Erkenntnissen biologischer und kultureller Evolution.

Systemisches Fragen

Wer fragt, der führt, wie wir schon von Sokrates wissen. Die sokratische Methode zu fragen verfolgt die Absicht, zu verstehen, nicht zu manipulieren. In Verbindung mit offenen Fragetechniken schafft sie so die Atmosphäre informeller Zusammenkünfte, die neue Einsichten ermöglicht: »Woran denken Sie? Können Sie mir etwas darüber erzählen? Können Sie mir helfen, das zu verstehen? Worüber sollten wir uns Gedanken machen?« (Collins 2009, 103) Zirkuläres, systemisches Fragen fällt vielen Führungskräften zunächst schwer, weil man als Fragender erkennen lässt, dass man etwas nicht weiß. Dies wird insbesondere Führungskräften immer noch als Schwäche ausgelegt (Pinnow 2009), auch wenn ein Allwissenheitsanspruch angesichts der heutigen Informationsflut ohnehin gänzlich unrealistisch ist.

Führungskräfte nicht glorifizieren

Der systemische Ansatz von Führung geht weder von der Möglichkeit gezielter Führungsinterventionen aus noch vom Fokus auf die Führungsperson. Vielmehr wird auf die Selbstorganisation und damit die Selbststeuerung der »Geführten« verwiesen. Auch der zunehmenden multikausalen Komplexität und Vernetzung innerhalb von Organisationen wird Rechnung getragen. In diesem Sinn wird die einseitige, monokausale, auch attributionstheoretische Zuschreibung von Ergebnissen an eine

Führungsperson und deren Interventionen absurd. Der systemische Führungsansatz richtet sich gegen ein »Heldenverständnis« von Führung und Führungskräften.

So wie die Systemtheorie grundsätzlich durch das Paradoxon der vorhandenen Spannung zwischen Offenheit und Geschlossenheit des Systems gekennzeichnet ist, lässt sich diese Grundspannung auch im Begriff der »systemischen Führung« wiederfinden. Einerseits versteht sich Führung als Fremdbestimmung (Allopoiese), Anleitung und Informationsübertragung, andererseits verbieten sich diese Inhalte gerade bei selbstorganisierten Systemen (Autopoiese). Für die systemische Führung kann es, gleich der quantentheoretischen Unbestimmtheit, keine »objektive« Unternehmens- oder Führungssituation bzw. deren Diagnose geben. Vielmehr gibt es netzartige, zirkuläre Einflüsse. (Neuberger 2002)

Verantwortung

Sind Manager damit ihrer Verantwortung enthoben? Jedenfalls hat das Verständnis der organisatorischen Gesamtverantwortung des »Führungskapitäns« ausgedient. Individuelle Verantwortung bleibt bei vorhandenem Spielraum jedoch immer bestehen, auch wenn die Folgen der eigenen Handlungen nicht mehr praktisch relevant ableitbar sind.

Bilanz

Ein neues Paradigma kann sich nicht von einer wie auch immer gearteten Erkenntnistheorie oder einer anderen beliebigen Philosophie aus positionieren, sondern muss zeigen, wo die erwähnten alten Theorien mangelhaft sind und wo die neue Theorie mehr zu leisten vermag. Deshalb sollten wir uns abschließend fragen:

Was leistet der systemische Führungsansatz und was leistet er nicht?

Er kann nicht alle (zum Teil widersprüchlichen) Aussagen innerhalb einer Disziplin aufnehmen. So bleibt der rote Faden, der sich durch die Disziplinen zieht, immer auch eklektizistisch und unvollständig. Dafür bestätigen sich die Argumente überdisziplinär und bekommen so eine übergreifende Bedeutung.

Was ist der Vorteil und was der Nachteil gegenüber herkömmlichen Theorien?

Die Forderungen für systemisches Management leiten sich aus den jeweils aktuellen, einzelwissenschaftlichen Ergebnissen ab. Somit wird der Ansatz nicht idealistisch oder einseitig gesellschaftskritisch.

Widerlegt die neue Theorie die alten?

Sie zeigt, dass nicht Konstruktivismus, sondern Empirismus eine der Systemtheorie adäquate Erkenntnistheorie ist. Der Empirismus ist nicht nur einfacher, sondern erweist sich auch interdisziplinär als theoriekonform. Die systemisch-evolutionäre Sicht erweitert diesen Spielraum, macht die Theorie damit allerdings auch wieder komplizierter.

Kann die Theorie bestehende Probleme lösen?

Sie leistet einen Beitrag zum Verständnis dessen, wie Mitarbeitermotivation und Leistung entstehen und ermöglicht werden. Sie erhöht die Produktivität von Unternehmen und deren Wettbewerbs- und Zukunftsfähigkeit, indem Strategien für den Umgang mit Komplexität formuliert werden.

Lassen sich die Folgerungen in der Praxis überprüfen?

Es gibt zahlreiche empirische Daten, welche die Effizienz einzelner Aspekte systemischen Managements bestätigen.

Wer gewinnt durch die Theorie, wer verliert?

Mitarbeiter können ihre Motivations- und Leistungsbereitschaft einbringen, davon profitieren auch die Unternehmen, und sie werden für die Zukunft überlebensfähiger.

Die Theorie wendet sich gegen eigenschaftsorientierte Ansätze, die Führungseigenschaften für mehr oder weniger angeboren halten bzw. generell an einer Führungsperson festmachen. Auch bestehende Macht- und Kontrollinstanzen verlieren Einfluss und Verantwortung.

Schluss

Bei der Kunst der (systemischen) Führung geht es vor allem darum, das gängige ökonomische Bild einer einseitig auf Konkurrenz und Eigennutz bedachten menschlichen Natur zu relativieren. Die Erkenntnisse, die wir heute über die Natur des Menschen haben, lassen sich sehr wohl auch in eine andere Richtung deuten.

Neben der Macht der Gene dürfen wir außerdem die Macht der Meme nicht unterschätzen. Die kulturelle Evolution hat gerade erst begonnen, und wir können uns entscheiden, in welcher Welt wir leben wollen. Systemisches Management in dem in diesem Buch skizzierten Sinne entspricht der Natur des Menschen, zumindest widerspricht es ihr nicht. Es wird zu höherer Produktivität führen und könnte zugleich die Art, wie wir miteinander arbeiten, angenehmer gestalten.

Ökonomie hat das Ziel, die effiziente Verwaltung und Verteilung von Gütern zu gewährleisten. Wenn Unternehmen aber gerade kein Ort »betriebswirtschaftlicher Rationalität« sind, wie Reinhard Sprenger zutreffend bemerkt (Sprenger 2010, 11), so kann man sich auch darüber streiten, ob sie wenigstens effizient ist. Unstreitig bleibt jedoch, dass selbst mit unterstellter Effizienz noch nicht die Richtung, das »Wozu«, definiert ist. Die Effizienz des »Wie« kann nur Form sein für einen Inhalt, der nicht von der Ökonomie selbst kommen kann. So ist insbesondere die Betriebswirtschaftslehre nicht nur praktisch, sondern schon theoretisch auf die Erkenntnisse der Einzelwissenschaften angewiesen.

Dieses Buch will mit der Konzeption eines systemisch-evolutionären Managements eine Theorie skizzieren, die sich aus interdisziplinären Erkenntnissen ableitet. Ob sich die Ausführungen für Wissenschaft und Praxis als nützlich erweisen, muss sich, wie alles in der Evolution, zeigen. Dabei kann die Formulierung relevanter Fragestellungen manchmal ebenso nützlich sein wie das Auffinden von Antworten. Sogar falsche Theorien können wissenschaftlich fruchtbar sein. Gedanken haben die Macht, die Welt zu verändern, und in jedem theoretischen Konstrukt steckt das Potenzial praktischer Umgestaltung. In diesem Sinne enthält jedes Buch eine eigene Welt.

Systemisches Management bereitet den Weg aus dem Informations- und Wissenszeitalter hin zu einem Zeitalter der Kreativität. (Joyce 2008, 160) Kreativität ist dabei nicht nur auf makroökonomischer Ebene der Wettbewerbsfähigkeit von Unternehmen von Bedeutung, sondern auch auf der mikroökonomischen Ebene der Mitarbeiterführung, Mitarbeiterzufriedenheit und Mitarbeiterbindung. Mitarbeiter, die an ihrer Entfaltung arbeiten dürfen, sind glücklicher und bleiben dem Unternehmen verbunden. Dieser Aspekt wird insbesondere in Zeiten des demografischen Wandels und des damit einhergehenden Mangels an qualifizierten Arbeitskräften an Bedeutung gewinnen.

Immer mehr Menschen wünschen sich eine sinnvolle Arbeit; sie möchten Arbeit als Ausdruck ihrer Persönlichkeit und nicht als notwendiges Übel verstehen. In Zeiten des Arbeitnehmermangels müssen die Unternehmen darauf reagieren. Freude an der Arbeit, abwechslungsreiche, fordernde Tätigkeiten und die Möglichkeit zur eigenen Weiterbildung werden schon heute durchweg als wichtiger eingeschätzt als monetäre Anreize, wie sie in der Nachkriegszeit eine bedeutendere Rolle gespielt haben. (Sprenger 2010) Interessanterweise könnten Unternehmen gerade durch diesen zunächst demografisch entstandenen Zwang, den Potenzialen und den Sinnbedürfnissen ihrer Mitarbeiter gerecht zu werden, eine außergewöhnliche Leistungsbereitschaft der Mitarbeiter entfachen.

Als Faktoren, die erfolgreiches Management in der Zukunft bestimmen, werden immer wieder vor allem eigenverantwortliche Mitarbeiter, Kundenorientierung, Qualität, Innovation und Kooperation genannt. Darüber hinaus werden die Organisationsstrukturen der Zukunft »einfacher und flexibler sein als die starren Kommando- und Kontrollhierarchien, die das 20. Jahrhundert beherrscht haben« (Katzenbach / Smith 2003, 328). Die Arbeit wird sich nicht an Aufgabenbereichen oder Funktionen orientieren, sondern um Prozesse herum organisiert werden, und Teams sowie Projektstrukturen werden als ein wesentlicher Baustein für herausragende Leistung gewählt werden.

Schon die alten Chinesen glaubten, dass eine Situation, die sich bis zum Äußersten entwickelt, sich wenden und in ihr Gegenteil umschlagen muss. (Capra 2000) Die Finanzkrise, die globale Überschuldung, aber auch die Klimakrise haben uns gezeigt, dass sich ein einseitiger Fokus auf die Kapitallogik am Ende nicht auszahlt. Die Ökonomie muss dem Menschen dienen und nicht umgekehrt. Take care of the people and they will take care of the business.

12. Was nun? Der 30-Punkte-Plan systemischer Führung

»Geh immer den kürzesten Weg! Der kürzeste ist der naturgemäße, das heißt, in allen Reden und Handlungen der gesunden Vernunft folgen.«

MARC AUREL

Wenn wir Marc Aurel beim Wort nehmen, können wir uns fragen, ob wir mit den Ausführungen wirklich schon an dem Punkt sind, wo sich systemische Führung ohne Umschweife auch für den Praktiker nutzbar machen lässt. Im Folgenden sollen bewusst plakativ praktische, systemische Imperative formuliert werden, wie sie in der Managementliteratur so beliebt sind und meist gar nicht konkret genug sein können. Wenn sie dem Praxistransfer dienen, haben sie ihre Berechtigung. Der Wissenschaftler möge großzügig darüber hinwegsehen, der Praktiker seinen Nutzen daraus ziehen.

1. Lassen Sie individuelle Arbeitsgewohnheiten sowie individuelle Arbeitszeit- und Lebensgestaltungsmodelle im Unternehmen zu.

2. Fördern Sie Freiheit und Selbstverantwortung, Mitdenken, Kritikfähigkeit und Problemlösungskompetenz bei Ihren Mitarbeitern.

3. Seien Sie Vorbild; seien Sie integer, entscheidungsfreudig, vertrauenswürdig und halten Sie Ihre Versprechen.

4. Suchen Sie nicht nach monokausalen Schuldzuschreibungen, sondern versuchen Sie, die dahinterliegenden Entstehungsprozesse aufzudecken und zu verstehen. Begrüßen Sie Rückschläge als Lehrmeister.

5. Lassen Sie Instabilität zu und moderieren Sie diesen Prozess auch unter Nutzung des individuellen Umgangs (Charaktere, Lebensalter) mit Veränderung.

6. Installieren Sie systematisch Feedback in Ihren Performance-Management-Systemen, insbesondere bei der Führungskräftebeurteilung durch Mitarbeiter. Eine Führungskraft ist nur so gut, wie sie von ihren Mitarbeitern gesehen wird. Ihr Führungserfolg hängt zu einem großen Teil von den Erwartungen Ihrer Mitarbeiter ab. Erfragen Sie diese Erwartungen.

7. Fördern Sie dezentrale Entscheidungsfindungen, und vertrauen Sie auf die entstehende Kreativität, Entscheidungsgeschwindigkeit, Veränderungsfähigkeit und Komplexitätsbewältigung. Die Ideen von heute garantieren Ihren Marktvorteil von morgen.

8. Dezentralisierung mindert den Koordinationsaufwand und steigert die Leistung, setzt aber auch Risikobereitschaft und Vertrauen voraus, denn sie geht mit einer verringerten Kontrolle einher.

9. Setzen Sie auch im internationalen Management auf dezentrale Mischkulturstrategien, insbesondere bei Fusionen.

10. Installieren Sie selbstverantwortliche Teams und Projektgruppen auf Zeit, die sich selbst Aufgaben suchen und auch Verantwortlichkeiten wie Führung oder Nachbesetzung selbst regeln.

11. Teams und Kooperation sind kein Selbstzweck, sondern ein Mittel, um eine höhere Leistungsfähigkeit zu erzielen, als dies Einzelkämpfern möglich wäre. Dabei sind die Kultivierung und Differenzierung individueller Leistung im Team gerade Voraussetzung für das Entstehen kollektiver Intelligenz.

12. Fördern Sie die Vielfalt im Team, da dies die Problemlösungskompetenz erhöht, und ermuntern Sie gegenseitiges Coaching, Feedback und Supervision im Team.

13. Fördern Sie Kooperation, nicht Konkurrenz. Belohnen Sie kooperatives Verhalten und Teamleistung durch Ihre Anreizsysteme. Schaffen Sie Respekt, vertrauensvollen Umgang miteinander und Win-win-Situationen, um herausragende Arbeitserfolge zu erzielen.

14. Richten Sie Ihre Anreizsysteme auf nachhaltige Erfolge aus, da Kooperation sich kurzfristig nicht unbedingt lohnt.

15. Versuchen Sie erst gar nicht, Ihre Mitarbeiter zu motivieren. Motivieren kann sich jeder nur selbst. Anreizsysteme von außen führen nur zu kurzfristigem Denken und Risikovermeidung, und die Anreize müssen ständig wachsen.

16. Streben Sie nicht nach ständigem Wachstum, sondern setzen Sie auf Nachhaltigkeit und damit auf die langfristige Überlebensfähigkeit Ihres Unternehmens. Es geht nicht um permanente Gewinnmaximierung, sondern um die Kunst, im Geschäft zu bleiben.

17. Verhindern Sie, dass Energie in Konkurrenz fließt; diese soll für das produktive Schaffen Ihrer Mitarbeiter eingesetzt werden. Konkurrente Strukturen verlagern die Last der Mediation nach oben. Konkurrente Vergleichsmaßstäbe schaffen keine Objektivität, sondern Stress. Sie mindern Leistung, Produktivität, Lernfähigkeit und schädigen das soziale Gefüge im Unternehmen.

18. Vermeiden Sie Verunsicherung, Druck, Angst und eng kontrollierte Vorgaben. Dies lenkt die Energie Ihrer Mitarbeiter nur auf Krisenmanagement.

19. Person kommt vor Funktion. Lassen Sie die vorhandenen Anforderungsprofile durch Ihre Mitarbeiter lebendig werden, nicht vice versa.

20. Prozess kommt vor Status. Fördern Sie flexible Strukturen, die innerhalb Ihres lebendigen Unternehmensnetzwerkes veränderungsfähig sind.

21. Etablieren Sie ein breites Weiterbildungsprogramm im Unternehmen, und machen Sie Ihre Mitarbeiter zu ihren eigenen Personalentwicklern, indem Sie eine weitgehend freie Wahl der Inhalte zulassen.

22. Etablieren Sie eine professionelle Nachwuchsführungskräfteentwicklung, die auch Methoden und Werte wie Teamarbeit, Kooperation, Selbstorganisation, Vertrauensbildung und respektvollen Umgang umfasst.

23. Der Erfolg Ihres Unternehmens hängt nicht von der Genialität Ihrer Führungskräfte, sondern vom Engagement und Erfindungsgeist aller Mitarbeiter ab.

24. Erfolgreiche Unternehmensentwicklung der Zukunft heißt die Gestaltung selbstorganisierter Netzwerkintelligenz. An ihrer Umsetzung wird sich Führungsleistung messen lassen.

25. Richten Sie Personalentscheidungen nicht nur an vergangenen Leistungen aus, sondern auch an zukünftigen Möglichkeiten, Motiven und Zielen. Ergänzen Sie situative und biografiebezogene Auswahlmethoden und deren Fokus auf nachweisbare Fähigkeiten durch ein Interesse daran, was ein Bewerber will und welches Selbstbild er hat.

26. Treffen Sie wirkliche Ziel*vereinbarungen,* nicht nur, um die Kompetenzen Ihrer Mitarbeiter zu nutzen und ihre Motivation zuzulassen, sondern auch, um frühzeitig Handlungsalternativen »bottom-up« zu erschließen, die Sie für zukünftige Markterfordernisse rüsten.

27. Streben Sie nicht nach personellen Eliten, sondern schaffen Sie eine institutionelle Elite, die außergewöhnliche Leistung begünstigt.

28. Erlauben Sie sich, sinnvoll und produktiv zu stören, indem Sie einen Rahmen für strukturelle Veränderungen schaffen und auch Querdenker und Kritiker als Träger von Instabilität zulassen. Ein gewisses Maß an interner Instabilität ist notwendig, um den wechselnden Markt- und Umweltbedingungen gewachsen zu sein.

29. Werden Sie zum »Architekten von Leistungsräumen«: Halten Sie Ihre Mitarbeiter handlungsfähig, indem Sie Türen öffnen und politische Hindernisse aus dem Weg räumen.

30. Moderieren Sie, fordern Sie heraus, interpretieren Sie, unterstützen Sie, integrieren Sie, erinnern Sie und fassen Sie zusammen. Legen Sie Ihren Fokus nicht auf Kritik, sondern schildern Sie Ihre Beobachtungen und bieten Sie Feedback an. Wenn Sie wollen, nennen Sie es Führung.

Literaturverzeichnis

Achouri, C., Modern Systemic Leadership. A Holistic Approach for Managers, Coaches and HR Professionals. Erlangen, Publicis Mcd, 2010

Achouri, C., Systemic Leadership. Ein innovativer Weg der Personalführung. München, Oldenbourg, 2009

Achouri, C., Systemisch-evolutionäres Management, in: Tagungsband Darwin-meets-Business-Konferenz. Wiesbaden, Gabler, 2010

Achouri, C., Recruiting und Placement. Methoden und Instrumente der Personalauswahl und -platzierung. 2. Auflage, Wiesbaden, Gabler, 2010

Achouri, C., Zeit und Identität. Würzburg, Königshausen & Neumann, 2004

Achouri, C., Der Zusammenhang von Systemtheorie und sokratischer Maieutik, in: Information Philosophie, 2001

Achouri, C., Paradoxale Aspekte empiristischer Ethik. München, Akademischer Verlag, 1998

Agho, A., Perspectives of senior-level-executives on effective followership and leadership, in: Journal of Leadership & Organizational Studies, 16 (2), 159–166, 2009

Albert, M. / Walter, J., Karl W. Deutsch – The Nerves of Government, in: Baecker, D. (Hg.), Schlüsselwerke der Systemtheorie. Wiesbaden, VS Verlag für Sozialwissenschaften / GWV Fachverlage GmbH, 2005

Aristoteles, Metaphysik IX. 8. Auflage, Hamburg, Meiner, 1991

Aristoteles, Sophistische Widerlegungen (Organon VI). Hamburg, Meiner, 1922

Ashforth, B.E. / Humphrey, R.H., Emotion in the workplace: A reappraisal, in: Human Relations, 48 (2), 97–125, 1995

Atwater, L.E. / Yammarino, F.J., Personal attributes as predictors of superiors' and subordinates' perceptions of military academy leadership, in: Human Relations, 46, 645–668, 1993

Axelrod, R., Die Evolution der Kooperation. München, Oldenbourg, 2009

Baecker, D. (Hg.), Schlüsselwerke der Systemtheorie. Wiesbaden, VS Verlag für Sozialwissenschaften / GWV Fachverlage GmbH, 2005

Bales, R.F. / Slater, P.E., Role differentiation in small decision making groups, in: Gibb, C. (Hg.), Leadership. Harmondsworth, 1969

Bandura, A., Self-efficacy: The exercise of control. New York, W.H. Freeman, 1997

Bargh, J.A. / Chartrand, T.L., The Unbearable Automaticity of Being, in: American Psychologist, 54, 462–479, 1999

Bass, B.M. / Waldman, D.A. / Avolio, B.J./Bebb, M., Transformational leadership and the falling dominoes effect, in: Group and Organization Studies, 12, 85–86, 1987

Bass, B.M., From transactional to transformational leadership: Learning to share the vision, in: Organizational Dynamics, 18, 19–36, 1990

Bass, B.M. / Avolio, B.J., Training and development of transformational leadership: Looking to 1992 and beyond, in: European Journal of Industrial Training, 14, 21–27, 1990a

Bass, B.M. / Avolio, B.J., The implications of transactional and transformational leadership for individual, team and organizational development, in: Woodman, R.W. / Passmore, W.A. (Hg.), Research in organizational change and development. Greenwich / CT, JAI Press, 231–272, 1990b

Bass, B.M., Bass and Stogdill's handbook of leadership: Theory, research, and managerial applications. 3. Auflage, New York, Free Press, 1990c

Bass, B.M. / Avolio, B.J., Transformational Leadership: A response to critiques, in: Chemers, M.M./Ayman, R. (Hg.), Leadership theory and research: Perspectives and directions. New York, Academic Press, 49–80, 1993

Bass, B.M., Does the transactional-transformational leadership paradigm transcendend organizational and national boundaries?, in: American Psychologist, 52 (2), 130–139, 1997

Bass, B.M. / Riggio, R.E., Transformational Leadership. Mahwah / NJ, Lawrence Erlbaum Associates, Inc., 2006

Bateson, G., Steps to an Ecology of Mind. Chicago, The University of Chicago Press, 1972

Bau, M. / Wilkesmann, U. (Hg.), Human Resource Management. Vom Stiefkind zum strategischen Partner. Münster, LIT, 2006

Bauer, J., Das kooperative Gen. Abschied vom Darwinismus. Hamburg, Hoffmann und Campe, 2008

Baumhauer, J., Vorwort, in: von Schlippe, A. / Nischak, A. / Hachimi, M.E. (Hg.), Familienunternehmen verstehen. Gründer, Gesellschafter und Generationen. Göttingen, Vandenhoeck & Ruprecht, 2008

Becker, M., Personalwirtschaft. Stuttgart, Schäffer-Poeschel, 2010

Berger, P.L. / Luckmann, Th., Die gesellschaftliche Konstruktion der Wirklichkeit. Frankfurt / M., Fischer, 1980

Bergstrom, A., An Interview with Dr. Bernard M. Bass, Kravis Leadership Institute, in: Leadership Review, Winter 2003

Berkeley, G., An Essay towards a new Theory of Vision. Hard Press, 2006 (Orig. 1709)

Berkeley, G., Principles of Human Knowledge. London, Penguin, 1988 (Orig. 1710)

von Bertalanffy, Ludwig, General System Theory. Foundations, Development, Applications. New York, George Braziller, Inc., 1969

Bettelheim, B., Erziehung zum Überleben. Stuttgart, Deutsche Verlagsanstalt, 1980

Blackmore, S., Die Macht der Meme oder die Evolution von Kultur und Geist. Heidelberg, Spektrum Akademischer Verlag, 2005

Blake, R.R. / Mouton, J.S., The managerial grid. Houston, Gulf Publishing Company, 1964

Block, P., Entfesselte Mitarbeiter. Stuttgart, Schäffer-Poeschel, 1997

Boldt, L.G., Zen and the art of making a living. A practical guide to creative career design. New York, Penguin, 2009

Borsche, T., Wilhelm von Humboldt. München, Beck Verlag, 1990
Brandstätter, J., Emotion, Kognition, Handlung, in: Eckensberger, L./Lantermann, E.D. (Hg.), Emotion und Reflexivität. München, U&S, 252–264, 1985
Briggs, J./Peat, F.D., Turbulent Mirror. An illustrated Guide to Chaos Theory and the Science of Wholeness. New York, Harper & Row, 1989
Brodbeck, F.C./Frese, M./Javidan, M., Leadership made in Germany. Low on compassion, high on performance, in: Academy of Management Executive, 16 (1), 16–29, 2002
Brodbeck, F.C., Navigationshilfe für internationales Change Management, in: Organisationsentwicklung, 27. Jg., Nr. 3, 16–31, 2006
Brodbeck, F.C., Die Suche nach universellen Führungsstandards, in: Wirtschaftspsychologie aktuell, 1/2008
Brosius, J., Echos from the past – are we still in an RNP world?, in: Cytogenet. Genome Res. 110:8, 2005
Bruner, J., Sinn, Kultur und Ich-Identität. Heidelberg, Carl-Auer-Verlag, 1997
Bryman, A., Charisma and Leadership in Organizations. London, Sage, 1992
Buck, H./Kistler, E./Mendius, H.G., Demographischer Wandel in der Arbeitswelt. Chancen für eine innovative Arbeitsgestaltung. Stuttgart, Fraunhofer IRB Verlag, 2002
Bühler, C., Theoretical observations about Life's Basic Tendencies, in: American Journal for Psychotherapy, 13, 561–581, 1959
Burns, J. M., Leadership. New York, Harper & Row, 1978
Capra, F., The Web of Life. A new Scientific Understanding of Living Systems. New York, Anchorbooks, 1996
Capra, F., The Tao of Physics. An Exploration of the Parallels between Modern Physics and Eastern Mysticism. Berkeley/CA, Shambhala, 2000
Capra, F., The Hidden Connections. A Science for Sustainable Living. New York, First Anchor Books Edition, 2002
Capra, F./Exner, A./Königswieser, R., Veränderung im Management – Management der Veränderung, in: Königs-

wieser, R. / Lutz, C. (Hg.), Das systemisch evolutionäre Management. Wien, Orac, 1992

Cavalli-Sforza, L.L. / Feldman, M.W., Cultural Transmission and Evolution: A Quantitative Approach. New Jersey, Princeton University Press, 1981

Chopra, D., Die heilende Kraft. Bergisch-Gladbach, Lübbe, 1990

Claxton, G., Die Macht der Selbsttäuschung. München, Piper, 1997

Collins, J., Der Weg zu den Besten. Die sieben Managementprinzipien für dauerhaften Unternehmenserfolg. München, dtv, 2009

Comelli, G. / von Rosenstiel, L., Führung durch Motivation. Mitarbeiter für Organisationsziele gewinnen. München, Vahlen, 2001

Conger, J.A., The dark side of leadership, in: Organizational Dynamics, 19, 44–55, 1990

Cooper, G.M., et al., Mutational and selective effects on copy-number variants in the human genome, in: Nature Genetics Supplement, 39:22, 2007

Cooperrider, D.L. / Whitney, D., Appreciative Inquiry: A Positive Revolution in Change. New York, McGraw-Hill Professionell, 2005

Csíkszentmihályi, M., Flow. Das Geheimnis des Glücks. Stuttgart, Klett-Cotta, 2010

Damasio, A., Descartes' Irrtum. Berlin, List, 2007

Darwin, C., On the Origin of Species. New York, Dover Publications, Inc., 2006 (Orig. 1859)

Darwin, C., Die Abstammung des Menschen. Stuttgart, Kröner, 2002 (Orig. 1871)

Darwin, C., Mein Leben. Frankfurt / M., Insel, 1993 (Orig. 1887)

Darwin, C., The Variation of Animals and Plants under Domestication. London, John Murray, 1905

Dasborough, M.T. / Ashkanasy, N.M., Emotion and attribution of intentionality in leader-member relationships, in: The Leadership Quarterly, 13, 615–634, 2002

Daum, J. W., Two measures of R.O.I. on intervention-fact or fantasy?, in: Cascio, W.F., Managing human resources: Productivity, Quality of Life, Profits. New York, McGraw-Hill, 1992

Dawkins, R., Das egoistische Gen. Reinbek, Rowohlt, 2001

Dawkins, R., The Blind Watchmaker: Why the evidence of evolution reveals a universe without design. New York, W.W. Norton & Company, 1987

Dawkins, R., The Selfish Gene. Oxford University Press, 1989

Dawkins, R., The Ancestor's Tale. A Pilgrimage to the Dawn of Evolution. Boston, Mariner Books, 2005

Dawkins, R., Vorwort, in: Blackmore, S., Die Macht der Meme oder die Evolution von Kultur und Geist. Heidelberg, Spektrum Akademischer Verlag, 2005a

Deci, E.L. / Ryan, R.M., A motivational approach to self-integration in personality, in: Dienstbier, R. (Hg.), Nebraska Symposium on motivation, Vol. 38, 237–288. Lincoln, University of Nebraska Press, 1991

Den Hartog, D.N. / House, R.J. / Hanges, P.J. / Ruiz-Quintanilla, S.A. / Dorfman, P.W., Culture specific and cross-cultural generalizable implicit leadership theories: Are attributes of charismatic / transformational leadership universally endorsed?, in: The Leadership Quarterly, 10, 219–256, 1999

Dennett, D., Philosophie des menschlichen Bewußtseins. Hamburg, Hoffmann und Campe, 1994

Diettrich, O., Kognitive und gesellschaftliche Evolution. Berlin / Hamburg, Paul Parey, 1989

Ditfurth, H. von, Evolution und Transzendenz, in: Die Evolutionäre Erkenntnistheorie. Bedingungen, Lösungen, Kontroversen, hg. von R. Riedl und F. Wuketits. Berlin, Paul Parey, 1987

Dorfman, P. W. / House, R. J., Cultural Influences on Organizational Leadership, in: House et al., 2004

Drucker, P.F., The Changing World of the Executive. Harvard Business School Press, 1982 / 2010

Drucker, P.F., et al., Die fünf entscheidenden Fragen des Managements. Weinheim, Wiley-VCH, 2009

Dürr, D. / Teufel, S., Bohemian Mechanics. Berlin / Heidelberg, Springer, 2009

Eagly, A.H. / Crowley, M., Gender and helping behaviour: A meta-analytic review of the social psychological literature, in: Psychological Bulletin, 100, 283–308, 1986

Eigen, M., Stufen zum Leben. Die frühe Evolution im Visier der Molekularbiologie. München, Piper, 1987

Eigen, M. / Winkler, R., Das Spiel. Naturgesetze steuern den Zufall. München, Piper, 1996

Elger, C.E., Neuroleadership. Erkenntnisse der Hirnforschung für die Führung von Mitarbeitern. München, Haufe, 2009

Esposito, E., Heinz von Foerster – Observing Systems, in: Baecker, D. (Hg.), Schlüsselwerke der Systemtheorie. Wiesbaden, VS Verlag für Sozialwissenschaften / GWV Fachverlage GmbH, 2005

Fatke, R., Einführung, in: Piaget, J., Meine Theorie der geistigen Entwicklung. Weinheim, Beltz, 2003

Feyerabend, P., Erkenntnis für freie Menschen. Frankfurt / M., Suhrkamp, 2007

Fichte, J. G., Die Bestimmung des Menschen. Stuttgart, Reclam, 1962

Fiedler, F.E. / Mai-Dalton, R., Führungstheorie-Kontingenztheorie, in: Kieser, A. / Reber, G. / Wunderer, R. (Hg.), Handwörterbuch der Führung. Stuttgart, Schäffer-Poeschel, 1995

Fisher, R. / Ury, W.L., Getting to Yes: Negotiating an agreement without giving in. London, Random House, 2003

Fleishman, E.A. / Harris, E.F. / Burtt, H.E., Leadership and supervision in industry. Columbus, Ohio State University, 1955

Forrester, J.W., Der teuflische Regelkreis. Stuttgart, DVA, 1971

François, C. (Hg.), International Encyclopedia of Systems and Cybernetics. München, Saur, 1997

Fromm, E., Anatomie der menschlichen Destruktivität. Reinbek, Rowohlt, 1991 (Orig. 1973)

Fromm, E., Haben oder Sein. Die seelischen Grundlagen einer neuen Gesellschaft. München, dtv, 1987

Fuchs, J., Demographische Alterung und Arbeitskräftepotenzial, in: IAB-Colloquium »Praxis trifft Wissenschaft«, Eine Frage des Alters. Herausforderungen für eine zukunftsorientierte Beschäftigungspolitik. Nürnberg, Lauf, 2003

Fuchs, S., Talcott Parsons – The Social System. New York, 1951, in: Baecker, D. (Hg.), Schlüsselwerke der Systemtheorie. Wiesbaden, VV Verlag für Sozialwissenschaften / GWV Fachverlage GmbH, 2005

Gal, R., Commitment and obedience in the military: An Israeli case study, in: Armed Forces and Society, 11, 553–564, 1985

Gell-Mann, M., The Quark and the Jaguar. Adventures in the Simple and the Complex. New York, W.H. Freeman and Company, 1994

Gergen, K., Konstruierte Wirklichkeiten. Eine Hinführung zum sozialen Konstruktionismus. Stuttgart, Kohlhammer, 2002

Ghiselin, M., The Economy of Nature and the Evolution of Sex. Berkeley, University of California Press, 1974

Gibbons, T.C., Revisiting: The question of born vs. made: Toward a theory of development of transformational leaders. Unveröffentlichte Dissertation, Santa Barbara / CA, Fielding Institute, 1986

Glasersfeld, E. von, Radikaler Konstruktivismus. Berlin, Suhrkamp, 1997

Goleman, D. / Boyatzis, R. / McKee, A., Emotionale Führung. Berlin, Ullstein, 2007

Gould, S.J. / Eldredge, N., Punctuated equilibrium comes of age, in: Nature, 366, 223, 1993

Gräfrath, B., Evolutionäre Ethik? Philosophische Programme, Probleme und Perspektiven der Soziobiologie. Berlin / New York, Walter de Gruyter, 1997

Hackman, J.R. / Oldham, G.R., Motivation through the design of work. Test of a theory, in: Organizational Behavior and Human Performance, 16, 250–279, 1976

Hackman, J.R. / Oldham, G.R., Word redesign. Reading / MA, Addison-Wesley, 1980

Haft, F. / von Schlieffen, K. (Hg.), Handbuch der Mediation. München, Beck Juristischer Verlag, 2008

Haken, H., Ist der Mensch ein dynamisches System?, in: von Schlippe, A. / Kriz, W.C. (Hg.), Personzentrierung und Systemtheorie. Perspektiven für psychotherapeutisches Handeln. Göttingen, Vandenhoeck & Ruprecht, 2004

Handy, C.B., The Age of Unreason. London, Arrow Business Books, 1995

Hawking, S., Die kürzeste Geschichte der Zeit. Reinbek, Rowohlt, 2009

Hegel, G.W.F., Die Phänomenologie des Geistes. Hamburg, Meiner, 1988 (Orig. 1807)

Heisenberg, W., Quantentheorie und Physik. Stuttgart, Reclam, 2006

Hell, B./Boramir, I./Schaar, H./Schuler, H., Interne Personalauswahl und Personalentwicklung in deutschen Unternehmen, in: Wirtschaftspsychologie, 1/2006, 8. Jahrgang. Lengerich, Pabst Science Publishers.

Helmreich, R.L., et al., The Honeymoon Effect in Job Performance. Temporal Increases in the Predictive Power of Achievement Motivation, in: Journal of Applied Psychology, 71, 185–188, 1986

Hersey, P./Blanchard, K., Management of organizational behaviour. Utilizing human resources. Englewood Cliffs/NJ, Prentice Hall, 1987

Hinterhuber, H., Leadership. Strategisches Denken systematisch schulen von Sokrates bis heute. Frankfurt/M., Frankfurter Allgemeine Buch, 2007

Hirschleifer, J., The expanding domain of economics, in: American Economic Review, Bd. 75, Nr. 6, 1986

Hobbes, Th., Leviathan. Cambridge University Press, 1996 (Orig. 1651)

Hoffmann, D., Max Planck. Die Entstehung der modernen Physik. München, C.H. Beck, 2008

Hollander, E.P., Leadership, followership, self and others, in: Leadership Quarterly, 3, 43–54, 1992

House, R.J., A 1976 theory of charismatic leadership, in: Hunt, J.G/Larson, L.L. (Hg.), Leadership. The cutting edge. Carbondale, Southern Illinois State University Press, 189–207, 1977

House, R.J./Hanges, P.J./Javidan, M./Dorfman, P.W./Gupta, V. (Hg.), Culture, Leadership, and Organizations. The GLOBE Study of 62 Societies. Thousand Oaks/CA, Sage, 2004

Humboldt, W. von, Werkausgabe in 7 Bänden, hg. von C. Brandes, ND Berlin, 1988

Hume, D., A treatise of human nature. Oxford, Clarendon Press, 1978 (Orig. 1739)

Hume, D., Enquiries concerning human understanding and concerning the principles of morals. Oxford, Clarendon Press, 1975 (Orig. 1748/1751)

Hüther, G., Andere motivieren zu wollen, ist hirntechnischer Unsinn, in: Zeitschrift Führung + Organisation, 3/2009

Irrgang, B., Lehrbuch der Evolutionären Erkenntnistheorie. München, Reinhardt, 1993

Isaacs, W., Dialog als Kunst gemeinsam zu denken. Die neue Kommunikationskultur in Organisationen. Bergisch Gladbach, EHP, 2002

Jantsch, E., Die Selbstorganisation des Universums. Vom Urknall zum menschlichen Geist. München, Hanser, 1992

Johnson, S., Emergence. The connected lives of ants, brains, cities and software. New York, Penguin, 2001

Joyce, S.J., Das Geheimnis des Ameisenhügels. Kooperative Intelligenz im Unternehmen entwickeln. Weinheim, Wiley-VCH, 2008

Joyce, W./Nohria, N./Roberson, B., Wie erfolgreiche Unternehmen arbeiten. Die 4+2-Formel für nachhaltigen Erfolg. Stuttgart, Klett-Cotta, 2005

Jung, D.I./Sosik, J.J., Transformational leadership in work groups: The role of empowerment, cohesiveness, and collective-efficacy on perceived group performance, in: Small Group Research, 33, 313–336, 2002

Jung, D.I./Sosik, J.J./Bass, B.M., Bridging leadership and cultures. A theoretical consideration of transformational leadership and collectivistic cultures, in: Journal of Management Inquiry, 2, 3–18, 1995

Kant, I., Kritik der reinen Vernunft. Hamburg, Meiner, 1990

Kant, I., Kritik der praktischen Vernunft. Hamburg, Meiner, 2003

Katz, D./Macoby, N./Morse, N.C., Productivity, supervision and morale in an office situation. Ann Arbor, University of Michigan, 1950

Katzenbach, J.R./Smith, D.K., Teams. Der Schlüssel zur Hochleistungsorganisation. Frankfurt/M., Redline Wirtschaft bei Moderne Industrie, 2003

Kauffman, S., The origins of order. Self-Organization and Selection in Evolution. New York, Oxford University Press, 1993

Kauffman, S., At Home at the Universe. The search for the Laws of Self-Organization and Complexity. New York, Oxford University Press, 1995

Kauffman, S., Der Öltropfen im Wasser. Chaos, Komplexität, Selbstorganisation in Natur und Gesellschaft. München, Piper, 1998

Kempermann, G., Neue Zellen braucht der Mensch: Die Stammzellforschung und die Revolution der Medizin. München, Piper, 2008

Kersting, M., Stand, Herausforderungen und Perspektiven der Managementdiagnostik, in: Personalführung, hg. von der DGFP, Düsseldorf, 10/2006

Kießling-Sonntag, J., Handbuch Mitarbeitergespräche. Berlin, Cornelsen, 2000

Kitcher, P., Evolution. Wie kommt man von dort nach hier?, in: de Waal, F., Primaten und Philosophen. Wie die Evolution die Moral hervorbrachte. München, Carl Hanser, 2008

Kohn, L.S./Dipboye, R.L., The effects of interview structure on recruiting outcomes, in: Journal of Applied Social Psychology, 28, 821–843, 1998

Kohn, A., Mit vereinten Kräften. Warum Kooperation der Konkurrenz überlegen ist. Weinheim, Beltz, 1989

Königswieser, R./Lutz, C. (Hg.), Das systemisch evolutionäre Management. Wien, Orac, 1992

Königswieser, R./Exner, A., Systemische Intervention. Architekturen und Designs für Berater und Veränderungsmanager. Stuttgart, Klett-Cotta, 1998

Königswieser, R./Hillebrand, M., Einführung in die systemische Organisationsberatung. Heidelberg, Carl-Auer-Verlag, 2004

Krieger, D.J., Einführung in die allgemeine Systemtheorie. München, Fink, 1998

Kriz, J., Synergetik in der klinischen Psychologie. Forschungsberichte aus dem Fachbereich Psychologie der Universität Osnabrück, Nr. 73, 1989

Kriz, J., Personzentrierte Systemtheorie – Grundfragen und Kernaspekte, in: von Schlippe, A. / Kriz, W.C. (Hg.), Personzentrierung und Systemtheorie. Perspektiven für psychotherapeutisches Handeln. Göttingen, Vandenhoeck & Ruprecht, 2004

Krohn, W. / Cruse, H., Das Prinzip der Autopoiesis. Über Humberto R. Maturana und Francisco J. Varela, »Autopoiesis and Cognition«, in: Baecker, D. (Hg.), Schlüsselwerke der Systemtheorie. Wiesbaden, VV Verlag für Sozialwissenschaften / GWV Fachverlage GmbH, 2005

Kropotkin, P., Gegenseitige Hilfe in der Tier- und Menschenwelt. Leipzig, Theod. Thomas, 1908

Kruse, P., Next Practice. Erfolgreiches Management von Instabilität. Veränderung durch Vernetzung. Offenbach, Gabal, 2009

Kuhn, T., Internes Unternehmertum. München, Vahlen, 2000

Kurzweil, R., The singularity is near. When humans transcend biology. New York, Penguin, 2006

Kutschera, U., Tatsache Evolution. Was Darwin nicht wissen konnte. München, dtv, 2009

Kutschker, M. / Schmid, S., Internationales Management. München, Oldenbourg, 2008

Laplace, P.S. de, Philosophischer Versuch über die Wahrscheinlichkeit. Frankfurt / M., Harri Deutsch, 1996 (Orig. 1814)

Laughlin, R.B., Abschied von der Weltformel. Die Neuerfindung der Physik. München, Piper, 2009

Leibniz, G.W., Monadologie, Französich/Deutsch. Stuttgart, Reclam, 1998 (Orig. 1720)

Leibold, M. / Voelpel, S., Managing the aging Workforce. Challenges and Solutions. Erlangen, Publicis Mcd, 2006

Leinfellner, W., Evolutionäre Erkenntnistheorie und Spieltheorie, in: Die Evolutionäre Erkenntnistheorie. Bedingungen, Lösungen, Kontroversen, hg. von R. Riedl und F. Wuketits. Berlin, Paul Parey, 1987

Levinson, H., Power, leadership and the management of stress, in: Professional Psychology, 11, 497–508, 1980

Lewin, K., Field theory in social science (selected theoretical papers). New York, Harper & Row, 1951

Lewontin, R. G., Die Dreifachhelix. Gen, Organismus und Umwelt. Berlin, Springer, 2002

Libet, B., Unconscious cerebral initiative and the role of conscious will in voluntary action, in: Behavioral and Brain Science, 8, 529–539, 1985

Lieberson, S. / O'Connor, J.F., Leadership and Organizational Performance. A Study of Large Corporations, in: American Sociological Review, 37, 1972

Locke, J., An essay concerning human understanding. Oxford, Clarendon Press, 1979 (Orig. 1690)

Lord, R. G. / Maher, K.J., Leadership and Information Processing, Linking Perceptions and Performance. People and Organizations. Vol. 1, Boston / MA, Unwin Hyman, 1991

Lorenz, K., Die Naturwissenschaft vom Menschen. Eine Einführung in die vergleichende Verhaltensforschung. München, Piper, 1992

Lovelock, J. E., Healing Gaia. New York, Harmony Books, 1991

Löwenhard, P., Mind and Brain – reduction or correlation?, in: Radnitzky, G. (Hg.), The search for unity in the sciences. New York, Paragon House, 1987

Lueger, M., Macht und Herrschaft in Organisationen, in: Königswieser, R. / Lutz, C. (Hg.), Das systemisch evolutionäre Management. Wien, Orac, 1992

Luhmann, N., Einführung in die Systemtheorie. Heidelberg, Carl-Auer-Verlag, 2002

Lumsden, C. J. / Wilson, E.O., Genes, Mind and Culture. Cambridge, Harvard University Press, 1981

Lutterer, W., Gregory Bateson – Steps to an Ecology of Mind, in: Baecker, D. (Hg.), Schlüsselwerke der Systemtheorie. Wiesbaden, Vs Verlag für Sozialwissenschaften / GWV Fachverlage GmbH, 2005

Lutz, C., Unternehmensführung im Zeitalter der Kommunikation, in: Königswieser, R. / Lutz, C. (Hg.), Das systemisch evolutionäre Management. Wien, Orac, 1992

Mainzer, K., Der kreative Zufall. Wie das Neue in die Welt kommt. München, C.H. Beck, 2007

Malik, F., Führen, Leisten, Leben. München, Heyne, 2001

Malik, F., Systemisches Management, Evolution, Selbstorganisation. Bern, Haupt, 2009

Margulis, L., Origin of Eukaryotic Cells. New Haven, Yale University Press, 1970
Margulis, L., Symbiotic Planet. New York, Basic Books, 1998
Margulis, L. / Lovelock, J., Biological Modulation of the Earth's Atmosphere, in: Icarus, 21, 471–489, 1974
Margulis, L. / Sagan, D., Microcosmos. New York, Summit Books, 1986
Martin, G., Sokrates. Reinbek, Rowohlt, 1967
Marx, K., Ökonomisch-philosophische Manuskripte. Hamburg, Meiner, 2008 (Orig. 1844)
Marx, K., Das Kapital, Bd. 1. Berlin, Dietz, 2008 (Orig. 1867)
Maturana, H.R. / Varela, F.J., The Tree of Knowledge. The Biological Roots of Human Understanding. Boston, Shambhala, 1987
Maturana, H.R. / Varela, F.J., Der Baum der Erkenntnis. München, Goldmann, 1987
May, B. / Moore, P. / Lintott, C., Bang. Die ganze Geschichte des Universums. Stuttgart, Kosmos, 2007
Mayr, E., Toward a New Philosophy of Biology: Observations of an Evolutionist. Harvard University Press (Belknap), 1988
McGregor, D., The human side of Enterprise. New York, McGraw-Hill, 1960
Medawar, P., Lamarckism, in: Bullock, A. / Stallybrass, O. (Hg.), The Fontana Dictionary of modern Thought. London, Fontana, 1977
Meyer, C. / Davis, S., It's Alive: The Coming Convergence of Information, Biology, and Business. New York, Crown Business, 2003
Miermont, J., Komplexität durch Rauschen. Über Henri Atlans »Entre le cristal et la fumée: Essais sur l'organisation du vivant«, in: Baecker, D. (Hg.), Schlüsselwerke der Systemtheorie. Wiesbaden, VS Verlag für Sozialwissenschaften / GWV Fachverlage GmbH, 2005
Mingers, S., Systemische Organisationsberatung: Eine Konfrontation von Theorie und Praxis. Frankfurt / M., Campus, 1996
Misumi, J., The behavioural science of leadership. An interdisciplinary Japanese research program. Ann Arbor, University of Michigan Press, 1985

Mittelstaedt, P., Sprache der Physik, in: Dürr, H. (Hg.), Quanten und Felder. Braunschweig, Vieweg & Sohn, 1971

Mohr, H., Diskussion, in: Die Evolutionäre Erkenntnistheorie. Bedingungen, Lösungen, Kontroversen, hg. von R. Riedl und F. Wuketits. Berlin, Paul Parey, 1987

Mohr, H., Evolutionäre Erkenntnistheorie, Ethik und Moral, in: Die Evolutionäre Erkenntnistheorie. Bedingungen, Lösungen, Kontroversen, hg. von R. Riedl und F. Wuketits. Berlin, Paul Parey, 1987a

Moltke, H. von, Militärische Werke, hg. vom Großen Generalstab, 13 Bde. Berlin, E.S. Mittler, 1892

Montessori, M., Grundlagen meiner Pädagogik. Wiebelsheim, Quelle & Meyer, 2009

Morgan, G., Images of the Organization. Thousand Oaks / CA, Sage, 1998

Müller Tiberini, F., Werte und Werteorientierung in Familienunternehmen: Fundament und Kompass zugleich, in: von Schlippe, A. / Nischak, A. / Hachimi, M.E. (Hg.), Familienunternehmen verstehen. Gründer, Gesellschafter und Generationen. Göttingen, Vandenhoeck & Ruprecht, 2008

Münsterberg, H., Psychologie und Wirtschaftsleben. Leipzig, Barth, 1912

Myers, I.B. / McCauley, M.H., Manual: A guide to the development and use of the Myers-Briggs type indicator. Palo Alto / CA, Consulting Psychologists Press, 1985

Neuberger, O., Führen und führen lassen. Stuttgart, Lucius & Lucius, 2002

Nietzsche, F., Kritische Studienausgabe, hg. von G. Colli und M. Montinari. München, dtv, 1988

Ober, J. / Macedo, St., Einleitung, in: de Waal, F., Primaten und Philosophen. Wie die Evolution die Moral hervorbrachte. München, Carl Hanser, 2008

Oeser, E., Das Realitätsproblem, in: Die Evolutionäre Erkenntnistheorie. Bedingungen, Lösungen, Kontroversen, hg. von R. Riedl und F. Wuketits. Berlin, Paul Parey, 1987

Oeser, E., Zusammenfassender Kommentar, in: Die Evolutionäre Erkenntnistheorie. Bedingungen, Lösungen, Kontroversen, hg. von R. Riedl und F. Wuketits. Berlin, Paul Parey, 1987a

Offerman, L.R. / Gowing, M.K., Organizations of the future: Changes and challenges, in: American Psychologist, 45, 95–108, 1990

Offerman, L.R. / Phan, L.U., Culturally intelligent leadership for a diverse world, in: Riggio, R.E. / Murphy, S.E. / Pirozzolo, F.J. (Hg.), Multiple intelligences and leadership. Mahwah / NJ, Lawrence Erlbaum Associates, 187–214, 2002

Omer, H. / Schlippe, A. von, Autorität durch Beziehung. Die Praxis des gewaltlosen Widerstands in der Erziehung. Göttingen, Vandenhoeck & Ruprecht, 2008

Orlik, T., Kooperative Spiele. Herausforderung ohne Konkurrenz. Weinheim, Beltz, 1982

Osten, P., Evolution, Familie und Persönlichkeitsentwicklung. Integrative Perspektiven in der Ätiologie psychischer Störungen. Wien, Krammer, 2008

Otto, K.-St., Mit Evolutionsmanagement Krisen erfolgreich durchsteuern, in: Otto, K.-St. / Speck, T. (Hg.), Darwin meets Business. Evolutionäre und bionische Lösungen für die Wirtschaft. Wiesbaden, Gabler 2010

Otto, K.-St. / Nolting, U. / Bässler, Chr., Evolutionsmanagement: Von der Natur lernen: Unternehmen entwickeln und langfristig steuern. München, Hanser, 2006

Otto, K.-St. / Ondarza, M. von, Darwin meets Business. Ein neues Wirtschaften – von der Natur lernen. Das Buch zur Ausstellung. Berlin, Dr. Otto Training und Consulting, 2009

Packard, V., The Hidden Persuaders. New York, IG Pub, 2007

Parsons, T., The Social System. New York, Free Press, 1951

Pauchant, T., Transferential Leadership: Towards a more complex understanding of charisma in organizations, in: Organizational Studies, 12 (4), 507–527, 1991

Pelz, D.C., Influence: A key to effective leadership in the first line supervisor, in: Personnel, 29, 1952

Pestalozzi, J.H., Sämtliche Werke. Berlin, de Gruyter, 1927

Peters, T.J. / Waterman, R.H., Auf der Suche nach Spitzenleistungen. Landsberg, Moderne Industrie, 1984

Pfannenschwarz, A., Qualifikation von Unternehmensnachfolgern, in: von Schlippe, A. / Nischak, A. / Hachimi, M.E.

(Hg.), Familienunternehmen verstehen. Gründer, Gesellschafter und Generationen. Göttingen, Vandenhoeck & Ruprecht, 2008

Pfeffer, J. / Salancik, G., The External Control of Organizations. A Resource Dependence Perspective. New York, Harper & Row, 1978

Piaget, J., The psychology of the child. New York, Basic Books, 1972

Piaget, J., Theorien und Methoden der modernen Erziehung. Frankfurt / M., Fischer, 1999

Piaget, J., Meine Theorie der geistigen Entwicklung. Weinheim, Beltz, 2003

Pinchot, G., Intrapreneuring – Mitarbeiter als Unternehmer. Wiesbaden, Gabler, 1988

Pinnow, D.F., Führen. Worauf es wirklich ankommt. Wiesbaden, Gabler 2009

Platon, Sämtliche Dialoge, Bd. I und II. Hamburg, Meiner, 1988

Popper, K., Logik der Forschung. Tübingen, Mohr Siebeck, 2005 (Orig. 1934)

Popper, K.R., Objektive Erkenntnis. Hamburg, Hoffmann und Campe, 1998 (Orig. 1972)

Popper, K., Die erkenntnistheoretische Position der evolutionären Erkenntnistheorie, in: Die Evolutionäre Erkenntnistheorie. Bedingungen, Lösungen, Kontroversen, hg. von R. Riedl und F. Wuketits. Berlin, Paul Parey, 1987

Popper, K.R. / Eccles, J.C., The Self and its Brain: An Argument for Interactionism. Berlin, Springer, 1977

Porter, L.W. / Lawler, E.E., Managerial Attitude and Performance. Hanenwood, Irwin, 1968

Porter, N. / Geis, F.L. / Cooper, E. / Newman, E., Androgyny and leadership in mixed sex-groups, in: Journal of Personality and Social Psychology, 49, 808–823, 1985

Radnitzky, G., Erkenntnistheoretische Probleme im Licht von Evolutionstheorie und Ökonomie: Die Entwicklung von Erkenntnisapparaturen und epistemischen Ressourcen, in: Die Evolutionäre Erkenntnistheorie. Bedingungen, Lösungen, Kontroversen, hg. von R. Riedl und F. Wuketits. Berlin, Paul Parey, 1987

Radnitzky, G. / Bernholz, P. (Hg.), Economic imperialism: The economic approach applied outside the field of economics. New York, Paragon House, 1987
Redfield, R., Introduction to B. Malinowski, Magic, Science and Religion. Boston, Beacon Press, 1948
Rescher, N., Warum sind wir nicht klüger? Der evolutionäre Nutzen von Dummheit und Klugheit. Stuttgart, Hirzel, 1994
Richerson, P. J. / Boyd, R., Cultural inheritance and evolutionary ecology, in: Smith, E. A. / Winterhalder, B. (Hg.), Evolutionary Ecology and Human Behavior. Chicago, de Gruyter, 61–92, 1992
Ridder, H.G., Personalwirtschaftslehre. Stuttgart, Kohlhammer, 1999
Ridley, M., Die Biologie der Tugend. Warum es sich lohnt, gut zu sein. Berlin, Ullstein, 1999
Riedl, R. / Wuketits, F. (Hg.), Die Evolutionäre Erkenntnistheorie. Bedingungen, Lösungen, Kontroversen. Berlin, Paul Parey, 1987
Rock, D., Your Brain at Work. New York, HarperBusiness, 2009
Rosinski, H., Die deutsche Armee. Düsseldorf, Econ, 1970
Roth, G., Autopoiese und Kognition, in: Schmidt, S.J. (Hg.), Der Diskurs des radikalen Konstruktivismus. Frankfurt / M., Suhrkamp, 1987
Rudolph, U., Motivationspsychologie. Weinheim, PVU, 2003
Runde, B., Coaching als synergetischer Prozess, in: Schlippe, A. von / Kriz, W. C. (Hg.), Personzentrierung und Systemtheorie. Perspektiven für psychotherapeutisches Handeln. Göttingen, Vandenhoeck & Ruprecht, 2004
Sadler, Ph., Leadership. London, Kogan Page, 2003
Schaefer, H. / Novak, P., Anthropologie und Biophysik, in: Gadamer, H.-G. / Vogler, P., Biologische Anthropologie, Bd. 1. München, dtv, 1989
Scheidt, F., Grundfragen der Erkenntnisphilosophie. München, UTB, 1986
Schiepek, G., Synergetisches Prozessmanagement, in: Schlippe, A. von/ Kriz, W.C. (Hg.), Personzentrierung und Systemtheorie. Perspektiven für psychotherapeutisches Handeln. Göttingen, Vandenhoeck & Ruprecht, 2004

Schlippe, A. von / Schweitzer, J., Lehrbuch der systemischen Therapie und Beratung. Göttingen, Vandenhoeck & Ruprecht, 2007
Schlippe, A. von / Nischak, A. / Hachimi, M.E. (Hg.), Familienunternehmen verstehen. Gründer, Gesellschafter und Generationen. Göttingen, Vandenhoeck & Ruprecht, 2008
Schlippe, A. von / Rüsen, T. / Groth, T. (Hg.), Beiträge zur Theorie des Familienunternehmens. Schriften zu Familienunternehmen, Bd. 1. Köln, Josef Eul, 2009
Schuler, H. / Höft, S., Diagnose beruflicher Eignung und Leistung, in: Schuler, H. (Hg.), Lehrbuch Organisationspsychologie. Bern, Huber, 2007
Schwartz, J.M., The Mind and the Brain: Neuroplasticity and the Power of Mental Force. New York, Harper Perennial, 2003
Schwemmler, W., Symbiogenese als Motor der Evolution. Grundriß einer theoretischen Biologie. Berlin / Hamburg, Paul Parey, 1991
Scott, B., Selbstbeobachtung. Über Ranulph Glanvilles Buch »Objekte«, in: Baecker, D. (Hg.), Schlüsselwerke der Systemtheorie. Wiesbaden, VS Verlag für Sozialwissenschaften / GWV Fachverlage GmbH, 2005
Shamir, B. / House, R.J./Arthur, M.B., The motivational effects of charismatic leadership. A self-concept based theory, in: Organization Science, 4, 577–594, 1993
Shazer, St. de, Putting difference to work. New York, W. W. Norton & Co., 1991
Sheldrake, R., Das schöpferische Universum. Die Theorie des morphogenetischen Feldes. Berlin, Ullstein, 2009
Simon, F.B., Einführung in Systemtheorie und Konstruktivismus. Heidelberg, Carl-Auer-Verlag, 2007
Simon, F.B., Einführung in die systemische Organisationstheorie. Heidelberg, Carl-Auer-Verlag, 2007a
Simon, F.B., Einführung in die systemische Wirtschaftstheorie. Heidelberg, Carl-Auer-Verlag, 2009
Simon, F.B., Im Netzwerk der Kommunikation, in: Baecker, D. (Hg.), Schlüsselwerke der Systemtheorie. Wiesbaden, VS Verlag für Sozialwissenschaften / GWV Fachverlage GmbH, 2005
Simons, P.R.J., Lernen, selbständig zu lernen – ein Rahmen-

modell, in: H. Mandl / H.F. Friedrich (Hg.), Lern- und Denkstrategien. Analyse und Intervention. Göttingen, Hogrefe, 1992
Simpson, G.G., Biology and the nature of science, in: Science, 139, 1963
Singer, P., Wie sollen wir leben? Ethik in einer egoistischen Zeit. München, dtv, 2004
Singer, P., Moral, Vernunft und die Tierrechte, in: de Waal, F., Primaten und Philosophen. Wie die Evolution die Moral hervorbrachte. München, Carl Hanser, 2008
Smith, A., Der Wohlstand der Nationen: Eine Untersuchung seiner Natur und seiner Ursachen. München, dtv, 1999 (Orig. 1776)
Spaemann, R., Sein und Gewordensein. Was erklärt die Evolutionstheorie?, in: Evolutionstheorie und menschliches Selbstverständnis, hg. von R. Spaemann, P. Koslowski und R. Löw, Civitas Resultate, Bd. 6. Weinheim, Acta humaniora, 1984
Spaemann, R., Eine materialistische Erklärung des Gegensatzes von Idealismus und Materialismus, in: Die Evolutionäre Erkenntnistheorie. Bedingungen, Lösungen, Kontroversen, hg. von R. Riedl und F. Wuketits. Berlin, Paul Parey, 1987
Spaemann, R., Diskussion, in: Die Evolutionäre Erkenntnistheorie. Bedingungen, Lösungen, Kontroversen, hg. von R. Riedl und F. Wuketits. Berlin, Paul Parey, 1987a
Sparrer, I., Wunder, Lösung und System. Heidelberg, Carl-Auer-Verlag, 2006
Sparrer, I., Einführung in Lösungsfokussierung und Systemische Strukturaufstellungen. Heidelberg, Carl-Auer-Verlag, 2007
Sprenger, R.K., Führung muss neu gedacht werden, in: Personalführung, 6/2001
Sprenger, R.K., Mythos Motivation. Frankfurt / M., Campus, 2010
Stahlberg, D. / Frey, D., Einstellungen, Struktur, Messung und Funktion, in: Stroebe, W., et al., Sozialpsychologie. Eine Einführung. Berlin, Springer, 219–252, 1996
Steinkellner, P., Systemische Intervention in der Mitarbeiterführung. Heidelberg, Carl-Auer-Verlag, 2007

Stichweh, R., Automaten. Über Norbert Wiener, »Cybernetics or Control and Communication in the Animal and the Machine«, in: Baecker, D. (Hg.), Schlüsselwerke der Systemtheorie. Wiesbaden, VS Verlag für Sozialwissenschaften / GWV Fachverlage GmbH, 2005

Störig, H.J., Weltgeschichte der Philosophie. Stuttgart, Kohlhammer, 1981

Stroebe, W. / Jonas, K., Grundsätze des Einstellungserwerbs und Strategien der Einstellungsveränderung, in: Stroebe, W., et al., Sozialpsychologie. Eine Einführung. Berlin, Springer, 253–292, 1996

Struck, K.-G., Der Coaching-Prozess. Der Weg zu Qualität: Leitfragen und Methoden. Erlangen, Publicis Mcd, 2006

Surowiecki, J., Die Weisheit der Vielen. Warum Gruppen klüger sind als Einzelne. München, Goldmann, 2007

Thomas, A.B., Does Leadership Make a Difference to Organizational Performance?, in: Administrative Science Quarterly, 33, 1988

Tomm, K., Die Fragen des Beobachters. Schritte zu einer Kybernetik zweiter Ordnung in der Therapie. Heidelberg, Carl-Auer-Verlag, 1994

Tracey, J.B. / Hinkin, T.R., Transformational leadership or effective managerial practices?, in: Group and Organization Management, 23, 220–236, 1998

Trivers, R.L., The evolution of reciprocal altruism, in: Quarterly Review of Biology, 46, 35–57, 1971

Tschacher, W., Kognitive Selbstorganisation als theoretische Grundlage, in: Schlippe, A. von / Kriz, W.C. (Hg.), Personzentrierung und Systemtheorie. Perspektiven für psychotherapeutisches Handeln. Göttingen, Vandenhoeck & Ruprecht, 2004

Ullman, S., Against direct perception. Behavioral and Brain Sciences, 3, 373–415, 1980

Ulrich, H., Die Unternehmung als produktives soziales System. Bern, Haupt, 1971

Varela, F. J., Kognitionswissenschaft – Kognitionstechnik. Frankfurt / M., Suhrkamp, 1990

Vaupel, M., Leadership Asset Approach. Wiesbaden, Gabler, 2008

Vecchio, R.P., Effective followership. Leadership turned upside down, in: Vecchio, R.P. (Hg.), Leadership: Understanding the dynamics of power and influence in organizations. Notre Dame / IN, University of Notre Dame Press, 114–123, 1997

Vester, F., Unsere Welt – ein vernetztes System. München, dtv, 2002

Vollmer, G., Was Evolutionäre Erkenntnistheorie nicht ist, in: Die Evolutionäre Erkenntnistheorie. Bedingungen, Lösungen, Kontroversen, hg. von R. Riedl und F. Wuketits. Berlin, Paul Parey, 1987

Vollmer, G., Evolutionäre Erkenntnistheorie. Stuttgart, Hirzel, 2002

Vorländer, K., Geschichte der Philosophie, Bd. 1. Reinbek, Rowohlt, 1990

Vossenkuhl, W., Die Unableitbarkeit der Moral aus der Evolution, in: Koslowski, P. / Kreuzer, P. / Löw, R. (Hg.), Die Verführung durch das Machbare. Ethische Konflikte in der modernen Medizin und Biologie. Stuttgart, Hirzel, 1983

Vossenkuhl, W. / Hollis, M. (Hg.), Moralische Entscheidung und rationale Wahl. München, Oldenbourg, 1992

Waal, F. de, Primaten und Philosophen. Wie die Evolution die Moral hervorbrachte. München, Carl Hanser, 2008

Wagner, G.P., Der Passungsbegriff und die logische Struktur der evolutionären Erkenntnistheorie, in: Die Evolutionäre Erkenntnistheorie. Bedingungen, Lösungen, Kontroversen, hg. von R. Riedl und F. Wuketits. Berlin, Paul Parey, 1987

Waldman, D.A. / Bass, B.M./Yammarino, F.J., Adding to contingent-reward behaviour: The augmenting effect of charismatic leadership, in: Group and Organizational Studies, 15, 381–394, 1990

Warner, G., Competition. Elgin / IL, Chariot Familiy Pub, 1979

Weber, M., Die protestantische Ethik und der Geist des Kapitalismus. Köln, Anaconda, 2009 (Orig. 1904)

Weber, M., The theory of social and economic organisations. New York, Free Press, 1947 (Orig. 1924)

Weber, M., Wirtschaft und Gesellschaft. Tübingen, Mohr Siebeck, 1980

Weibler, J., Personalführung. München, Vahlen, 2001
Weick, K.E., Der Prozeß des Organisierens. Frankfurt/M., Suhrkamp, 1985
Weider, P.C., Das 360° Feedback in einem europäischen Versicherungsunternehmen, in: Hofmann, K./Köhler, F./Steinhoff, V. (Hg.), Vorgesetztenbeurteilung in der Praxis. Weinheim, Beltz, 1995
Weiner, B., Motivationspsychologie. Weinheim, Beltz, 1994
Weiner, N., Situational and Leadership Influences on Organization Performance, in: Proceedings of the Academy of Management, 230–234, 1978
Welch, J., Winning. New York, Harper, 2007
Welsh, W., Leaders and Elites. New York, Holt Rinehart and Winston, 1979
Westermeyer, H., Vorwort zur deutschen Ausgabe, in: Gergen, K.J., Konstruierte Wirklichkeiten. Eine Hinführung zum sozialen Konstruktionismus. Stuttgart, Kohlhammer, 2002
Wheatley, M.J., Leadership and the New Science. Discovering Order in a Chaotic World. New York, McGraw-Hill, 2006
Wiener, N., Cybernetics. Cambridge, MIT Press, 1948
Willke, H., Komplexität als Formprinzip. Über Niklas Luhmann, »Soziale Systeme. Grundriß einer allgemeinen Theorie«, in: Baecker, D. (Hg.), Schlüsselwerke der Systemtheorie. Wiesbaden, VS Verlag für Sozialwissenschaften/GWV Fachverlage GmbH, 2005
Willner, A.R., Charismatic political leadership. A theory. Princeton/NJ, Princeton University, 1968
Wimmer, R., Führung und Organisation – zwei Seiten ein und derselben Medaille, in: Intelligent entscheiden. Revue für postheroisches Management, Heft 4, 3/2009
Wimmer, R., et al., Familienunternehmen. Auslaufmodell oder Erfolgstyp? Wiesbaden, Gabler, 1996
Wimmer, R./Gebauer, A., Nachfolge in Familienunternehmen. Theoretische Überlegungen für die erfolgreiche Gestaltung des Übergangs, in: zfo. Zeitschrift für Führung und Organisation, Heft 5/2004, 244–252
Wimmer, R./Groth, T./Simon, F.B., Erfolgsmuster von Mehrgenerationen-Familienunternehmen, in: Wittener Diskussionspapiere, Sonderheft Nr. 2, 2004a

Wittmann, St., Praxisorientierte Managementethik. Gestaltungsperspektiven für die Unternehmensführung. Münster, LIT Verlag, 1994

Wright, Q., A Study of War. Chicago/Ill., Chicago University Press, 1965

Wright, R., Diesseits von Gut und Böse. Die biologischen Grundlagen unserer Ethik. München, Limes, 1996

Wuchterl, K., Kommentar zu »Evolutionäre Ursprünge der Metaphysik«, in: Die Evolutionäre Erkenntnistheorie. Bedingungen, Lösungen, Kontroversen, hg. von R. Riedl und F. Wuketits. Berlin, Paul Parey, 1987

Wuketits, F., Diskussion, in: Die Evolutionäre Erkenntnistheorie. Bedingungen, Lösungen, Kontroversen, hg. von R. Riedl und F. Wuketits. Berlin, Paul Parey, 1987

Yager, S., et al., Oral Discussion, Group-to-Individual Transfer, and Achievement in Cooperative Learning Groups, in: Journal of Educational Psychology, 77, 60–66, 1985

Yukl, G., A Retrospective on Robert House's 1976 Theory of Charismatic Leadership and Recent Revisions, in: Leadership Quarterly, 4, 367–373, 1994

Zeeuw, G. de, Auf der Suche nach Wissen. Über Ludwig von Bertalanffy, »General System Theory«, in: Baecker, D. (Hg.), Schlüsselwerke der Systemtheorie. Wiesbaden, VS Verlag für Sozialwissenschaften / GWV Fachverlage GmbH, 2005

Zeilinger, A., Einsteins Spuk. Teleportation und weitere Mysterien der Quantenphysik. München, Goldmann, 2007

Zeleny, M. / Pierre, N., Simulation of Self-Renewing Systems, in: Jantsch, E. / Waddington, C.H. (Hg.), Evolution and Consciousness: Human Systems in Transition. Reading / Mass. / London, Addison-Wesley, 1976

Zhuangzi (Chuang Tsu), Das Buch der Spontaneität. Das klassische Buch daoistischer Weisheit. Aitrang, Windpferd-Verlag, 2008

Zimmerli, W. Ch., Normativität des Gewesenen im Wandel der Wertbeziehungen, in: Oelmüller, W. (Hg.), Normen und Geschichte, Bd. 3. Paderborn, Schöningh, 1979

Register

Cyrus Achouri wurde in Paris geboren. Nach dem Studium der Philosophie, Psychologie und Soziologie in München und in den USA arbeitete er u. a. bei PDI, Allianz, BMW sowie als Leiter Recruitment & Placement bei Siemens. Heute lehrt Cyrus Achouri Human Resources Management an der Hochschule für Wirtschaft und Umwelt, Nürtingen-Geislingen.

Er ist Autor zahlreicher Publikationen zu den Themen Führung und Systemtheorie, u. a. *Modern Systemic Leadership. A Holistic Approach for Managers, Coaches, and HR Professionals* (Publicis Publishing, 2010) und *Recruiting und Placement: Methoden und Instrumente der Personalauswahl und -platzierung* (Gabler, 2010).